海南农垦耕地地力评价与利用

◎ 李智全　赵春梅　主编

中国农业科学技术出版社

图书在版编目(CIP)数据

海南农垦耕地地力评价与利用 / 李智全，赵春梅主编. -- 北京：中国农业科学技术出版社，2024. 9. --ISBN 978-7-5116-7016-8

Ⅰ. S159. 266；S158

中国国家版本馆 CIP 数据核字第 2024ZL6726 号

责任编辑 史咏竹　白　净
责任校对 马广洋
责任印制 姜义伟　王思文

出 版 者 中国农业科学技术出版社
北京市中关村南大街 12 号　　邮编：100081
电　　话 (010) 82105169 (编辑室)　　(010) 82106624 (发行部)
(010) 82109709 (读者服务部)
网　　址 https://castp.caas.cn
经 销 者 各地新华书店
印 刷 者 北京建宏印刷有限公司
开　　本 185 mm×260 mm　1/16
印　　张 21. 75
字　　数 516 千字
版　　次 2024 年 9 月第 1 版　2024 年 9 月第 1 次印刷
定　　价 96. 00 元

《海南农垦耕地地力评价与利用》
编　委　会

主　　编　李智全　赵春梅

副 主 编　李晓波　王文斌

参编人员　贾笑英　崔志富　易杰祥　刘俊良

唐群锋　覃姜薇　刘志崴　吴　敏

吴炳孙　罗　微　茶正早　陈君兴

前　言

农业是国民经济的基础，耕地是农业生产最基本的资源。保护耕地是我国的基本国策。耕地地力状况不仅关系到农业生产的数量和质量，还直接影响到农业的可持续发展和国家的粮食安全。我国人口众多，人均占有耕地不足世界人均面积的一半，人均耕地面积在相当长的时期内还在减少。随着经济社会的发展，耕地减少与人口增长的矛盾日益突出，粮食安全和耕地保护面临严峻的挑战，这些问题受到政府部门和农业工作者的普遍关注。开展耕地质量调查评价，对于摸清我国土壤资源家底、合理利用和科学管理土地资源，推进农业供给侧结构性改革，实施乡村振兴战略和生态文明建设，保障国家粮食安全，促进我国人口、资源、环境和社会经济的持续、稳定与协调发展具有十分重要的意义。海南农垦是全国第三大垦区，是我国重要的热带特色高效农业生产基地和全国最大的天然橡胶生产基地。经过70余年的发展，海南农垦在屯垦戍边、支援国家经济建设、保障粮食和农产品安全等方面作出了重大贡献。

2005—2016年，海南农垦测土配方施肥和耕地资源调查评价工作完成，在此基础上，本研究结合第二次土壤普查历史资料、测土配方施肥数据库、耕地资源管理信息系统，以及海南农垦土壤改良与地力提升技术示范、天然橡胶化肥减施增效综合技术示范、橡胶园土壤监测等项目的相关数据，完成了海南农垦耕地资源评价与利用工作。经过充分调研，摸清了海南农垦耕地资源质量和土壤肥力状况，查清了影响当地农业生产持续发展的主要制约因素，建立了较为完善、操作性强、科技含量高的海南农垦耕地地力评价体系，并初步构筑了耕地资源管理信息系统；提出了海南农垦不同农场片区耕地资源保护、地力培肥、适宜性种植、科学施肥的对策与建议。这些成果为海南农垦各级农业决策者制定农业发展规划、调整农业产业结构、保证橡胶生产安全以及促进农业现代化建设提供了最基础的科学资料和最直接的科学依据，亦为今后大面积开展耕地地力调查与质量评价工作、实施沃土工程、发展现代农业及其他农业新技术普及工作提供了技术支撑。

本书是在完成全国耕地地力评价工作的基础上，由项目组成员团结协作、共同努力的集体成果。全书分为两篇，共十四章，上篇“耕地地力评价概况”包括第一至第四章，系统介绍了耕地地力调查与质量评价的背景意义、工作流程、调查内容、数据库建设和评价方法；下篇“海南农垦耕地评价与利用”包括第五至第十四章，详细介绍了海南农垦十个片区的自然与农业生产概况、耕地地力评价、耕地土壤属性、土壤改良利用、耕地合理利用的对策与建议、耕地质量管理与科学施肥。本书在编写过程中得到了海南省农垦科学院集团有限公司、中国热带农业科学院橡胶研究所、海南天然橡胶产业集团股份有限公司等单位和领导的大力支持，在此一并表示感谢。同时，衷心感谢曾经指导、支持、帮助及参与相关工作的所有单位、领导及个人。由于海南土壤肥料科学研究起步较晚，无论是在深度还是广度上，与我国其他地区的技术水平相比仍存在一定差距，鉴于编者水平有限，书中难免存在不足与疏漏之处，敬请广大读者批评指正。

编　者

2024 年 6 月

目　录

上篇　耕地地力评价概况

下篇　海南农垦耕地地力评价与利用

上　篇

耕地地力评价概况

第一章 概 述

第一节 项目背景与意义

一、项目背景

耕地是人们赖以生存、不可替代的最基本的生产资料，是一切农业生产活动的基础。耕地地力就是耕地的生产能力，耕地地力状况不仅关系到农业生产的数量和质量，还直接影响农业产业结构、耕地产出水平及农产品质量。保护耕地是我国的基本国策，及时掌握耕地资源的数量、质量及其变化情况对合理规划和利用耕地、切实保护耕地具有十分重要的意义。随着社会发展和经济结构的逐步调整，经济作物规模化种植，越来越多的化肥与农药被投入使用，同时，城市化进程造成耕地数量日益减少，环境质量日益严峻，土壤污染愈发严重，直接影响农业的可持续发展。对耕地的基础生产能力作出评价，有助于及时掌握现有耕地质量、土壤状况、面积、空间分布，有利于了解耕地利用存在的问题；同时，通过掌握耕地地力动态演化规律，有利于调整种植业结构、开展优势农产品区域布局规划、提升耕地使用效率，对国家粮食安全和农业可持续发展具有重要意义。

我国早在 20 世纪就进行了耕地地力评价的系统性研究。1958 年全国开展了第一次土壤普查工作，初步掌握了我国土壤资源的数量和性质，以土壤农业性状为基础提出了全国第一个农业土壤分类系统；1979 年全国进行了第二次土壤普查，采用土壤五级分类法，分级完成了不同比例尺的土壤制图，部分地区开展了耕地地力评价，为我国耕地资源利用和农业发展奠定了坚实的基础；随后地理信息系统（GIS）技术、专业模型和数学方法的集成开始应用到土地资源管理中，在农业部[①] 1984 年实施的耕地地力监测和评价项目的带动下，各省（区、市）设立了约 200 个监测点，并建立了全国性的数据库；1997 年农业部按粮食单产将全国耕地分为 7 个类型区、10 个地力等级，同时建立了相应的基础地力要素指标体系，并确定了耕地等级的范围。自 20 世纪 90 年代以来，我国耕地评价开始朝综合化、多元化、精确化、定量化和动态化的方向发展，土地评价指标和方法的探讨涉及自然、环境、经济和社会等方面。自此以后，国家越来越重

---

① 中华人民共和国农业部，全书简称农业部。2018 年国务院机构改革，将农业部的职责整合组建中华人民共和国农业农村部，简称农业农村部。

视耕地的评价和利用工作，并在全国范围内开展了两轮土壤质量普查工作。2002年，我国在全国范围内启动了“耕地地力调查与质量评价”项目；2007年，《农业部办公厅关于做好耕地地力评价工作的通知》提出“耕地地力评价”工作在全国范围内全面展开；2002—2006年实施的耕地地力调查与质量评价涉及30个省（区、市），初步摸清了近30年我国耕地的质量现状；2017年，我国县级耕地地力评价工作才接近尾声。这些大规模的调查成果和成熟的评价工作经验，对宏观指导测土配方施肥和耕地质量建设具有重大意义。

二、目的意义

海南农垦自第二次土壤普查以来，随着农垦改革不断深入，农业生产发展突飞猛进，已进入了一个新的发展阶段。海南农垦的人口、资源、环境，以及经营体制、耕作制度、作物品种、种植布局、施肥用药、栽培管理等方面的显著变化，使得海南农垦耕地地力也发生了明显的变更。虽然近年来对耕地土壤实施了调查监测，但对垦区耕地地力水平、中低产耕地状况及其障碍因素等均缺乏系统性和实用性的资料和评价，使得耕地利用难以适应新形势农业生产进展的要求。新时期农业发展的多元化、科学化对土肥工作提出了更高的要求，一切优质高产的品种及栽培模式都必须建立在肥沃的土壤和合理施肥基础上。因此，迫切需要开展全面、系统的耕地地力质量调查，了解农垦土壤家底，查清耕地基础生产地力、土壤肥力变化状况及障碍因素，为进一步科学指导施肥、耕地地力培肥、耕地适宜种植和耕地质量保护提供科学依据。

2005—2016年，全国范围内开展了测土配方施肥项目。海南农垦测土配方施肥项目和耕地地力评价工作自2005年开始执行至2016年年底结束。海南农垦根据《全国耕地地力评价总体工作方案》及《全国耕地地力调查与评价技术规程》等技术要求，依据农业部统一规划，承担了垦区耕地地力调查与质量评价工作。在全国第二次土壤普查结果的基础上进一步完善农业基础数据，利用测土配方施肥数据、属性数据和空间数据，建立较为完善的、操作性强的、技术含量高的耕地地力评价体系，进一步查清现有耕地的基础生产能力、土壤肥力状况、环境质量状况，进行耕地等级划分和评价，分析研究土壤障碍因素和耕地退化的原因，这对农垦产业和种植业结构的调整、耕地资源的合理配置及优化以及农业的可持续发展有着非常重要的意义。

第二节　工作机制与流程

本次耕地地力评价根据第二次土壤普查土壤分类，利用测土配方施肥数据，在对有关图件和属性数据收集整理的基础上，建立了耕地资源基础数据库和县域耕地资源管理信息系统，进行耕地地力评价，摸清耕地地力状况，逐步建立和完善耕地质量动态监测与预警体系，旨在为海南农垦科学施肥、改良土壤、提升耕地质量提供依据和服务。为了保证耕地地力评价工作的顺利实施，需要建立完善、可行的工作机制和详细的工作流程。

一、工作机制

1. 明确责任分工

为了加强对耕地地力调查与评价的组织管理，成立领导小组、专家技术小组、工作小组，各小组分工明确，任务具体；同时，也吸收相关部门的技术力量参加，从而使工作能比较顺利地开展，各项工作的质量和效率有所提高。

2. 强化技术培训

组织专家研讨，不断完善方案，确保工作质量和进度；派技术骨干参加农业部举办的培训班，认真学习了操作技能和技术规程；编制图件过程中得到海南省土壤肥料总站、海南省农垦设计院（今海南省农垦设计院有限公司）、海南省农垦总局科技处、片区农场等部门的大力支持，与相关科研单位和技术部门密切联系、合作。

3. 加强质量控制

按照《全国耕地地力评价技术规程》的要求，统一技术规程，统一评价标准，统一调查表格，统一计算方法，统一汇总方法。认真做好了评价方法、调查内容、数字统计、化验方法等方面的质量控制工作。

二、工作流程

耕地地力评价工作分为准备、调查分析、评价、成果汇总 4 个阶段，其具体工作步骤如下。

1. 准备阶段

开展技术人员培训；编制工作方案；收集图件、属性数据和其他相关资料。

2. 调查分析阶段

建立耕地资源基础数据库、县域耕地资源管理信息系统；确定耕地地力评价指标体系；确定评价单元并赋值；建立评价模型。

3. 评价阶段

进行专题制图、空间分析、耕地地力评价、耕地适宜性评价、土壤养分丰缺评价等，评价结果归入全国耕地地力等级体系。

4. 成果汇总阶段

编绘耕地地力等级图、土壤适宜性评价图、各种土壤养分分级图等数字化图件；编制耕地地力评价技术报告、工作报告，以及耕地质量评价与改良利用、耕地质量评价与平衡施肥、耕地质量评价与种植业布局等专题报告。

第三节　主要成果及应用

本次耕地地力调查与评价分别在海南农垦八一、南滨、龙江、红明、海南农垦橡胶研究所、乌石、南海、红华、广坝、保亭热带作物研究所十大片区农场实施，耕地地力调查类型包括橡胶园、热作园地、果园与水田等，评价对象以橡胶园为主。

一、评价成果

在GIS及计算机技术的支持下，通过全垦区内野外调查、土壤采集、农户调查和施肥调查等资料信息收集，建立了测土配方施肥数据库、耕地资源基础数据库，与第二次土壤普查对比，分析了海南农垦耕地土壤养分的变化趋势；通过各片区农场自然资源、农业生产管理、土壤类型等数据信息收集，构建了耕地地力评价指标体系，建立了县域耕地资源管理信息系统；通过3S技术和专家打分等评价方法，完成了海南农垦耕地地力等级划分与评价，并制作了耕地地力等级图、土壤养分图和其他各类图件。具体成果如下。

一是报告类，包括《耕地地力评价工作报告》《耕地地力评价技术报告》《耕地地力评价专题报告》等。

二是图集类，包括《土地利用现状图》《土壤类型图》《耕地采样点位图》《耕地地力等级图》《耕地pH值、有机质、全氮、有效磷、速效钾等养分分布图》《施肥分区图》等。

三是数据库类，包括“耕地资源基础数据库”和“耕地资源管理信息系统”。

二、成果应用

本次调查比较系统、全面地查清了海南农垦耕地地力状况、土壤理化性状、耕地障碍因素等情况，分析了第二次普查以来垦区长期耕作下土壤养分的变化趋势，并结合各片区自然环境和农业发展优势，提出了合理利用耕地及中低产耕地改良的对策和建议。

一是通过调查与评价全面了解海南农垦土地资源、土壤肥力变化状况，为当地发展农业生产、开发利用土地资源提供科学依据。

二是根据调查成果，针对种植橡胶的土壤，提出胶园优化配方施肥的技术建议，提高耕地综合生产能力。

三是调查成果能够为农场制定合理农业产业布局提供依据，指导农场开展优势农产品区域布局，提升耕地使用效率，增强市场竞争力。

四是根据农用地养分状况提出平衡施肥建议，科学配制肥料，提高肥料利用率，以提高耕地地力。

第二章　耕地地力调查内容与方法

第一节　组织管理与协调

一、组织管理

为了加强对耕地地力评价项目的领导，成立海南农垦耕地地力评价的领导小组、专家小组、工作小组。各小组分工明确，任务具体。

1. 领导小组

成立专责办公室，有分管领导、专门的技术负责人、专门的技术人员班子和工作班子，负责项目领导、监督检查和验收。

2. 专家小组

聘请种植业、土壤、肥料、国土、地理信息系统的科技人员组成专家小组，负责技术指导、质量控制等工作。

3. 工作小组

设立野外调查、化验分析和室内工作等工作小组。野外调查小组：负责土地利用现状、农业生产状况、典型农户调查和土壤样品采集。化验分析小组：负责样品的处理，营养元素的分析化验。室内工作小组：负责野外调查相关资料、图件的录入，建立各种数据库和耕地质量管理信息系统，编绘成果图。

二、工作协调

本次评价采取以海南农垦科研部门与农场基地相结合的方式进行，即从不同职能部门抽调各种专业人员组成项目团队，从事项目工作。科研部门在负责指导项目点开展耕地资源调查和地力评价工作的同时，加强对农场技术人员进行培训，充分发挥科研单位的优势，整合力量，统筹协调，对技术力量薄弱的项目农场提供必要的技术帮助，以尽快建立耕地地力评价指标体系、耕地资源管理信息系统。

第二节　野外调查及质量控制

一、采样点设置

（一）布点原则

参照全国耕地地力调查与质量评价技术规程，根据布点的全面性、均衡性和代表性原则，尽可能在第二次土壤普查取样点上进行布设。样点要具有典型性、广泛代表性、兼顾均匀性，避免各种非调查因素的影响，与测土配方施肥调查布点相兼顾。

（二）布点方法

1. 橡胶园调查

充分利用垦区农场《土壤类型分布图》《土地利用现状图》和《农场行政区划图》，将三图进行空间叠加产生的图斑作为取样点（即地力评价单元）以及工作草图，根据规程要求的采样点密度，结合农场的实际情况，确定采样点的总数量，并逐一编号。在布点过程中，按照各农场的植胶面积、土壤类型、橡胶品种等对样点进行平衡调整和分配，一般以 250～300 亩①为一个采样单元的原则进行布设，当某一因素点位数过少或过多时，进行调整，同时考虑点位的均匀性。根据图上的点位到野外确定实际的采样点位置，当室内点位变更时要对原点进行修正。

2. 果园、水田与菜地调查

由于垦区农场有相当面积的果园、水田和瓜菜地，因而需要将其纳入地力调查与评价工作。水田、瓜菜地多在水稻土冬闲时发展起来，果园多由旱作地发展而来，所以布点是在适宜种植相应作物的地区取土样。在这次野外调查过程中，根据“点位图”的位置，专业人员一边采集土样，一边跟当地种植专业户了解施肥情况，用全球定位系统（GPS）定位，再修正描绘在“点位图”上。根据土属、设施类型、作物种类等因素，确定各评价单元采样点数，并在图上标注。

二、调查方法

橡胶园土壤样品的采集选择在 7—9 月进行，果园、水田和瓜菜在年度收获期后进行。每个采样组首先根据点位图，选定采样的路线，到达点位所在的村庄，向农户了解作物产量情况、施肥情况、割胶情况、土壤类型等，确定具有代表性的田块，依据田块的准确方位修正点位图上的点位位置，并用 GPS 定位仪进行定位；然后向已确定采样田块的户主，按调查表格的内容逐项进行调查填写。

采样时准备好 GPS、铁铲、锄头、土钻、竹片、标签、样品袋等工具。大田样采集 0～20 cm 耕层土样，其中果园采样点采集 0～20 cm 和 20～40 cm 两个土样。用土钻在确定的田块上采用“X”式或“S”式或棋盘式方法均匀随机采取 10～15 个采样点，采

---

① 1 亩≈667 m^2，全书同。

集 1.0 kg 样品，取样时要避开路边、田埂、沟边、肥堆等特殊部位。每袋土样填写两张标签，分别置于袋内和贴在袋子外侧，标签内容包括样品野外编号（与大田采样点基本情况调查表和农户调查表相一致)、采样深度、采样地点、采样时间、采样人、作物品种等。

三、调查内容

根据《全国耕地地力评价技术规程》要求，制作了橡胶、热带作物和水稻 3 种调查表格，分别有基本情况调查表和职工施肥调查表两张表格，调查内容主要包括采样地点、土属类型、地形地貌、土壤性状、农田设施、生产性能、施肥与喷药情况、管理措施、种植制度、产量水平、投入与产出等。

土壤样品分析项目包括土壤容重、质地等物理性状，以及 pH 值、有机质、全氮、有效磷、速效钾、有效态铜/锌/铁/锰/硼/钼/钙/镁等化学性状。

四、分析方法

样品采集后及时送到实验室进行预处理，摊放于专门用于晾晒土样的风干盘中，将大块土样碾碎混匀，剔除石子、草根等其他杂物，有序堆置于风干架上，风干待磨。不能立即送于前处理室的样品，及时在通风、干燥、避光的地方摊开于塑料膜或簸箕上，风干后及时送到实验室进行前处理。待样品风干后，对样品进行磨制，对接好标签，磨制好样品，装入专用样品袋，转入化验室的样品贮藏室，按各农场编号顺序有规律地摆放，待测。

将风干后的样品平铺在制样板上，用木棍或塑料棍碾压，并将植物残体、石块等侵入体和新生体剔除干净，细小已断的植物须根，可采用静电吸附的方法清除。压碎的土样全部通过 2 mm 孔径筛，未过筛的土粒必须重新碾压过筛，直至全部样品通过 2 mm 孔径筛为止。通过 2 mm 孔径筛的土样可供 pH 值、盐分、交换性能及有效养分项目的测定。将通过 2 mm 孔径筛取的土样用四分法取出一部分继续碾磨，使之全部通过 0.25 mm 孔径筛，供有机质、全氮、碳酸钙等项目的测定。

五、质量控制

严格按照《测土配方施肥技术规程》中的相关要求，控制样品的测试质量。土壤样品与植株样品集中在海南省农垦科学院分析测试中心检测，检验人员均具有上岗证。

一是在确定样点后，严格按照采样程序采样，防止污染。首先按照“随机、等量、均匀、防止污染”的原则采取混合土样，装入新塑料袋内，封口后再套一层塑料袋。在晾土室的风干架上风干土样。将土壤样品处理成规定要求的检验样，然后由专人保管分析样，确保样品的真实性和唯一性。

二是采用标准或规范的化验分析方法，各分析项目有国家标准或行业标准分析方法的，则按国家标准或行业标准方法分析，没有的则按《土壤样品测试技术规范》进行分析。

三是基础实验控制。全程空白值测定，每批样品做两个空白值。

四是精密度控制。平行测定误差控制，合格率达到100%，不合格的返工测试；不同批次参比样控制，每批平行测试3次同一参比样，比较前后批次和参比样测定结果，校正系统误差和偶然误差；密码样控制，按平行误差的1.5倍比对密码样两次测定结果的误差，所有密码样的某项目测试合格率达到90%，即可判断该项目整个测定结果合格。

五是准确度控制。在每一批次或几批次样品测试中穿插标样测试，比较标样测试结果和标样提供的结果，进行样品测试校正或返工测试，确保试样测试结果的精确度。

六是数据录入控制。分析数据经过考核审校后，将化验室分析数据与采样点一一对应，根据统一规范编码整理、录入。

第三章　数据库的建立

海南农垦耕地地力评价数据主要来自第二次土壤普查成果和近 10 余年来测土配方施肥项目土壤调查、养分测试和肥效田间试验示范等过程中的数据成果。为了科学管理、充分利用测土配方施肥项目实施获得的大量数据资料，有必要对这些数据进行收集整理并建立标准化的耕地资源管理信息系统。下面以海南农垦橡胶园地力评价为例，主要介绍信息资料收集与整理、属性数据库与空间数据库的设计方法和数据库构建过程。

第一节　耕地资源基础数据库的构建

本次耕地资源基础数据库构建过程：一是建立土壤样品采集调查档案，并录入数据库；二是将施肥现状调查录入数据库；三是及时将土样测试数据整理并录入数据库；四是将田间试验资料整理成册，进行归类分析；五是完成数据库建设，数据基本齐全和规范，能上传。按继承、接轨、发展、提升的思路定位，建立测土配方施肥属性数据库、空间数据库和县域测土配方施肥数据管理系统。通过耕地资源基础数据库的构建，可以为及时开展数字化土壤养分图和作物配方分区图制作，对项目片区耕地地力状况的评价，以及建立耕地资源管理信息系统提供基础保障。耕地资源基础数据库构建流程见图 3-1。

第二节　资料的收集与整理

在收集大量资料的同时，按照收集、登记、完整性检查、可靠性检查、筛选、分类、编码、整理、归档的流程进行整理（图 3-2）。

一、资料收集

耕地地力评价是以耕地的各性状要素为基础，因此必须广泛地收集与评价有关的各类自然和社会经济因素资料，为评价工作做好数据准备。本次耕地地力质量评价收集获取的资料主要包括以下几个方面。

1. 野外调查资料

包括地形地貌、成土母质、水文、耕层厚度、表层质地、容重、耕地利用现状、灌排条件、作物产量、管理措施水平等信息。

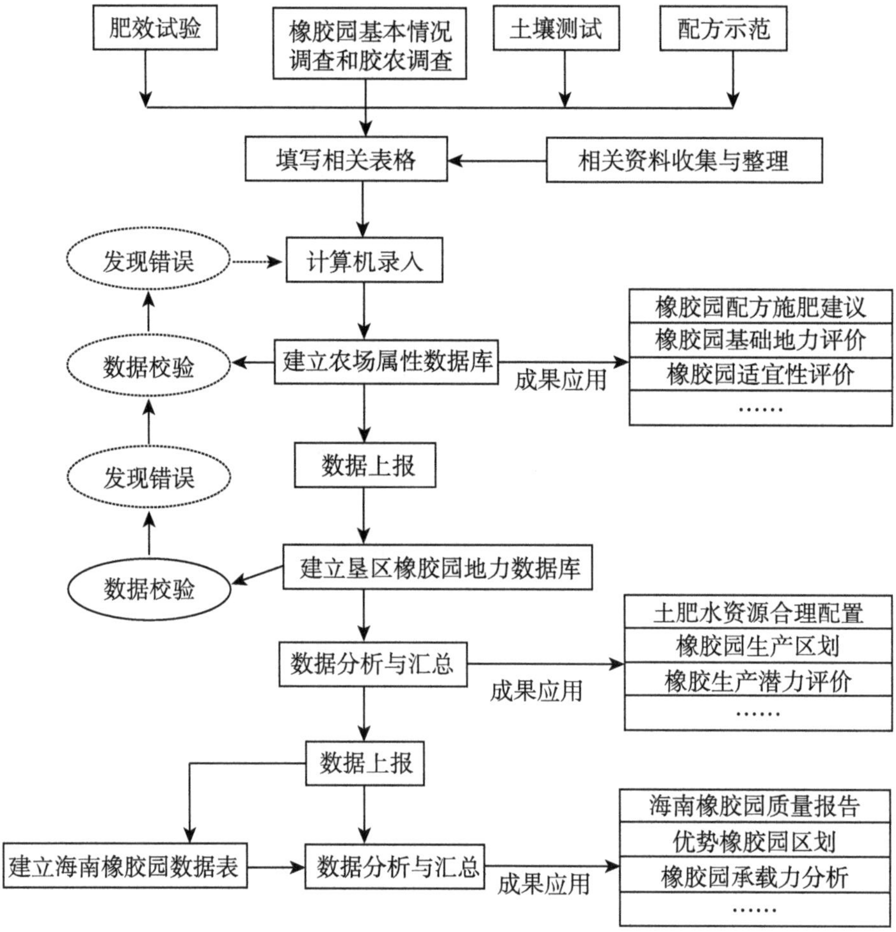

图 3-1　橡胶园基础数据库建立与管理流程

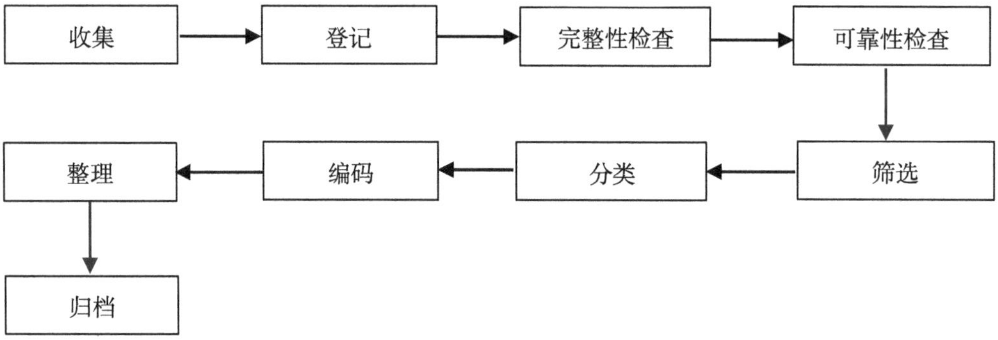

图 3-2　资料收集与整理的工作流程

2. 室内化验分析资料

包括有机质、全氮、速效氮、有效磷、速效钾等大量元素养分含量，交换性钙、交换性镁等中量元素养分含量，有效锌、锰、铜、铁、钼等微量元素，pH 值。

3. 社会经济统计资料

包括以各农场为基本单位的人口、土地面积、橡胶及其他经济作物面积，以及各类生产资料投入产出等社会经济指标数据。

4. 历史土壤资料

主要是第二次普查报告书，可提供土壤剖面相关数据，如剖面构型、有效土层厚度等。

5. 基础图件资料

主要包括 1：5 万比例尺的行政区划图、土地利用现状图、土壤图、等高线图等。

二、资料整理

对所收集的各种资料，在进行完整性、可靠性检查及筛选、分类的基础上，按照耕地地力评价因素进行整理与归档，为数据库的建立奠定基础。

1. 资料汇总

资料汇总包括收集资料和野外调查表格的整理和汇总。野外调查表格内容包括耕地采样点基本情况调查表、采样点农户调查表等。经整理后，将其录入到系统中，存储格式可为 EXCEL 以备用。

2. 资料处理

获取的评价资料可以分为定量和定性资料两大部分。耕地地力评价指标类型分为数值型和概念型，数值型指标是定量的，与耕地生产能力有一定的线性关系，如土壤有机质、全氮、pH 值等。概念型指标是确定性的、综合性的，与耕地生产能力之间是一种非线性的关系，如地貌类型、土壤剖面构型、质地等。数值型和概念型评价指标的实测值量纲不同，取值范围各异，因此，地力评价时必须对各评价指标的原始数据进行标准化处理，数值型数据可通过建立隶属函数，把各评价指标转化为 0～1 的标准化数据；概念型数据可直接通过德尔菲法和专家打分法进行定量化。

对于土壤有机质、氮、磷、钾等养分数据，首先按照野外实际采样点进行整理，建立了以各养分为字段，以采样点为记录的数据库。之后，应用 ARCMAP 软件以采样点的经纬度生成采样点点位图，再与分析数据库进行连接，在此基础上对各养分数据进行空间插值处理，经编辑处理，自动生成各土壤养分专题图层。

第三节　属性数据库的设计与录入

信息数据库有大量的信息，包括各种各样的属性数据。这些数据必须有机地进行归纳整理，并进行分类处理。数据通过分类整理后，必须按编码的方式进行有机地系统化，以利于计算机的处理、查询等。数据可建立数据字典，由数据字典来统一规范数据，为数据的查询提供接口。

一、属性数据的内容

根据海南垦区橡胶园地力评价的需要，确定建立属性数据库，其内容来源如表 3-1 所示。

表 3-1　属性数据库内容及来源

编号	内容名称	来源
1	主要河流、水库基本情况统计表	各市县水利局
2	县、乡（场）行政编码表	各市县民政局、海南省农垦总局
3	交通道路属性数据表	各市县交通局
4	土壤名称编码表	土壤普查资料
5	土种属性数据表	土壤普查资料
6	橡胶园基本情况统计表	海南天然橡胶产业集团股份有限公司
7	土地利用现状属性数据表	各市县国土环境资源管理局
8	橡胶园土壤样品分析化验结果数据表	野外调查采样分析
9	橡胶树叶片分析结果数据表	野外调查采样分析
10	橡胶园采样林段基本情况调查结果数据表	野外调查采样分析
11	橡胶园肥效试验点基本情况统计表	海南省农垦科学院

二、属性数据分类与编码

数据分类编码是对数据资料进行有效管理的重要依据。编码的主要目的是节省计算机内存空间，便于用户理解使用。地理属性进入数据库之前进行编码是必要的。只有进行了正确的编码，空间数据库与属性数据库才能实现正确连接。编码格式有英文字母、字母与数字组合。本次评价采用数字表示的层次型分类编码体系，它能反映专题要素的基本特征。

三、建立数据字典

数据字典是数据应用设计的重要内容，是描述数据库中各类数据及其组合的数据集合，也称元数据。地理数据库的数据字典主要用于描述属性数据。它本身是一个特殊用途的文件，在数据库整个生命周期里都起着重要的作用。它避免重复数据项的出现，并提供了查询数据的唯一入口。

四、数据表结构设计

属性数据库的建立与录入独立于 GIS 空间数据库。根据表的内容设计各表字段数量、字段类型、长度等，可以在 ACCESS、DBASE、FOXPRO 下建立，统一以 DBASE 的 DBF 格式保存入库。本次评价以 DBASE 的 DBF 数据为例进行描述，见表 3-2 至表 3-13。

表 3-2　湖泊、面状河流属性数据库 lake. dbf

字段名	属性	数据类型	宽度	小数位	量纲
code	湖泊、河流编码	N	4	0	代码
name	湖泊、河流名称	C	20		
	湖泊贮水量	N	8		万 m^3
	河流流量	N	6		m^3/s

表 3-3　堤坝、渠道、线状河流属性数据库 stream. dbf

字段名	属性	数据类型	宽度	小数位	量纲
code	坝、渠、河编码	N	4	0	代码
name	坝、渠、河名称	C	20		
	渠、河流量	N	6		m^3/s

表 3-4　交通道路属性数据库 traffic. dbf

字段名	属性	数据类型	宽度	小数位	量纲
code	道路编码	N	0	0	代码
name	道路名称	C	20		
grade	道路等级	C	20		
type	道路类型	C	10		黑色/水泥/石子/土

表 3-5　行政界线（省、市、县、场、队）属性数据库 boundary. dbf

字段名	属性	数据类型	宽度	小数位	量纲
code	利用方式编码	N	4	0	代码
name	利用方式名称	C	10		

表 3-6　土地利用现状属性数据库 landuse. dbf

字段名	属性	数据类型	宽度	小数位	量纲
code	界线类型编码	N	1	0	代码
name	界线名称	C	4		
code	name	C			
1	国界	C			
2	省界				
3	市界				
4	县界				
5	场界				
6	队界				

表 3-7　土壤图属性数据库 soil. dbf

字段名	属性	数据类型	宽度	小数位	量纲
code	土种编码	N	4	0	代码
name	土种名称	C	10		
name	亚类名称	C	20		
name	土属名称	C	20		
name	土种名称	C	20		
	剖面照片文件名	C	40		
	录像文件名	C	40		
	HTML 文件名	C	40		

表 3-8　土壤养分属性数据库 nutr ** . dbf

数据库	字段名	属性	数据类型	宽度	小数位	量纲
pH 值库 nutrph. dbf	code	分级编码	N	4	0	代码
	number	pH 值	N	4	1	
有机质库 nutrom. dbf	code	分级编码	N	4	0	代码
	number	有机质含量	N	5	2	%
全氮量库 nutrN. dbf	code	分级编码	N	4	0	代码
	number	全氮含量	N	5	3	%
有效磷量库 nutrP. dbf	code	分级编码	N	4	0	代码
	number	有效磷含量	N	5	3	mg/kg

（续表）

数据库	字段名	属性	数据类型	宽度	小数位	量纲
速效钾量库 nutrK. dbf	code	分级编码	N	4	0	代码
	number	速效钾含量	N	5	3	mg/kg
交换性镁量库 nutrMg. dbf	code	分级编码	N	4	0	代码
	number	交换性镁含量	N	5	3	mg/kg
交换性钙量库 nutrCa. dbf	code	分级编码	N	4	0	代码
	number	交换性钙含量	N	5	3	mg/kg

表 3-9　橡胶园基本属性数据库 farmland. dbf

字段名	属性	数据类型	宽度	小数位	量纲
code	林段（岗位）编码	N	7	0	代码
	场	C	6		
	队	C	6		
	面积	N	4	0	亩
	东至	C	20		
	西至	C	20		
	南至	C	20		
	北至	C	20		
	责任人	C	6		
	等级	N	1		

表 3-10　地貌类型属性数据库 landform. dbf

字段名	属性	数据类型	宽度	小数位	量纲
code	地貌类型编码	N	2	0	代码
number	地貌类型名称	C	0		

表 3-11　橡胶园肥效试验点属性数据库 momitor. dbf

字段名	属性	数据类型	宽度	小数位	量纲
code	橡胶园肥效试验点编码	N	*	0	代码
name	橡胶园肥效试验点	C	0		

表 3-12　农场基本情况数据库 village. dbf

字段名	属性	数据类型	宽度	小数位	量纲
code	县、乡（场）行政编码	N	*	0	代码
name	名称	C	6		

表 3-13　县、乡（场）名编码数据库

字段名	属性	数据类型	宽度	小数位	量纲
code	县、乡（场）行政编码	N	*	0	代码
name	名称	C	6		

五、数据库录入与审核

数据录入前应仔细审核，数值型资料应注意量纲、上限和下限，地名应该注意汉字、多音字、繁体、简体、简称、全称等问题，审核定稿后再录入。数据录入后还应仔细检查，条件许可时采取二次录入相互对照的方法。保证数据录入无误后，将数据库转为规定的格式，再根据数据字典中的文件名编码命名后保存在规定的子目录下。

六、其他资料的输入及处理

除一般的数据信息外，还有很多其他类型的数据信息，如文本说明、声音、图像、影像以及多媒体文本等。这些信息可通过各种工具软件进行适当的加工处理，以各自不同的形式保存在系统中。文本资料可以 TXT 格式保存，声音可用 WAV、MIDI 格式，其他多媒体产品可用常用多媒体格式保存。这些文件分别保存在相应的路径和文件名目录下相应的属性数据库中。

第四节　空间数据库的设计与录入

一、空间数据的内容

海南农垦橡胶园地力评价地理信息空间数据库的内容由多个图层组成，它包括地名、道路、水系等背景图层、评价单元图层和各评价因子图层（如坡度图、坡向图、养分图等），具体内容及资料来源见表 3-14。

表 3-14　空间数据库内容及资料来源

编号	名称	图层属	来源
1	湖泊、水库、面状河流	多边形	地形图

（续表）

编号	名称	图层属	来源
2	堤坝、渠道、线状河流	线层	地形图+专业图
3	等高线	线层	地形图
4	交通道路	线层	地形图+交通图
5	行政界线（市、县、场、队）	线层	行政区划图
6	土地利用	多边形	土地利用图+卫片解译
7	土壤图	多边形	土壤普查资料
8	橡胶园养分图（pH 值、有机质、全氮等）	多边形	橡胶园调查更新
9	橡胶园地块现状图	多边形	土地利用图转绘
10	地貌类型分区图	多边形	编绘
11	水利综合分区图	多边形	编绘
12	橡胶园采样点位图	点层	调查定位
13	橡胶园肥效试验点位图	点层	调查定位
14	县、乡、场、队所在地	点层	地形图+行政区划图
15	橡胶园信息管理单元图	多边形	土壤图+行政区划图+土地利用图
16	注记	注记层	地形图等

二、空间数据采集的流程

首先，对收集的地图资料进行分类检查、整理与预处理；其次，按照图件资料介质的类型进行扫描，并对扫描图件进行扫描校正；再次，进行数据的分层矢量化采集、矢量化数据检查；最后，对矢量化数据进行坐标投影转换与数据拼接工作，数据与图形的综合检查，数据的分层与格式转换。

三、图件数字化

由于以往存储介质的缺陷，多为纸质地图，加上存放条件的不同，存在不同程度的变形，具体应用时须对其进行纠正。

1. 图件的扫描

收集的纸质图件资料采用灰度法进行扫描，扫描的精度为 300 dpi，扫描完成后将文件保存为 TIF 格式。在扫描过程中先对图件进行预扫描，检查扫描图件的清晰度，必须能够区分图内的各要素，然后利用软件进行角度校正，保证图幅下方两个内图廓的边线与水平线的角度误差小于 0. 2°，见图 3-3。

2. 数据采集与分层矢量化

对图形的数字化采用交互式矢量化方法，确保图形矢量化的精度。在数据库建设中

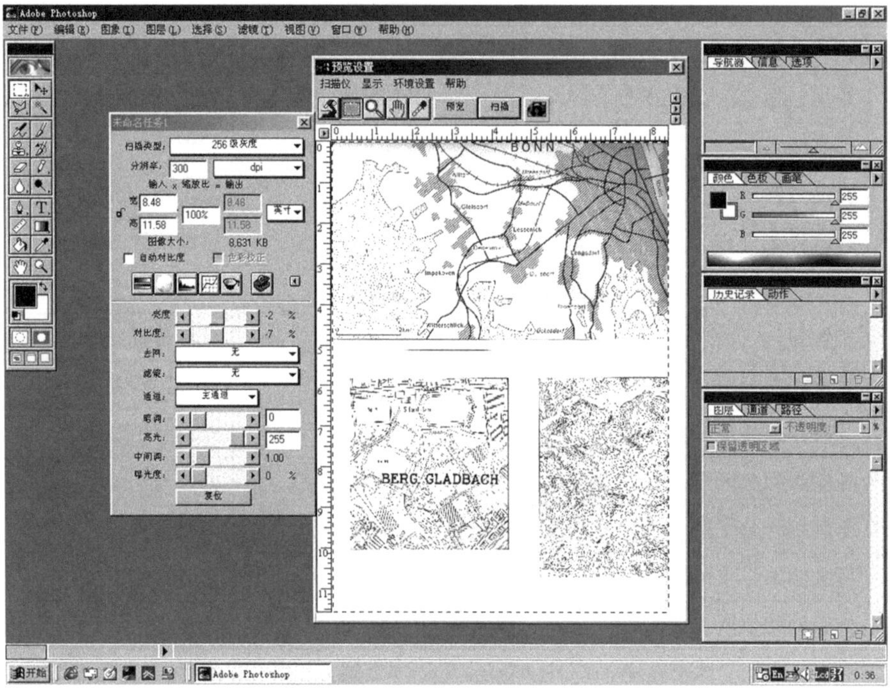

图 3-3　纸质图扫描界面

需要采集点状要素、线状要素和面状要素。由于所采集的数据种类较多，所以必须对所采集的数据按不同类型进行分层采集。

(1) 点状要素的采集

点状要素可以分为两种类型。一是零星地类，另一种是注记点。零星地类包括一些有点位的点状零星地类和无点位的零星地类。对于有点位的零星地类，在数据的分层矢量化采集时，将点标记置于点状要素的几何中心点，对于无位点的零星地类在分层矢量化采集时，将点标记置于原始图件的定位点。农化采样点位等注记点的采集按照原始图件资料中的注记点，在矢量化过程中标注在相应的位置。

(2) 线状要素的采集

图件资料上的线状要素主要分为水系、道路、河渠、带有宽度的线状地物界、地类界、行政界线、权属界线、土种界、等高线等。对于不同类型的线状要素，进行分层采集。线状地物数据采集时考虑到有些线状地物由于宽度较宽，如一些较大的河流、沟渠，则按其实际宽度的比例在图上表示；有些线状地物，如一些道路和水系，由于宽度不能在图上表示，在采集其数据时，则按栅格图上线状地物的中轴线来确定其在图上的实际位置。对地类界、行政界线、土种界和等高线数据的采集，保证其封闭性和连续性。线状要素按照其种类不同分层采集、分层保存，以备数据分析时利用。

(3) 面状要素的采集

面状要素要在线状要素采集后，通过建立拓扑关系形成的区域进行采集。由于面状要素是由行政界线、权属界线、地类界和一些带有宽度的线状地物界等结构要素形成的一系列的闭合性区域，其主要包括行政区、权属区、土壤类型区等图斑，所以对于不同的面状要素，应采用不同的图层进行数据采集。考虑到实际情况，将面状要素分为行政区层、地类层、土壤层等图斑层，将分层采集的数据分层保存。

3. 矢量化数据的拓扑检查

（1）消除在矢量化过程中存在的一些悬挂线段

在线状要素的采集过程中，为了保证线段完全闭合，某些线段可能出现相互交叉的情况。这些属于悬挂线段。在进行悬挂线段的检查时，使用 ArcGIS 的拓扑检查功能自动对其检查和消除；如果其不能够自动消除的，则对照原始图件资料进行手工修正。对线状要素进行矢量化数据检查完成以后，随即对所矢量化的数据与原始图件资料对比进行检查；如果在检查过程中发现有一些通过拓扑检查不能解决的问题，或者矢量化数据精度不符合要求，或者某些线状要素存在着一定的位移而难以校正等问题，则对其中的线状要素进行重新矢量化。

（2）检查图斑和行政区等面状要素的闭合性

图斑和行政区是反映一个橡胶园林段或地块地力信息状况的重要属性。在对图件资料的面状要素进行数据分层矢量化采集过程中，由于涉及的图斑较多，存在一些图斑或行政界不闭合的情况，利用 ArcGIS 的拓扑检查功能，对一系列分层采集的矢量化面状要素文件进行拓扑，消除多数不闭合情况；对于不能够自动消除的，通过与原始图件的相互检查，修正其不闭合情况。拓扑检查修正矢量化文件后进行下一步工作，如果在拓扑检查以后还存在问题，则对其进行重新矢量化，以确保数据库建设的精度。

4. 图件拼接

海南垦区土壤类型分布图就是利用在全国第二次土壤普查时完成的 1：5 万土壤类型分布图通过扫描数字化而成的。垦区提供的 1：5 万土壤图类型分布是采用标准分幅图，在完成数字化、坐标转换、编辑修改后，应对图幅进行拼接。在图斑拼接检查过程中相邻图幅间的同名要素误差应小于 1 mm。如果同名要素间距为 1～3 mm 的处理方法是将两个要素各移动一半，在中间部位结合，这样使图幅拼接完全满足精度的要求。

四、电子版矢量数据的格式转换

海南垦区土地利用现状图是在 GeoMedia 下制作的 MIF 格式的电子版数据，必须将其转换为 Shapefile 格式方便为 ArcGIS 调用。GeoMedia 下制作的土地利用现状图包括点（地名等注记）、线（道路、水系、界线）、面（利用现状、橡胶园地块）3 个图层。在转换前先进行数据分析，弄清由哪些属性值来表达不同的类型，然后利用 ArcGIS 的文件转换功能把点、线、面文件转换为 Coverage 文件，再利用 Arc/Info 软件进行处理，最后生成 Shaplefile 格式文件。

五、GPS 采集的数据转换

橡胶园采样点位置通过 GPS 统一按 GW84 坐标系实地测定，初始数据采用经纬度，将每次测定的坐标数据以 TXT 格式的文本文件保存，然后利用 Arc/Info 软件的转换命令将其转换 Coverage 和 Shapefile 格式文件，生成采样点位点层图。

六、坐标转换

地理数据库内的所有地理数据必须建立在相同的坐标系基础上，把地球真实投影转换到平面坐标系上才能通过地图来表达地理位置信息。海南垦区 1∶5 万的地形图采用高斯—克吕格投影，6 度分带，Krasovsky ellipsoid 的参数进行投影，转换成 Beijing 54 平面直角坐标系，单位为米。

七、评价因子图层的制作

1. 坡度坡向图

坡度坡向图由等高线图生成。将等高线图层转换成带高程属性的 Grid 图层，利用空间分析模块生成坡度图和坡向图，并将其转换为栅格格式。

2. 养分图

养分图包括 pH 值、有机质、全氮、有效磷、速效钾等图层。利用空间统计分析模块，通过 Kriging 空间插值方法分别生成 4 个养分图层。

八、评价单元图的制作

由土壤图、土地利用现状图和行政区划图叠加，并合并碎小图斑生成若干个评价单元，对每一个多边形评价单元进行编号，然后将评价指标字段名添加到评价单元图数据库中，利用空间分析模块中的相应功能，将养分图、坡度坡向图的数据赋予评价单元图中的每一个评价单元。

第五节　空间数据与属性数据的连接

Arc/Info 系统采用不同的数据模型分别对属性数据和空间数据进行存储管理，属性数据采用关系模型，空间数据采用网状模型。在图幅工作单元 Coverage 中，每个图形单元由一个标识码来唯一确定。同时一个 Coverage 可以有若干个关系数据库文件即要素属性表，用以完成对 Coverage 的地理要素的属性描述。图形单元标识码是要素属性表中的一个关键字段，空间数据与属性数据以此字段形成关联，完成对地图的模拟。这种关联使 Acr/Info 的两种数据模型联成一体，可以方便地从空间数据检索属性数据或者从属性数据检索空间数据。

在进行空间数据和属性数据连接时，在 ArcMap 环境下分别调入图层数据和属性数据表，利用关键字段将属性数据表链接到空间图层的属性表中，将属性数据表中的数据内容赋予图层数据表中，这样基本建成了海南垦区橡胶园基础地力信息数据库。

第四章　耕地地力评价方法与程序

耕地地力是由耕地地形、地貌条件、成土母质、农田基础设施及培肥水平、土壤理化性状等因素综合构成的耕地生产力。耕地地力评价大体可分成以产量为依据的耕地当前生产能力评价和以自然要素为主的生产潜力评价。本次耕地地力评价是指耕地用于一定生产方式下，在各种自然要素相互作用下所表现出来的潜在生产能力，依据农业部的统一规划对海南农垦 10 个片区农场进行耕地地力调查与评价，旨在为了解海南农垦耕地地力现状和耕地资源的高效管理、可持续利用提供科学依据。

第一节　评价依据

耕地地力评价依据主要是各类自然和社会经济要素，具体包括以下 3 个方面。

一是耕地地力的自然环境要素包括耕地所处的地形地貌条件、水文地质条件、成土母质条件、气候条件等。

二是耕地地力的土壤理化要素包括耕层厚度、有效土层厚度、质地、容重等物理性状，有机质/氮/磷/钾等养分、中微量元素、pH 值等化学性状。

三是耕地地力的农田基础设施条件包括耕地的灌排条件、水土保持工程建设、培肥管理条件等。

第二节　评价流程

本次耕地地力评价根据农业部《全国耕地地力调查与质量评价技术规程》及《耕地地力评价指南》的技术要求，通过 3S 技术建立“耕地资源管理信息系统”，对收集的资料进行系统分析与研究。运用 ARCMAP、MAPINFO 等 GIS 软件，综合应用相关分析、模糊评价、层次分析等数学原理，结合专家经验并用 ARCMAP GIS 软件拟合、插值等方法构建一种定性与定量相结合的海南农垦耕地地力评价方法。评价的技术流程见图 4-1。

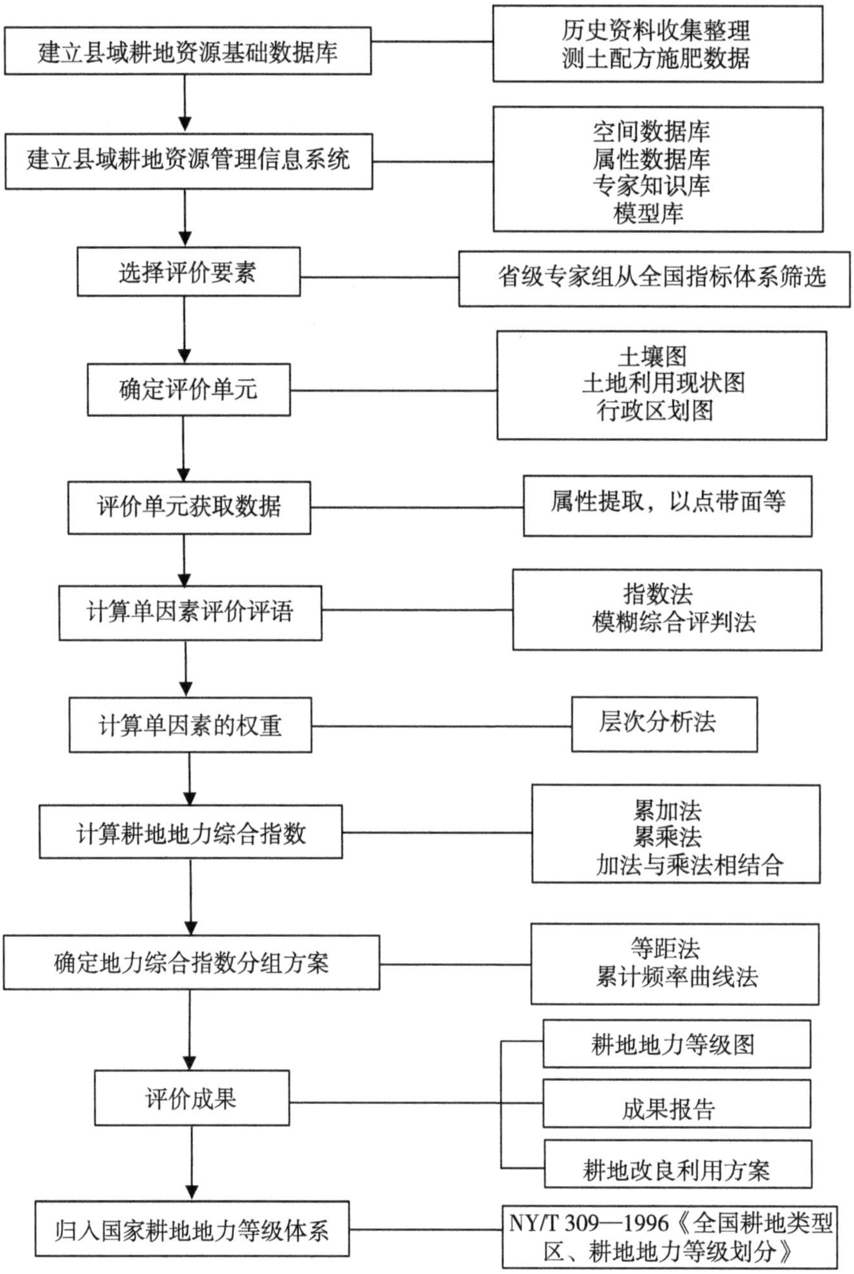

图 4-1　耕地地力评价技术流程

第三节　评价指标选取

评价指标是耕地地力评价的直接依据，正确选取参评指标是地力评价最基本、最重要的工作。

一是必要性原则。选取评价因素与评价区域大小有密切的关系。当评价区域很大，气候因素（降水量等）就必须作为评价因素。

二是重要性原则。选取的指标对耕地地力有比较大的影响。如地形、土壤等因素。

三是差异性原则。选取的指标在评价区域内的变异较大，便于划分地力的等级。如在地形起伏较大的区域，地面坡度对耕地地力有很大影响，必须列入评价项目之中；再如有效土层厚度是影响园地生产能力的重要因素，在多数地方都应列入评价指标体系，但在冲积平原地区，有效土层深厚比较均一，就可以不作为参评指标。

四是稳定性原则。选取的评价指标在时间序列上具有相对的稳定性，如土壤的质地、有机质含量等，评价的结果能够有较长的有效期。

五是易获取原则。通过常规的方法即可以获取，如土壤养分含量、耕层厚度等。某些指标虽然对生产能力有很大的影响，但获取比较困难，或者获取的费用较高，当前不具备条件。如土壤生物的种类和数量、土壤中某种酶的数量等生物性指标。

六是精简性原则。并不是选取的指标越多越好，选取得太多，工作量和费用都要增加。一般 8～15 个指标能够满足评价的需要。

第四节　评价单元确定

本次耕地地力评价单元的划分采用土壤图、土地利用现状图、行政区划图的叠置划分法，相同行政区域、土壤类型及土地利用类型的地块组成一个评价单元，即“土地利用现状类型—土壤类型—行政区域”的格式。其中，土壤类型划分到土属，土地利用现状类型提取橡胶园，行政区划图划分到生产队。通过土壤图、土地利用现状图、行政区划图等图件的叠置处理，将耕地地力划分为若干个评价单元。

第五节　评价信息提取

基本评价单元图的每个图斑都必须有参与评价指标的属性数据。评价指标属性数据在计算机中的存贮方式不同，须经过一定技术处理才能准确地将各评价指标属性数据赋到评价单元图斑中，采取将评价单元与各专题图件叠加采集各参评因素的信息，具体做法：①按唯一标识原则为评价单元编号；②生成评价信息空间库和属性数据库；③从图形库中调出评价因子的专题图，与评价单元图斑进行叠加；④保持评价单元几何形状不变，直接对叠加后形成的图形属性库进行操作，以评价单元为基本统计单位，按面积加权平均汇总评价单元各评价因素的值。

第六节　评价方法

本次耕地地力评价采用德尔菲法、模糊综合评判法与层次分析法相结合的方法进行。

一、德尔菲法

德尔菲法又称专家调查法，是系统分析中一种重要的方法。它是征询有关专家的意见，对意见进行统计处理、归纳和分析，在多次征询的基础上，逐渐使专家的意见趋于一致收敛，得到一个正确的结论。具体步骤如图 4–2。

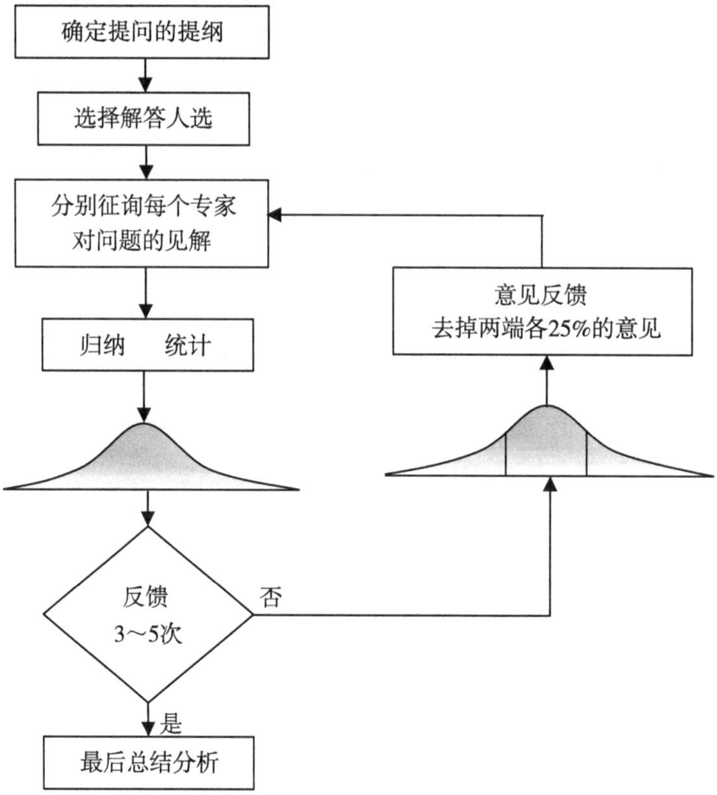

图 4–2　德尔菲法的基本步骤

二、模糊综合评判法

模糊综合评判法即用模糊数学方法对决策方案进行多因素和多目标的评价和评判。一般包含以下几个步骤：①确定评价指标，建立因素集和评价集、评语等级；②分析每个评价指标对总目标的影响程度，即确定因素的权重集（既可用德尔菲法也可用层次分析法进行）；③确定各评价指标的隶属函数或隶属度；④综合评价，即计算综合性指数或总评分值，常用计算方式如下。

$$\text{IFI} = \sum F_i \times C_i \qquad (i = 1, 2, 3, \cdots, n)$$

式中，IFI 为耕地地力综合指数；F_i 为第 i 个评价指标的隶属度；C_i 为第 i 个评价指标的组合权重。

根据综合指数变化规律和实际情况确定分级方案，最后由分级方案划分各评价单元的等级结果。常用隶属函数如下。

1. 戒上型函数模型（有效土层厚度、有机质含量、有效磷含量等）

在一定范围内，一些土壤评价指标值与耕地地力的好坏呈正相关关系，而低于某转折点或高于某转折点对土壤功能的影响均较小。

$$\gamma i = \begin{cases} 0 & u_i \leqslant u_t \\ 1/[1 + a_i \times (u_i - c_i)^2] & u_t < u_i < c_i (i = 1, 2, 3, 4, \cdots, m) \\ 1 & c_i \leqslant u_i \end{cases}$$

式中，γi 为 t 第 i 因素评语；u_i 为样品观测值；c_i 为标准指标；a_i 为系数；u_t 为指标下限值。

2. 戒下型函数模型（土壤容重）

在一定范围内，一些土壤评价指标值与耕地地力的好坏呈负相关关系，而低于某转折点或高于某转折点对土壤功能的影响均较小。

$$\gamma i = \begin{cases} 0 & u_t \leqslant u_i \\ 1/[1 + a_i \times (u_i - c_i)^2] & c_i < u_i < u_t (i = 1, 2, 3, 4, \cdots, m) \\ 1 & u_i \leqslant c_i \end{cases}$$

式中，u_t 为指标上限值。

3. 峰型函数模型（pH 值）

土壤一些性质对耕地地力的影响有一个最佳范围，超过此范围，评价指标偏离程度越大，对耕地地力的影响越不利，导致耕地地力退化。

$$\gamma i = \begin{cases} 0 & u_i \leqslant u_{t1} \text{ 或 } u_i \geqslant u_{t2} \\ 1/(1 + a_i \times (u_i - c_i)^2) & u_{t1} < u_i < u_{t2} (i = 1, 2, 3, 4, \cdots, m) \\ 1 & u_i = c_i \end{cases}$$

式中，u_{t1}、u_{t2} 分别为指标上限值、下限值。

4. 直线型函数模型

$$\gamma_i = b + a_i \times u_i$$

5. 概念型函数模型（散点型）

这类指标其性状是定性的、综合性的，与耕地生产能力之间是一种非线性的关系，如地貌类型、土壤剖面构型、质地等。这类因素的评价可采用德尔菲法直接给出隶属度。

三、单因素权重的确定——层次分析法

各评价指标对于耕地地力的重要程度，因为区域差异而有所不同。因此，需要结合

实际情况给各个指标确定适当的权重。权重确定的方法主要是层次分析法。层次分析法是在定性方法基础上发展起来的定量确定评价因素权重的一种系统分析方法，这种方法可将人们的经验思维数量化，用以检验决策者判断的一致性，有利于实现定量化评价。

层次分析法的基本原理是把复杂问题中的各个因素按照相互之间的隶属关系排成从高到低的若干层次，根据对一定客观的判断就同一层次相对重要性相互比较的结果，决定层次各元素重要性的先后次序。

在确定权重时，首先要建立层次结构，对所分析的问题进行层层解剖，根据其所属关系，建立一个多层次的架构，以利于问题的分析和研究。

层次分析法的另一个重点就是构造判断矩阵，用 3 层结构来分析，即目标层（A 层）、准则层（B 层）和指标层（C 层）。目标层要对准则层中的各因素进行相对重要的判断，请专家分别给予判断和评估，从而得到准则层对目标层的判断矩阵。同理，也可得到指标层相对于各准则层的判断矩阵。

判断矩阵构造完成后，便可以计算各评价指标的权重，计算主要过程如下。

一是计算判断矩阵的最大特征根与特征向量。

二是一致性检验。首先计算一致性指标 CI：

$$CI = \frac{\lambda_{max} - n}{n - 1}$$

式中，n 为比较矩阵的阶，也是因素的个数。

然后通过查表查找出随机一致性指标 RI，由下式计算一致性比率 CR：

$$CR = \frac{CI}{RI}$$

若 CR＜0.1，则说明该判断矩阵具有满意的一致性，否则需要重新调整判断矩阵的元素取值。

下　篇

海南农垦耕地地力评价与利用

第五章　八一片区耕地地力评价

第一节　自然与农业生产概况

一、地理位置与行政区划

八一片区位于海南省西北部的儋州市，即北纬 19°19′36″～19°51′48″，东经 109°03′48″～109°44′56″。自然条件优越，有着丰富的生物、土壤和水热资源，适合各种热带作物的生长，尤其是橡胶的生产潜力大。八一片区北抵顿积港，南倚松涛水库，西与海头镇毗连，东邻澄迈县境内的国营和岭农场。片区南北纵贯 60 km，东西横跨 71 km。

全片区土地面积 995.77 km^2（即 99 572.07 hm^2），约占全垦区土地面积的 11.65%。2006 年，八一片区由 4 个农场组成，分别是八一农场（八一分场、红岭分场、龙山分场）、西培农场（西培分场、西华分场、西庆分场）、西联农场（西联分场、西流分场、新盈分场）和蓝洋农场，包括 644 个农业基层单位，其中农业生产队 480 个。

二、自然气候和水文地质

（一）自然气候

八一片区除龙山分场属于微寒热风干旱区，其他农场属于微寒中风气候区，干、湿季节约各占一半。冬春少雨，夏秋多雨，气候温和，阳光充足，四时皆绿，草木常青。年平均气温大于 23.5℃；月平均气温最高在 6—7 月，为 28℃，最低在 1 月，为 17.2℃；极端高温 40.7℃，极端低温-2℃。年降水量为 1 200～2 000 mm，5—10 月为雨季，降水量占全年的 85%以上。常风较大，风力一般为 2～3 级。场区虽然距台风登陆处较远，但从海南岛琼海以北登陆的台风经常穿越本片区出海，风力已明显减弱，最大 11 级，一般为 8～9 级，或减弱为热带低压，风害轻微。

（二）地形及母质

八一片区地势总体上由东南向西北方向倾斜，南高北低，但西流分场地势南低北高，而新盈分场地势中部高四周低。海拔一般为 40～280 m，最高的沙帽岭海拔 752 m，最低处在春江水库一带，海拔 28 m。地貌类型以花岗岩、砂页岩的缓坡地、缓坡丘陵为主，新盈分场以玄武岩台地为主。坡度多在 8°以下，大部分地区适宜机械作业，少数突起的弧丘和连绵丘陵，坡度为15°左右。土壤以砖红壤为主，成土母质以花岗岩为主，其次为砂页岩、玄武岩（新盈分场大部分为玄武岩成土母质）以及滨海沉积物、浅海沉积物，极少部分为河潮土和石灰岩。

（三）水　文

片区内没有较大的河流，但是溪沟较多，分布较均匀，溪沟多发源于场区的季节性河流。八一农场内建有田尾水库、丰市岭水库、梅精水库及东山水库，蓝洋农场中部地热资源丰富，有温泉多处，涌水量大。八一片区周边遍布大小不一的水库与河流，各河流、溪沟、水库等交错贯穿、环绕场界，从全片区来看，水资源比较丰富，水质优良，水资源无论是在蕴藏量还是在利用循环方面都具有很大的潜力。

（四）自然植被

八一片区垦前植被大部分是杂木林、次生杂木林、稀树灌木林、草类、灌木草类群落、稀树灌草群落、稀树草地、白茅矮草荒地、刺竹丛等。

三、农业生产情况

八一片区是一个橡胶生产大区，有60多年的植胶历史。建场以来，大面积主要种植作物是橡胶树，同时种植部分热带作物，如胡椒、咖啡、油棕、油茶、剑麻、水稻等。2006年，全区耕地总面积61 250.7 hm^2，天然橡胶种植面积38 509.1 hm^2，占耕地总面积的62.87%，干胶年总产量26 859 t，平均亩产干胶64.66 kg。

四、第二次土壤普查类型

第二次土壤普查中八一片区的主要土壤类型名称如表5-1所示。

表5-1　八一片区土壤类型

土类	亚类	土属	土种
砖红壤	砖红壤	花岗岩砖红壤	灰麻赤土
			厚有机质层中麻赤土
			厚有机质层麻赤土
			中有机质层中麻赤土
			中有机质层麻赤土
			中有机质层薄麻赤土
			薄有机质层中麻赤土
		砂页岩砖红壤	页赤土
			厚有机质层中页赤土
			厚有机质层页赤土
			中有机质层中页赤土
			中有机质层薄页赤土

（续表）

土类	亚类	土属	土种
砖红壤	砖红壤	砂页岩砖红壤	中有机质层页赤土
			薄有机质层页赤土
		玄武岩砖红壤	灰赤土
			灰铁子赤土
			厚有机质层赤土
			中有机质层赤土
		浅海沉积物砖红壤	灰浅海赤土
			厚有机质层浅海赤土
			中有机质层浅海赤土
			薄有机质层浅海赤土
	黄色砖红壤	花岗岩黄色砖红壤	灰麻黄赤土
			厚有机质层麻黄赤土
赤红壤	赤红壤	花岗岩赤红壤	厚有机质层麻赤红土
紫色土	紫色土	酸性紫色土	灰紫色土
			厚有机质层紫色土
			厚有机质中紫色土
			中有机质层紫色土
			中有机质层中紫色土
			薄有机质层中紫色土
石灰土	红色石灰土	红色石灰土	红石灰土
	酸性石质土	花岗岩石质土	麻石质土
	酸性石质土	砂页岩石质土	变质岩石质土
新积土	冲积土	冲积土	灰潮砂泥土
			潮砂泥土
沼泽土	沼泽土	沼泽土	沼泽土

第二节 耕地地力评价

本次耕地地力评价选取对八一片区耕地影响比较大、区域内变异明显、在时间序列上具有相对稳定性、与农业生产有密切关系的 12 个因素，建立评价指标体系。以 1：5 万土壤图、土地利用现状图、八一片区行政区划图 3 种图件叠加形成的图斑为评价单元。应用“县域耕地资源管理信息系统”和模糊数学评价、层次分析法等数学理论，对八一片区耕地进行地力评价。

一、评价指标体系建立

（一）评价指标确定

海南农垦八一片区耕地地力评价体系以全国评价指标体系作为依据，聘请海南省知名土壤肥料专家和各农场生产主要技术人员进行座谈商讨，根据重要性、差异性、稳定性、易获性、精简性和必要性等指标选取原则，选取了有机质、全氮、有效磷、速效钾、pH 值、容重、质地、成土母质、坡度、有效土层厚度、障碍层类型和年降水量共计 12 个指标作为耕地地力评价的因子，具体指标及归类如表 5-2 所示。

表 5-2　八一片区耕地地力评价指标体系

目标层（A）	准则层（B）	指标层（C）
耕地地力	耕层理化性状	质地
		pH 值
		容重
	耕层养分状况	有机质
		全氮
		有效磷
		速效钾
	立地条件	成土母质
		坡度
		年降水量
	剖面性状	有效土层厚度
		障碍层类型

（二）评价指标的量化处理

获取的评价资料可以分为定量和定性资料两大部分。耕地地力评价指标类型分为数值型和概念型，数值型指标是定量的，与耕地生产能力有一定的线性关系，如土壤有机质、全氮、pH 值等。概念型指标是确定性的、综合性的，与耕地生产能力之间是一种非线性的关系，如地貌类型、土壤剖面构型、质地等。数值型和概念型评价指标的实测值量纲不同，取值范围各异，因此，地力评价时必须对各评价指标的原始数据进行标准化处理，数值型数据可通过建立隶属函数，把各评价指标转化为 0～1 的标准化数据；概念型数据可直接通过德尔菲法和专家打分法进行定量化。

1. 定性因素的量化处理

定性因素是概念型指标如质地，坡度、剖面构型等，与耕地生产能力之间是一种非线性的关系，采用德尔菲法直接给出隶属度，八一片区耕地各评价因素及其隶属度如表5-3至表5-7所示。

表5-3　八一片区成土母质隶属度

描述	河流冲积物	砂页岩	花岗岩	变质岩	玄武岩	石灰岩	浅海沉积物
隶属度	0.92	0.87	0.80	0.74	0.68	0.58	0.48

表5-4　八一片区有效土层厚度（cm）隶属度

描述	<30	30（含）～50	50（含）～70	70（含）～90	90（含）～110	110（含）～130	130（含）～150	150（含）～200	≥200
隶属度	0.09	0.18	0.30	0.46	0.66	0.86	0.95	1.00	1.00

表5-5　八一片区质地隶属度

描述	重壤	中壤	轻黏	中黏	重黏	轻壤	砂壤	紧砂	松砂
隶属度	0.71	0.96	0.71	0.65	0.49	0.90	0.78	0.55	0.42

表5-6　八一片区坡度隶属度

描述	<3°	3°（含）～7°	7°（含）～15°	15°（含）～20°	20°（含）～25°	25°（含）～30°	30°（含）～35°	≥35°
隶属度	1.00	0.96	0.89	0.78	0.62	0.35	0.17	0.08

表5-7　八一片区障碍类型隶属度

描述	砂砾层	铁盘层	铁子层	潜育层	盐渍层	无障碍层
隶属度	0.38	0.12	0.30	0.35	0.42	1.00

2. 定量化指标的隶属函数

对于定量化的指标，采取德尔菲法和专家打分法确定指标的隶属函数。经过归纳、反馈、集中，产生指标的隶属函数如表5-8所示。

表5-8　八一片区耕地地力评价指标隶属函数

序号	函数类型	项目	隶属函数	c	u_t
1	戒上型	降水量（mm）	$y=1/[1+2.86\times10^{-6}\times(u-c)^2]$	1 900	1 200
2	戒上型	有效磷（mg/kg）	$y=1/[1+0.001\ 3\times(u-c)^2]$	34.77	3

（续表）

序号	函数类型	项目	隶属函数	c	u_t
3	戒上型	有机质（g/kg）	$y=1/[1+0.0024\times(u-c)^2]$	33.24	6
4	戒上型	速效钾（mg/kg）	$y=1/[1+0.0001\times(u-c)^2]$	200	20
5	戒上型	全氮（g/kg）	$y=1/[1+0.8397\times(u-c)^2]$	1.97	0.25
6	戒下型	容重（g/cm^3）	$y=1/[1+7.6785\times(u-c)^2]$	1.19	1.6
7	峰型	pH 值	$y=1/[1+0.3793\times(u-c)^2]$	5.15	$u_{t1}=3.5$ $u_{t2}=7.5$

（三）评价指标的权重确定

评价指标的权重通过层次分析法确定。首先，根据八一片区耕地地力各个指标间的关系构造耕地要素层次结构图；然后，请专家比较同一层次各因素对上一层次的相对重要性，打分给出数量化的评价，构造判断矩阵，根据判断矩阵计算出矩阵的最大特征根和特征向量，并进行一致检验；最后，进行层次总排序一致性检验，如通过一致性检验，便可求得各评价指标的组合权重，即为评价指标的实际权重（表 5-9）。

表 5-9　八一片区耕地地力评价指标权重

指标层	准则层				
	耕层理化性状 B1	立地条件 B2	剖面性状 B3	耕层养分状况 B4	组合权重
	0.181 1	0.198 0	0.176 7	0.444 2	$\sum CiBi$
pH 值 C1	0.387 2				0.070 1
质地 C2	0.382 0				0.069 2
容重 C3	0.230 8				0.041 8
降水量 C4		0.357 9			0.070 8
成土母质 C5		0.476 4			0.094 3
坡度 C6		0.165 7			0.032 8
有效土层厚度 C7			0.689 7		0.121 9
障碍层类型 C8			0.310 3		0.054 8
有机质 C9				0.450 2	0.200 0
速效钾 C10				0.138 5	0.061 5
有效磷 C11				0.206 5	0.091 7
全氮 C12				0.204 7	0.090 9

二、耕地地力等级划分

根据八一片区耕地地力综合指数结果，运用等距法制定本片区耕地地力综合指数分级方案，并将全片区耕地等级共划分为 5 个等级（表 5-10）。

表 5-10 八一片区耕地地力评价等级划分

等级	综合指数	等级	综合指数
一等地	0.73（含）～0.78	四等地	0.62（含）～0.65
二等地	0.70（含）～0.73	五等地	0.52（含）～0.62
三等地	0.65（含）～0.70		

三、耕地地力等级分布

（一）橡胶园地力等级面积统计

八一片区耕地地力调查橡胶园总面积为 38 428.21 hm^2。其中，一等地 2 777.67 hm^2，占总面积的 7.23%；二等地 6 039.14 hm^2，占总面积的 15.72%；三等地 15 207.61 hm^2，占总面积的 39.57%；四等地 8 526.46 hm^2，占总面积的 22.19%；五等地 5 877.33 hm^2，占总面积的 15.29%（表 5-11）。

表 5-11 八一片区橡胶园不同地力等级面积统计

等级	一等地	二等地	三等地	四等地	五等地	总计
面积（hm^2）	2 777.67	6 039.14	15 207.61	8 526.46	5 877.33	38 428.21
占比（%）	7.23	15.72	39.57	22.19	15.29	100.00

（二）橡胶园地力空间分布

该区地力等级属于中等，具有较明显的地域性分布特征（表 5-12）。一等地集中分布在片区东部的西联和西流分场以及西南部的八一分场，土层深厚，水、肥、气、热条件协调，橡胶产量高，年产干胶 4.0～6.0 kg/株。二等地主要分布在片区东北部的新盈、西流、西联分场以及南部的八一、西培分场，气、热条件较好，有部分障碍层，年产干胶 3.5～4.0 kg/株。三等地在片区各个农场均有分布，土层深厚，有明显障碍层，年产干胶 3～3.5 kg/株。四等地分布于片区各个农场，面积最大的为中部的西庆、西联和八一分场，有明显障碍层，年产干胶 2.5～3.0 kg/株。五等地零星分布于片区各农场，土层较薄，有明显的障碍层，年产干胶 1.0～2.5 kg/株。

表 5-12 八一片区农场橡胶园地力等级分布

农场	分场	一等地		二等地		三等地		四等地		五等地	
		面积（hm²）	占比（%）	面积（hm²）	占比（%）	面积（hm²）	占比（%）	面积（hm²）	占比（%）	面积（hm²）	占比（%）
八一	八一	1 234.4	16（A）	1 688.9	22（A）	2 517.0	34（A）	1 102.9	15（A）	967.8	13（A）
			44（B）		28（B）		17（B）		13（B）		16（B）
	红岭	0.0	0（A）	0.0	0（A）	125.1	7（A）	521.4	31（A）	1 031.7	61（A）
			0（B）		0（B）		1（B）		6（B）		18（B）
	龙山	0.0	0（A）	0.0	0（A）	377.7	25（A）	576.5	38（A）	549.2	37（A）
			0（B）		0（B）		2（B）		7（B）		9（B）
蓝洋	蓝洋	0.0	0（A）	66.6	2（A）	1 453.6	52（A）	755.0	27（A）	508.2	18（A）
			0（B）		1（B）		10（B）		9（B）		9（B）
西培	西培	3.8	0（A）	706.9	18（A）	2 383.3	62（A）	605.7	16（A）	134.3	4（A）
			0（B）		12（B）		16（B）		7（B）		2（B）
	西庆	3.6	0（A）	99.8	2（A）	2 124.6	42（A）	1 721.1	34（A）	1 140.9	22（A）
			0（B）		2（B）		14（B）		20（B）		19（B）
	西华	0.0	0（A）	0.9	0（A）	1 779.6	48（A）	1 578.2	43（A）	315.3	9（A）
			0（B）		0（B）		12（B）		19（B）		5（B）
西联	西联	1 140.2	21（A）	740.0	13（A）	1 509.7	27（A）	1 430.2	26（A）	726.7	13（A）
			41（B）		12（B）		10（B）	39.4	17（B）		12（B）
	西流	353.3	11（A）	1 836.9	60（A）	826.1	27（A）	196.3	1（A）	28.6	1（A）
			13（B）		30（B）		5（B）		0（B）		0（B）
	新盈	42.4	1（A）	899.2	24（A）	2 110.9	57（A）		5（A）	474.6	13（A）
			2（B）		15（B）		14（B）		2（B）		8（B）
合计		2 777.7		6 039.1		15 207.6		8 526.5		5 877.3	

注：“（A）”表示占本场的比例，“（B）”表示占全片区各等级的比例。

（三）橡胶园地力等级评价

1. 一等地

（1）面积与分布

一等地总面积 2 777.7 hm²，占全片区橡胶园总面积的 7.23%，主要分布在八一分场、西联分场和西流分场，并且零星分布在西培分场、西庆分场和新盈分场（表 5-13）。分布面积最大的是八一分场，占地面积达 1 234.4 hm²；其次是西联分场，占地面积为 1 140.2 hm²。

表 5-13　八一片区一等橡胶园面积空间分布

农场	分场	面积（hm^2）	占本场橡胶园面积的比例（%）	占片区橡胶园面积的比例（%）
八一	八一	1 234.4	44.44	3.21
	红岭	0.0	0.00	0.00
	龙山	0.0	0.00	0.00
蓝洋	蓝洋	0.0	0.00	0.00
西培	西华	0.0	0.00	0.00
	西培	3.8	0.14	0.01
	西庆	3.6	0.13	0.01
西联	西联	1 140.2	41.05	2.97
	西流	353.3	12.72	0.92
	新盈	42.3	1.52	0.11
合计		2 777.7		7.23

（2）主要属性分析

一等地主要位于片区内西联分场的阶地平原区和八一分场西南面的低丘陵台地区，多为平地及缓坡低丘陵区，地势相对平坦开阔。成土母质主要为花岗岩、砂页岩，土壤类型以砂页岩砖红壤和花岗岩砖红壤为主；土质优良，大部分为中壤、轻壤，土壤保肥性能比较好，土层深厚（大于 100 cm），无障碍层。土壤养分含量相对较高，有机质含量 11.64～34.10 g/kg，平均值 20.60 g/kg；全氮含量 0.52～1.26 g/kg，平均值 0.96 g/kg；有效磷含量 0.55～51.50 mg/kg，平均值 21.24 mg/kg；速效钾含量 10.02～43.40 mg/kg，平均值 24.26 mg/kg。20 世纪以来，该片区的水利部门加强水利基础设施建设，并且在第一代植胶过程中加强基础建设，使得该区域橡胶园的生产能力得以显著提高，成为八一片区的主要橡胶高产区。

总体上，一等地的立地条件是本片区最好的区域，土体深厚，有 75%面积的橡胶园坡度小于 8°，宜于机耕生产作业，属于高产稳产橡胶园。土壤养分含量相对较高，除了速效钾，有机质、全氮和有效磷等主要养分均为高水平，光、温、水资源相对丰富，植胶立地条件较优越。

2. 二等地

（1）面积与分布

二等地总面积 6 039.1 hm^2，占全片区橡胶园总面积的 15.72%。除了红岭分场和龙山分场，片区内其余各农场均有二等地分布，分布面积最大的是西流分场，占地面积达 1 836.9 hm^2；其次是八一分场、新盈分场、西联分场、西培分场，占地面积分别为 1 688.9 hm^2、899.2 hm^2、740.0 hm^2、706.9 hm^2（表 5-14）。

表 5-14　八一片区二等橡胶园面积空间分布

农场	分场	面积（hm^2）	占本场橡胶园面积的比例（%）	占片区橡胶园面积的比例（%）
八一	八一	1 688.9	27.97	4.39
	红岭	0.0	0.00	0.00
	龙山	0.0	0.00	0.00
蓝洋	蓝洋	66.5	1.10	0.18
西培	西华	0.9	0.02	0.00
	西培	706.9	11.71	1.84
	西庆	99.8	1.65	0.26
西联	西联	740.0	12.25	1.93
	西流	1 836.9	30.42	4.78
	新盈	899.2	14.89	2.34
合计		6 039.1		15.72

二等地主要集中分布在八一分场西南面的 407 队和 312 队周边的缓坡低丘陵区，西培分场的香岭队、培岭队、培武队一带的缓坡台地低丘陵区，西流分场的红新队、红阳队、红星队、红旗队一带的缓坡低丘陵区，新盈分场的东场队南部、八一队、江花队一带的阶地平原区，西联分场的猛进队、光明队、前进队一带的缓坡台地低丘陵区等区域。

（2）主要属性分析

二等地分布区域地势以缓坡为主，该等地土地基本平整，有 76%面积的橡胶园坡度在 8°以下，宜于机耕生产作业。成土母质主要为花岗岩、砂页岩和玄武岩，土壤类型以砂页岩砖红壤、花岗岩砖红壤和玄武岩砖红壤为主；质地主要为中壤，黏砂适度，土壤保肥性能较好；土体深厚，有部分障碍层，障碍类型主要是砂砾和铁子，耕作层土壤较为疏松。土壤有机质含量 11.15～35.80 g/kg，平均值 20.50 g/kg；全氮含量 0.45～1.53 g/kg，平均值 0.82 g/kg；有效磷含量 0.51～47.92 mg/kg，平均值 11.74 mg/kg；速效钾含量 10.20～65.23 mg/kg，平均值 26.02 mg/kg；pH 值 4.51～5.10。

总体上二等地光、温、水资源相对丰富，土壤矿质养分含量较丰富，能排能灌，植胶立地条件较优越，但速效钾含量水平较低，应注意增施钾肥。

3. 三等地

（1）面积与分布

三等地总面积 15 207.6 hm^2，占橡胶园总面积的 39.58%，是全片区面积最广的耕地。全片区 10 个分场均有三等地分布，分布面积最大的是八一分场，占地面积 2 517.0 hm^2；其次是西培分场、西庆分场、新盈分场，占地面积分别为 2 383.3 hm^2、

2 124.6 hm^2、2 110.9 hm^2（表 5-15）。

表 5-15　八一片区三等橡胶园面积空间分布

农场	分场	面积（hm^2）	占本场橡胶园面积的比例（%）	占片区橡胶园面积的比例（%）
八一	八一	2 517.0	33.51	6.55
	红岭	125.1	7.46	0.33
	龙山	377.7	25.12	0.98
蓝洋	蓝洋	1 453.6	52.22	3.79
西培	西华	1 779.6	48.44	4.63
	西培	2 383.3	62.16	6.20
	西庆	2 124.6	41.74	5.53
西联	西联	1 511.4	27.24	3.93
	西流	826.1	26.79	2.15
	新盈	2 110.9	56.72	5.49
合计		15 207.6		39.58

三等地主要集中分布在新盈分场南部的新康队、新中队、新建队、新宝队一带的阶地平原区以及片内广大的低丘陵台地缓坡区，如西华分场东部 12 队、14 队、15 队一带的低丘陵缓坡区，西庆分场北部 4 队、18 队、14 队一带的台地缓坡区，西培分场的大部分低丘陵区，蓝洋农场南部 25 队、22 队、20 队一带的低丘陵陡坡区，西联分场的华侨队、红山队、团结队一带的低丘陵缓坡区等区域。

（2）主要属性分析

三等地分布区域内地势大体倾斜，在低丘陵区的胶园坡度较大，如在蓝洋农场的三等地中有 60%橡胶园的坡度在 7°以上。该片区的成土母质主要为砂页岩、花岗岩和玄武岩，土壤类型以砂页岩砖红壤、花岗岩砖红壤和玄武岩砖红壤为主。质地主要为轻壤、中壤和重壤，土壤保肥性能较好；土体深厚，但有明显障碍层，障碍类型主要是砂砾和铁子，土体含有砂砾，耕作困难。土壤养分含量低，有机质含量 9.30～43.41 g/kg，平均值 14.12 g/kg；全氮含量 0.45～1.37 g/kg，平均值 0.78 g/kg；有效磷含量 0.53～43.99 mg/kg，平均值 10.54 mg/kg；速效钾含量 10.15～58.05 mg/kg，平均值 24.12 mg/kg；pH 值 4.54～5.20。

总体上该等地胶园肥力中等，物理性能差，不易扎根，土壤水、热、气不协调，可耕性略差，土壤养分不协调，种植条件一般。应实行精耕细作，增施有机肥和氮磷钾肥，扩种绿肥等措施，以提高土壤的整体生产能力。

4. 四等地

（1）面积与分布

四等地总面积 8 526.5 hm^2，占橡胶园总面积的 22.19%。全片区各分场中均有四等地分布，分布面积最大的是西庆分场，占地面积 1 721.1 hm^2；其次是西华分场、西联分场和八一分场，占地面积分别为 1 578.2 hm^2、1 430.2 hm^2 和 1 102.9 hm^2（表 5-16）。

表 5-16 八一片区四等橡胶园面积空间分布

农场	分场	面积（hm^2）	占本场橡胶园面积的比例（%）	占片区橡胶园面积的比例（%）
八一	八一	1 102.9	14.68	2.87
	红岭	521.2	31.07	1.36
	龙山	576.5	38.35	1.50
蓝洋	蓝洋	755.0	27.12	1.96
西培	西华	1 578.2	42.96	4.11
	西培	605.7	15.80	1.58
	西庆	1 721.1	33.81	4.48
西联	西联	1 430.2	25.78	3.72
	西流	39.4	1.28	0.10
	新盈	196.3	5.27	0.51
合计		8 526.5		22.19

四等地主要集中分布在西联分场北部红湖队、红专队、东风队一带的阶地平原区，西庆分场北部 24 队、新场队、红星队一带的台地低丘陵缓坡区，西华分场东北和西南走向的低丘陵缓坡区，八一分场南面零星的低丘陵陡坡区，蓝洋农场零星的低丘陵陡坡区，红岭分场零星的台地缓坡区等区域。

（2）主要属性分析

四等地分布区域地势坡度稍大，高程相对高，成土母质主要为花岗岩、砂页岩和浅海沉积物，土壤类型以花岗岩砖红壤、砂页岩砖红壤和浅海沉积物砖红壤为主。质地主要为重壤，其次为砂壤和松砂，疏松易于耕作；有明显的障碍层，障碍层类型主要是砂砾，耕层砂粒多，土层较薄，土壤结构松散，保水保肥性能较差，作物生长受一定限制。土壤养分含量较低，有机质含量 8.16～29.50 g/kg，平均值 13.32 g/kg；全氮含量 0.45～1.14 g/kg，平均值 0.68 g/kg；有效磷含量 0.90～32.61 mg/kg，平均值 9.94 mg/kg；速效钾含量 10.32～59.16 mg/kg，平均值 25.12 mg/kg；pH 值 4.61～5.20。

总体上该等地土壤物理性能差，土体结构不良，可耕性差，种植条件一般，土壤肥力偏低，养分不协调。应实行精耕细作、增施有机肥和氮磷钾肥、施肥应少量多次和扩种绿肥等措施，以提高土壤的整体生产能力。

5. 五等地

（1）面积与分布

五等地总面积 5 877.3 hm^2，占橡胶园总面积的 15.29%。片区各个农场均有五等地分布，分布面积最大的是西庆分场，占地面积 1 140.9 hm^2；其次是红岭分场、八一分场、西联分场和龙山分场，占地面积分别为 1 031.7 hm^2、967.8 hm^2、726.7 hm^2 和 549.2 hm^2（表 5-17）。

表 5-17　八一片区五等橡胶园面积空间分布

农场	分场	面积（hm^2）	占本场橡胶园面积的比例（%）	占片区橡胶园面积的比例（%）
八一	八一	967.8	12.89	2.52
	红岭	1 031.7	61.48	2.68
	龙山	549.2	36.53	1.43
蓝洋	蓝洋	508.2	18.26	1.32
西培	西华	315.3	8.58	0.83
	西培	134.3	3.50	0.35
	西庆	1 140.9	22.42	2.97
西联	西联	726.7	13.10	1.89
	西流	28.6	0.93	0.07
	新盈	474.6	12.71	1.23
合计		5 877.3		15.29

五等地主要集中分布于西庆分场南部的低丘陵缓坡区，八一分场南部的零星低丘陵陡坡区，蓝洋农场周边的低丘陵陡坡区，西联分场北部晨光队、农业队、东方红队的阶地平原区，红岭分场 5 队、17 队、14 队一带的台地陡坡区，以及龙山分场 10 队、12 队、6 队一带的台地陡坡区等区域。

（2）主要属性分析

五等地分布区域的成土母质主要是花岗岩、浅海沉积物和砂页岩，土壤类型以花岗岩砖红壤、浅海沉积物砖红壤和砂页岩砖红壤为主。质地主要为重壤，其次为砂壤和松砂，土壤疏松易于耕作；土体有明显的障碍层，障碍层类型主要是砂砾，耕层砂粒多，但土层薄，土壤结构松散，土壤保水保肥性能差，作物生长受一定限制。土壤养分含量低，有机质含量 8.11～29.50 g/kg，平均值 13.31 g/kg；全氮含量 0.45～1.14 g/kg，平均值 0.68 g/kg；有效磷含量 0.90～32.61 mg/kg；平均值 9.94 mg/kg，速效钾含量 10.33～59.26 mg/kg，平均值 25.21 mg/kg；pH 值 4.60～5.22。

总体上该等地橡胶园土层薄，质地偏砂，持水保肥能力弱，土壤贫瘠，有机质及矿质养分整体水平偏低，作物生长受限制，生产水平低，砾石含量较高，机耕条件差，胶园管理困难。

第三节 耕地土壤属性

一、土壤的化学性质

（一）有机质

土壤有机质是土壤的重要组成部分，它对土壤肥力和植物营养起着重要作用。土壤有机质含量高低是评价土壤肥力的一个重要标志，有机质既是作物所需要各种养分的源泉，又可改善土壤的物理、化学和生物特性，而且对调节土壤中水、肥、气、热状况起重要作用，其中腐殖质还参与植物的生理过程和生物化学过程，能促进作物生长发育。对耕作土壤来说，培肥的关键就是保持和提高土壤有机质含量，提高土壤肥力，为作物获得高产奠定良好的物质基础。

本次耕地地力调查中八一片区橡胶园土壤有机质平均含量为16.73 g/kg，变化范围为2.82～56.50 g/kg。该片区土壤有机质含量主要分布在四级，占橡胶园总面积的74.40%，其次是三级，占比为15.23%，四级以下占80.51%，有机质含量属于中下水平（表5-18）。

表5-18 八一片区土壤有机质分级及面积

项目	一级	二级	三级	四级	五级	六级	总计
有机质含量（g/kg）	≥40	30（含）～40	20（含）～30	10（含）～20	6（含）～10	＜6	
面积（hm^2）	33.81	1 601.01	5 853.50	28 591.71	2 348.17	0.00	38 428.21
比例（%）	0.09	4.17	15.23	74.40	6.11	0.00	100.00

该片区不同土属有机质含量比较见表5-19，其中以玄武岩砖红壤最高，平均值为27.55 g/kg，花岗岩黄色砖红壤最低，平均值为12.89 g/kg。

表5-19 八一片区不同土属有机质含量状况

土属名称	含量范围（g/kg）	平均值（g/kg）	标准差	变异系数（%）
花岗岩黄色砖红壤	4.3～5.8	12.89	2.91	22.56
砂页岩石质土	9.1～17.2	13.05	2.86	21.94
砂页岩黄色砖红壤	10.0～19.0	14.59	2.80	19.21
红色石灰土	11.1～18.5	14.80	5.23	35.36
花岗岩砖红壤	5.1～46.5	15.05	5.34	35.45
砂页岩砖红壤	4.9～43.2	15.65	5.85	37.36

（续表）

土属名称	含量范围（g/kg）	平均值（g/kg）	标准差	变异系数（%）
浅海沉积物砖红壤	6.6～53.9	17.06	10.76	63.06
冲积土	13.4～20.4	18.07	4.04	22.37
酸性紫色土	4.1～34.4	18.59	8.47	45.57
玄武岩砖红壤	2.8～56.5	27.55	11.85	43.01

（二）大量元素

1. 全　氮

氮素是构成蛋白质的主要成分，是构成一切生命体的重要元素，在植物的叶绿素中，氮也是不可缺少的组成部分。在作物生产中，作物对氮的需求量较大，土壤氮素供应充足，其他条件配合适当，植物的茎叶生长茂盛，产量高；相反，土壤氮素供应不足，其他条件配合不好，植物生长不良，产量低。土壤氮素含量、供应能力与植物生长、作物的产量和品质有非常密切的关系。全氮含量和有机质呈正相关。

八一片区橡胶园土壤全氮含量最高为 2.97 g/kg，最低为 0.05 g/kg，一般为 0.5～1.0 g/kg，全氮含量在 1.5～2.0 g/kg 的土壤主要分布于新盈分场。八一片区土壤全氮含量主要集中在四级和五级，分别占橡胶园总面积的 23.81%和 66.14%，四级及以下共占 92.18%，全氮含量属于低等水平（表 5-20）。

表 5-20　八一片区土壤全氮分级及面积

项目	一级	二级	三级	四级	五级	六级	总计
全氮含量（g/kg）	≥2.0	1.5（含）～2.0	1.0（含）～1.5	0.75（含）～1.0	0.5（含）～0.75	<0.5	
面积（hm^2）	0.00	6.48	2 998.32	9 149.83	25 418.10	855.47	38 428.21
比例（%）	0.00	0.02	7.80	23.81	66.14	2.23	100.00

该片区不同土属全氮含量比较见表 5-21，其中以玄武岩砖红壤最高，平均值为 1.14 g/kg，砂页岩石质土最低，平均值为 0.51 g/kg。

表 5-21　八一片区不同土属全氮含量状况

土属名称	含量范围（g/kg）	平均值（g/kg）	标准差	变异系数（%）
砂页岩石质土	0.33～0.72	0.51	0.10	20.50
冲积土	0.47～0.73	0.59	0.13	22.00
花岗岩黄色砖红壤	0.43～0.85	0.59	0.08	14.06
砂页岩黄色砖红壤	0.47～0.81	0.63	0.07	11.83
浅海沉积物砖红壤	0.05～2.02	0.69	0.37	53.48

（续表）

土属名称	含量范围（g/kg）	平均值（g/kg）	标准差	变异系数（%）
砂页岩砖红壤	0.11～2.59	0.69	0.23	32.78
酸性紫色土	0.39～1.04	0.70	0.19	27.42
花岗岩砖红壤	0.25～2.97	0.72	0.22	30.95
红色石灰土	0.59～0.96	0.78	0.26	33.76
玄武岩砖红壤	0.07～2.40	1.14	0.34	30.14

2. *有效磷*

磷是原生质和细胞核的组成部分，是作物营养的三要素之一。磷在植物碳水化合物的移动和代谢中起着很重要的作用，磷酸直接参与呼吸和发酵过程，并与光合作用过程有直接关系。磷不仅影响植物含氮物质的代谢，还能提高植物组织中蛋白质的含量；磷对作物新根、嫩叶的生长，以及花和种子的形成都有着重要作用。土壤中磷素分为有机态磷和无机态磷两类。有机磷除少量可被高等植物吸收外，大部分要在土壤微生物的作用下转化为有效态无机磷酸盐才能被植物吸收。土壤有效磷含量是衡量土壤养分容量和强度水平的主要指标。

八一片区橡胶园土壤有效磷含量最高为 51.71 mg/kg，最低为 0.04 mg/kg，一般为 5～40 mg/kg，新盈分场和西庆分场有效磷含量较低，大部分为 3～10 mg/kg。八一片区土壤有效磷含量主要集中在三级和四级，分别占橡胶园总面积的 32.85%和 31.09%，二级、五级、六级的分布相当，四级及以下共占 56.70%，有效磷含量属于中等水平（表 5-22）。

表 5-22 八一片区土壤有效磷分级及面积

项目	一级	二级	三级	四级	五级	六级	总计
有效磷含量（mg/kg）	≥40	20（含）～40	10（含）～20	5（含）～10	3（含）～5	<3	
面积（hm^2）	299.56	3 717.74	12 622.53	11 946.40	4 595.53	5 246.44	38 428.21
比例（%）	0.78	9.67	32.85	31.09	11.96	13.65	100.00

该片区不同土属有效磷含量比较见表 5-23，其中以冲积土最高，平均值为 15.23 mg/kg，玄武岩砖红壤最低，平均值为 1.74 mg/kg。

表 5-23 八一片区不同土属有效磷含量状况

土属名称	含量范围（mg/kg）	平均值（mg/kg）	标准差	变异系数（%）
玄武岩砖红壤	0.1～29.4	1.74	3.57	205.29
红色石灰土	1.1～7.0	4.05	4.17	103.01

（续表）

土属名称	含量范围（mg/kg）	平均值（mg/kg）	标准差	变异系数（%）
砂页岩黄色砖红壤	0.6～23.5	6.85	5.15	75.19
酸性紫色土	0.8～42.4	7.57	7.78	102.72
花岗岩黄色砖红壤	0.9～26.8	7.81	6.56	84.03
浅海沉积物砖红壤	0.1～47.6	10.14	9.43	93.03
砂页岩砖红壤	0.4～51.7	10.47	9.74	93.00
花岗岩砖红壤	0.1～50.8	10.70	10.69	99.97
砂页岩石质土	4.1～30.1	13.75	7.50	54.54
冲积土	3.2～37.7	15.23	19.47	127.83

3. 速效钾

钾是重要的植物养分，在植物体内部直接组成有机化合物，以离子状态存在。钾是作物生长和发育必需的营养元素。土壤中的钾按植物营养有效性可分为无效钾、缓效钾和速效钾。无效钾在短期内不能被植物利用。缓效钾是指存在于膨胀性层状硅酸盐矿物层间和颗粒边缘上的一部分钾。速效钾能被作物直接吸收。钾较多存在于植物的茎和叶里，尤其是积累在幼芽、嫩叶、根尖等处。钾对植物的氮素代谢有很好的影响，能促进植物对氮的吸收。

八一片区橡胶园土壤速效钾含量为 5～110 mg/kg，平均值为 26 mg/kg，大部分地区为 30～50 mg/kg。该片区土壤速效钾含量主要集中在六级，占橡胶园总面积的 76.85%，其次是五级，其占比为 19.74%，四级及以下共占 100.00%，该片区土壤速效钾严重缺乏（表 5-24）。

表 5-24　八一片区土壤速效钾分级及面积

项目	一级	二级	三级	四级	五级	六级	总计
速效钾含量（mg/kg）	≥200	150（含）～200	100（含）～150	50（含）～100	30（含）～50	＜30	
面积（hm^2）	0.00	0.00	0.00	1 312.57	7 584.24	29 531.40	38 428.21
比例（%）	0.00	0.00	0.00	3.41	19.74	76.85	100.00

该片区不同土属速效钾含量比较见表 5-25，其中以砂页岩石质土最高，平均值为 40.10 mg/kg，花岗岩砖红壤最低，平均值为 23.40 mg/kg。

表 5-25　八一片区不同土属速效钾含量状况

土属名称	含量范围（mg/kg）	平均值（mg/kg）	标准差	变异系数（%）
花岗岩砖红壤	5～77	23.40	11.90	50.78

（续表）

土属名称	含量范围（mg/kg）	平均值（mg/kg）	标准差	变异系数（%）
酸性紫色土	11～68	24.40	11.60	47.59
红色石灰土	16～33	24.50	12.00	49.06
玄武岩砖红壤	8～103	24.60	12.30	50.12
花岗岩黄色砖红壤	9～47	24.90	8.90	35.63
冲积土	9～44	26.30	17.50	66.46
砂页岩砖红壤	6～110	27.20	14.70	54.04
浅海沉积物砖红壤	12～89	29.30	14.10	47.94
砂页岩黄色砖红壤	13～84	37.70	14.50	38.48
砂页岩石质土	22～64	40.10	13.50	33.70

（三）中量元素

1. 有效钙

土壤钙含量是土壤性质的一个重要指标。在酸性土壤中，钙肥通常是以石灰为材料，施用石灰不仅能补充土壤中的钙营养，满足作物对钙的需要，而且还能调节土壤反应，促进有益微生物活动，从而加速有机质的分解和养分的释放。

八一片区橡胶园土壤有效钙含量为 8.2～2 192.8 mg/kg，平均值为 256.42 mg/kg。该片区土壤有效钙含量主要集中在四级和五级，其占比分别为 35.41%和 49.71%，三级及以下共占 98.82%，有效钙含量属于低下水平（表 5-26）。

表 5-26　八一片区土壤有效钙分级状况

级别	含量（mg/kg）	样点（个）	频率（%）	平均值（mg/kg）
一级	≥2 000	2	0.08	2 287.82
二级	1 000（含）～2 000	29	1.10	1 195.22
三级	400（含）～1 000	361	13.70	592.12
四级	200（含）～400	933	35.41	276.89
五级	＜200	1 310	49.71	125.45

该片区不同土属有效钙含量比较见表 5-27，其中以浅海沉积物砖红壤最高，平均值为 384.24 mg/kg，红色石灰土最低，平均值为 166.80 mg/kg。

表 5-27　八一片区不同土属有效钙含量状况

土属名称	含量范围（mg/kg）	平均值（mg/kg）	标准差	变异系数（%）
红色石灰土	53.5～280.1	166.80	160.23	96.06

（续表）

土属名称	含量范围（mg/kg）	平均值（mg/kg）	标准差	变异系数（%）
冲积土	78.0～262.7	171.70	92.38	53.80
砂页岩石质土	30.7～749.6	195.41	182.86	93.58
花岗岩黄色砖红壤	39.4～687.9	197.04	125.29	63.59
玄武岩砖红壤	26.4～769.5	223.87	128.60	57.44
酸性紫色土	14.6～704.1	233.90	151.32	67.58
花岗岩砖红壤	8.2～2 192.8	236.12	184.80	78.26
砂页岩黄色砖红壤	55.8～547.0	250.02	135.71	54.28
砂页岩砖红壤	15.2～1 570.6	261.92	203.12	77.55
浅海沉积物砖红壤	35.3～1 924.8	384.24	316.02	82.24

2. 有效镁

镁是作物必需的营养元素，是叶绿素的组成部分，能促进作物对磷、硅的吸收，增强磷的营养代谢，提高作物的抗病能力。

八一片区橡胶园土壤有效镁含量为0.2～490.0 mg/kg，平均值为31.57 mg/kg。该区土壤有效镁含量主要分布在五级，占比为83.45%，其次是四级，占比为13.85%，三级及以下共占99.51%，该片区有效镁属于严重缺乏水平（表5-28）。

表5-28　八一片区土壤有效镁分级状况

级别	含量（mg/kg）	样点（个）	频率（%）	平均值（mg/kg）
一级	≥1 000	0	0.00	0.00
二级	300（含）～1 000	13	0.49	359.62
三级	100（含）～300	58	2.21	149.22
四级	50（含）～100	365	13.85	67.86
五级	＜50	2 199	83.45	20.50

该片区不同土属有效镁含量比较见表5-29，其中以浅海沉积物砖红壤最高，平均值为45.26 mg/kg，冲积土最低，平均值为15.83 mg/kg。

表5-29　八一片区不同土属有效镁含量状况

土属名称	含量范围（mg/kg）	平均值（mg/kg）	标准差	变异系数（%）
冲积土	11.7～23.1	15.83	6.31	39.87
红色石灰土	15.0～27.8	21.40	9.05	42.29
花岗岩黄色砖红壤	8.0～208.4	25.65	30.89	120.42

（续表）

土属名称	含量范围（mg/kg）	平均值（mg/kg）	标准差	变异系数（%）
酸性紫色土	7.4～81.2	27.17	21.38	78.67
砂页岩石质土	9.2～80.5	27.32	23.43	85.77
花岗岩砖红壤	0.2～396.9	28.94	38.35	132.50
砂页岩黄色砖红壤	7.6～99.7	29.88	22.52	75.38
砂页岩砖红壤	0.2～490.0	31.67	36.13	114.09
玄武岩砖红壤	0.4～149.9	31.94	26.67	83.49
浅海沉积物砖红壤	4.8～218.1	45.26	34.30	75.77

（四）微量元素

土壤微量元素是植物需要量很少且一般土壤含量也较少的营养元素，主要是指有效硼、钼、锌、铜、铁、锰等。它们的含量通常只有百万分之几到十万分之几，这些元素的含量虽小，却是植物不可缺少的。如果土壤中缺少某种微量元素，作物生长就不正常。

1. 铜元素

八一片区橡胶园土壤有效铜含量范围为 0.15～2.94 mg/kg，平均值为 0.66 mg/kg。该片区土壤有效铜含量主要分布在三级，其占比为 84.17%，其次是二级，占比为 14.31%，三级及以上共占 99.47%，有效铜属于中上水平（表 5-30）。

表 5-30　八一片区土壤有效铜分级状况

级别	含量（mg/kg）	样点（个）	频率（%）	平均值（mg/kg）
一级	≥1.8	26	0.99	2.16
二级	1.0（含）～1.8	377	14.31	1.21
三级	0.2（含）～1.0	2 218	84.17	0.55
四级	0.1（含）～0.2	14	0.53	0.18
五级	＜0.1	0	0.00	0.00

该片区不同土属有效铜含量比较见表 5-31，其中以红色石灰土最高，平均值为 1.05 mg/kg，砂页岩石质土最低，平均值为 0.40 mg/kg。

表 5-31　八一片区不同土属有效铜含量状况

土属名称	含量范围（mg/kg）	平均值（mg/kg）	标准差	变异系数（%）
砂页岩石质土	0.26～0.67	0.40	0.10	25.58
冲积土	0.32～0.55	0.41	0.12	28.97

（续表）

土属名称	含量范围（mg/kg）	平均值（mg/kg）	标准差	变异系数（%）
砂页岩黄色砖红壤	0.23～1.06	0.54	0.20	36.77
酸性紫色土	0.25～1.11	0.56	0.26	46.33
浅海沉积物砖红壤	0.17～2.77	0.59	0.33	56.97
砂页岩砖红壤	0.15～2.81	0.62	0.33	52.63
花岗岩砖红壤	0.16～1.98	0.66	0.32	47.73
花岗岩黄色砖红壤	0.27～1.32	0.73	0.34	46.54
玄武岩砖红壤	0.29～2.94	0.86	0.43	50.08
红色石灰土	1.00～1.11	1.05	0.08	7.44

2. 锰元素

八一片区橡胶园土壤有效锰含量范围为 0.09～92.61 mg/kg，平均值为 15.12 mg/kg。该片区土壤有效锰含量主要集中在二级和三级，占比分别为 25.81%和 44.21%，三级及以下的占比为 61.97%，有效锰含量属于中等水平（表 5-32）。

表 5-32　八一片区土壤有效锰分级状况

级别	含量（mg/kg）	样点（个）	频率（%）	平均值（mg/kg）
一级	≥30	322	12.22	41.67
二级	15（含）～30	680	25.81	20.47
三级	5.0（含）～15	1 165	44.21	9.61
四级	1.0（含）～5.0	411	15.60	3.14
五级	＜1.0	57	2.16	0.55

该片区不同土属有效锰含量比较见表 5-33，其中以玄武岩砖红壤最高，平均值为 29.46 mg/kg，冲积土最低，平均值为 5.35 mg/kg。

表 5-33　八一片区不同土属有效锰含量状况

土属名称	含量范围（mg/kg）	平均值（mg/kg）	标准差	变异系数（%）
冲积土	2.32～7.16	5.35	2.64	49.29
砂页岩石质土	0.27～27.22	10.37	8.89	85.69
酸性紫色土	0.46～40.98	11.21	9.11	81.30
花岗岩黄色砖红壤	0.84～32.20	12.10	7.20	59.49
花岗岩砖红壤	0.19～62.22	12.35	8.95	72.50

（续表）

土属名称	含量范围（mg/kg）	平均值（mg/kg）	标准差	变异系数（%）
砂页岩砖红壤	0.09～60.88	12.73	9.41	73.91
砂页岩黄色砖红壤	2.37～50.37	13.58	9.43	69.42
红色石灰土	12.71～19.65	16.18	4.90	30.31
浅海沉积物砖红壤	0.34～81.69	23.10	15.23	65.93
玄武岩砖红壤	0.77～92.61	29.46	20.19	68.53

3. 铁元素

八一片区橡胶园土壤有效铁含量范围为 2.49～121.92 mg/kg，平均值为 23.81 mg/kg。该片区土壤有效铁含量主要集中于一级和二级，其占比分别为 59.43%和 30.32%，三级及以上的占比为 97.45%，该片区有效铁较为丰富（表 5-34）。

表 5-34 八一片区土壤有效铁分级状况

级别	含量（mg/kg）	样点（个）	频率（%）	平均值（mg/kg）
一级	≥20	1566	59.43	30.95
二级	10（含）～20	799	30.32	15.77
三级	4.5（含）～10	203	7.70	6.95
四级	2.5（含）～4.5	66	2.50	3.70
五级	＜2.5	1	0.05	2.49

该片区不同土属有效铁含量比较见表 5-35，其中以红色石灰土最高，平均值为 28.00 mg/kg，玄武岩砖红壤最低，平均值为 9.29 mg/kg。

表 5-35 八一片区不同土属有效铁含量状况

土属名称	含量范围（mg/kg）	平均值（mg/kg）	标准差	变异系数（%）
玄武岩砖红壤	2.51～62.07	9.29	7.86	84.56
浅海沉积物砖红壤	2.49～72.01	20.65	10.58	51.22
砂页岩黄色砖红壤	11.79～51.00	22.96	9.18	40.00
砂页岩石质土	13.32～39.18	24.52	9.66	39.40
花岗岩黄色砖红壤	6.90～57.35	24.62	10.87	44.13
冲积土	19.81～28.11	25.18	4.65	18.48
砂页岩砖红壤	6.02～121.92	26.01	11.81	45.39
花岗岩砖红壤	5.50～121.05	26.21	11.25	42.92

（续表）

土属名称	含量范围（mg/kg）	平均值（mg/kg）	标准差	变异系数（%）
酸性紫色土	15.71～60.73	26.98	9.11	33.78
红色石灰土	23.38～32.63	28.00	6.54	23.37

4. 锌元素

八一片区橡胶园土壤有效锌含量范围为 0.05～12.86 mg/kg，平均值为 0.68 mg/kg。该片区土壤有效锌含量主要集中在三级、四级和五级，其占比分别为 37.04%、35.79%和 16.89%，三级及以下的占比为 89.72%，有效锌含量属于中下水平（表 5-36）。

表 5-36　八一片区土壤有效锌分级状况

级别	含量（mg/kg）	样点（个）	频率（%）	平均值（mg/kg）
一级	≥3.0	76	2.88	4.78
二级	1.0（含）～3.0	195	7.40	1.59
三级	0.5（含）～1.0	976	37.04	0.66
四级	0.3（含）～0.5	943	35.79	0.40
五级	＜0.3	445	16.89	0.23

该片区不同土属有效锌含量比较见表 5-37，其中以花岗岩砖红壤最高，平均值为 0.74 mg/kg，砂页岩石质土最低，平均值为 0.38 mg/kg。

表 5-37　八一片区不同土属有效锌含量状况

土属名称	含量范围（mg/kg）	平均值（mg/kg）	标准差	变异系数（%）
砂页岩石质土	0.18～0.58	0.38	0.12	32.76
冲积土	0.29～0.46	0.40	0.09	23.09
花岗岩黄色砖红壤	0.12～2.93	0.49	0.44	90.51
红色石灰土	0.35～0.65	0.50	0.21	41.31
浅海沉积物砖红壤	0.08～5.84	0.60	0.52	86.96
砂页岩黄色砖红壤	0.13～2.70	0.60	0.52	87.31
玄武岩砖红壤	0.06～3.70	0.63	0.50	78.56
砂页岩砖红壤	0.08～12.86	0.69	0.87	126.68
酸性紫色土	0.18～3.08	0.72	0.54	75.16
花岗岩砖红壤	0.05～9.14	0.74	1.00	135.81

（五）土壤酸碱度

土壤酸碱度是土壤许多化学性质特别是盐基状况的综合反映。酸碱度一般以 pH 值表示。土壤酸碱度对土壤的一系列肥力性质有着深刻的影响，土壤养分的形成、转化和有效性，土壤微生物活动，植物的生长发育都与土壤酸碱度密切相关。土壤过酸或过碱均不利于农作物的生长，也不利于土壤的培肥，应该因地制宜采取适当措施加以调节。

八一片区橡胶园耕层土壤 pH 值范围为 4.05～6.74，平均值为 5.39。四级（酸性）有 2 185 个样点，占 82.92%；五级（强酸）有 380 个样点，占 14.42%；三级（弱酸）有 64 个样点，占 2.43%；二级（中性）仅有 6 个样点，占 0.23%。可见，八一片区橡胶园土壤 pH 值大多属于酸性范围。

表 5-38　八一片区土壤 pH 值分级状况

级别	pH 值	样点（个）	频率（%）	平均值
一级（弱碱、碱性）	≥7.5	0	0.00	0.00
二级（中性）	6.5（含）～7.5	6	0.23	6.65
三级（弱酸）	5.5（含）～6.5	64	2.43	5.75
四级（酸性）	4.5（含）～5.5	2 185	82.92	4.82
五级（强酸）	<4.5	380	14.42	4.35

二、土壤的物理性质

（一）质　地

土壤中各种大小颗粒搭配的比例称为质地，亦即土壤的砂黏性，是人们最易感觉到的土壤特性。它密切影响土壤的耕性、保肥性、通气透水性等生产特性。质地与土壤肥力有着密切的关系，土壤质地过粗或过细均会影响土壤中养分的转化和有效性，从而影响作物生长发育。影响土壤质地的因素很多，人为活动与自然成土，对土壤质地都有直接或间接的影响，其中，影响较大的因素是母质，其次是地形。

八一片区橡胶园耕层土壤质地主要有紧砂、松砂、砂壤、轻壤、中壤、重壤、轻黏等。其中以中壤面积最大，为 9 876.60 hm^2，占橡胶地总面积的 25.70%；其次是重壤，分布面积为 9 198.64 hm^2，占总面积的 23.94%；砂壤和轻壤占总面积的 32.61%。总体上该片区土壤质地疏松、保肥保水性能好（表 5-39）。

表 5-39　八一片区土壤质地面积分布状况

质地类型	紧砂	松砂	砂壤	轻壤	中壤	重壤	轻黏
面积（hm^2）	893.54	2 923.39	5 840.74	6 691.85	9 876.60	9 198.64	3 003.45
占总耕地比例（%）	2.32	7.61	15.20	17.41	25.70	23.94	7.82

(二) 容　重

单位容积土体的重量叫土壤容重。容重数值的大小受质地、结构和松紧度等的影响变化，它们反映土壤的松紧程度和土壤结构的好坏。一般容重在 1.00～1.35 g/cm^3 较为适宜。本次调查八一片区农场橡胶园的耕层土壤容重平均值为 1.40 g/cm^3，变化范围为 1.15～1.64 g/cm^3。

三、土壤的养分变化

本次调查与第二次土壤普查相比，八一片区耕地土壤有机质在一级、三级、五级、六级的面积占比有所下降，其中，五级下降幅度最大，下降了 13.22%，而四级则上升了 25.39%。全氮在四级、五级的面积占比有所上升，其中，五级上升的幅度最大，上升了 34.53%，一级、二级、三级、六级的面积占比有所下降，六级下降幅度最大，为 26.91%。有效磷在一级、二级、三级、四级的面积占比有所上升，其中，三级上升幅度最大，上升了 29.29%，五级、六级的面积占比有所下降，六级下降的幅度最大，下降了 46.48%。速效钾在一级、二级、三级、四级、五级的面积占比下降，其中，四级的比例下降幅度最大，为 28.61%，六级的面积占比上升，上升幅度为 48.59%（表 5-40）。总体上，八一片区耕地土壤养分含量水平在整体下降，并且土壤缺素比较严重。

表 5-40　本次调查与第二次土壤普查土壤养分含量各等级面积占比对照　（单位：%）

级别	有机质		全氮		有效磷		速效钾	
	本次调查	第二次普查	本次调查	第二次普查	本次调查	第二次普查	本次调查	第二次普查
一级	0.09	0.47	0.00	0.02	0.78	0.24	0.00	3.79
二级	4.17	2.21	0.02	1.48	9.67	1.22	0.00	3.87
三级	15.23	21.70	7.80	17.11	32.85	3.56	0.00	11.53
四级	74.40	49.01	23.81	20.64	31.09	11.81	3.42	32.03
五级	6.11	19.33	66.14	31.61	11.96	23.04	19.73	20.52
六级	0.00	7.28	2.23	29.14	13.65	60.13	76.85	28.26

第四节　土壤改良利用与管理

根据八一片区橡胶园地力评价结果，结合橡胶园耕地资源利用现状，对橡胶园地力及障碍因素进行综合分析，提出该片区橡胶园耕地资源合理利用方向和改良培肥措施。

一、立地条件分析

(一) 地貌类型

八一片区橡胶园主要分布于阶地平原、台地、低丘陵和高丘陵四种地貌类型，其中绝大部分分布于低丘陵地，面积为 24 585.64 hm²，占全片区橡胶园总面积的 63.98%，其次为台地和阶地平原分布的耕地，面积分别为 10 198.59 hm² 和 2 782.35 hm²，所占比例为 26.54%和 7.24%。

表 5-41　八一片区地貌类型面积分布统计

地貌类型	面积（hm²）	比例（%）
阶地平原	2 782.35	7.24
台地	10 198.59	26.54
低丘陵	24 585.64	63.98
高丘陵	861.63	2.24
合计	38 428.21	100.00

（二）海　拔

八一片区的地势是由北向南升高。该片区橡胶园主要分布于海拔 100～200 m 地区，面积为 22 592.96 hm²，占全片区橡胶园面积的 58.79%；其次是海拔 50～100 m 地区，面积为 10 903.46 hm²，占全片区橡胶园面积的 28.37%；其余少数胶园分布于海拔低于 50 m 和高于 200 m 的地区内，面积分别为 2 370.18 hm²和 2 561.60 hm²，分别占全片区橡胶园面积的 6.17%和 6.67%（表 5-42）。

表 5-42　八一片区海拔面积分布统计

海拔（m）	面积（hm²）	比例（%）
＜50	2 370.18	6.17
50（含）～100	10 903.46	28.37
100（含）～200	22 592.96	58.79
200（含）～400	2 507.98	6.53
≥400	53.62	0.14
合计	38 428.21	100.00

二、障碍因素分析

（一）质　地

八一片区橡胶园土壤质地类型主要为中壤、重壤，面积分别为 9 876.60 hm²、9 198.64 hm²，占全片区橡胶园面积的 25.70%、23.94%；其次为轻壤和砂壤，面积分别为 6 691.85 hm²和 5 840.74 hm²，占全片区橡胶园面积的 17.41%和 15.20%；轻黏和松砂的分布面积较小，占全片区橡胶园面积的 7.82%和 7.61%；紧砂所占面积最小，为 893.54 hm²，其占比仅为 2.32%（表 5-43）。

表 5-43　八一片区土壤质地面积分布统计

土壤质地	面积（hm^2）	比例（%）
紧砂	893. 54	2. 32
松砂	2 923. 39	7. 61
轻黏	3 003. 45	7. 82
砂壤	5 840. 74	15. 20
轻壤	6 691. 85	17. 41
重壤	9 198. 64	23. 94
中壤	9 876. 60	25. 70
合计	38 428. 21	100. 00

（二）土壤障碍类型

八一片区橡胶园土层以砂砾障碍为主，面积为 23 413. 68 hm^2，占全片区橡胶园面积的 60. 93%；无障碍因素也占有相当的比例，面积为 11 763. 62 hm^2，占比为 30. 61%；而铁子障碍比重较小，面积为 3 250. 91 hm^2，占全片区橡胶园面积的 8. 46%（表 5-44）。

表 5-44　八一片区土壤障碍类型面积分布统计

障碍类型	面积（hm^2）	比例（%）
砂砾	23 413. 68	60. 93
铁子	3 250. 91	8. 46
无障碍	11 763. 62	30. 61
合计	38 428. 21	100. 00

（三）坡　度

本片区橡胶园绝大多数地处 6°以下坡度的平缓坡地带，坡度 2°～6°的面积最大，为 22 091. 03 hm^2，占全片区橡胶园总面积的 57. 49%；其次是坡度 6°～15°的耕地，面积为 8 339. 83 hm^2，占比为 21. 70%；坡度小于 2°的耕地面积为 6 313. 22 hm^2，占比为 16. 43%；其余少量耕地分布于 15°～25°和 25°以上的坡度，仅占 4. 38%（表 5-45）。

表 5-45　八一片区坡度面积分布统计

坡度	面积（hm^2）	比例（%）
＜2°	6 313. 22	16. 43
2°（含）～6°	22 091. 03	57. 49
6°（含）～15°	8 339. 83	21. 70

（续表）

坡度	面积（hm^2）	比例（%）
15°（含）～25°	1 571.57	4.09
≥25°	112.56	0.29
合计	38 428.21	100.00

（四）土壤养分水平

八一片区橡胶园土壤有机质和有效磷含量属于中下等水平，有机质在四级以下占80.51%，有效磷在四级以下占56.70%。全氮和速效钾严重缺乏，全氮在四级以下占92.18%，速效钾在四级以下占100%，其中速效钾含量为六级水平的占76.85%（表4-46）。由此可见，八一片区土壤有机质和大量元素含量整体水平较低，缺氮缺钾现象突出。

表5-46 八一片区土壤有机质和大量元素含量等级分布状况

级别	有机质		全氮		有效磷		速效钾	
	含量（g/kg）	百分比（%）	含量（g/kg）	百分比（%）	含量（mg/kg）	百分比（%）	含量（mg/kg）	百分比（%）
一级	≥40	0.09	≥2.0	0.00	≥40	0.78	≥200	0.00
二级	30（含）～40	4.17	1.5（含）～2.0	0.02	20（含）～40	9.67	150（含）～200	0.00
三级	20（含）～30	15.23	1.0（含）～1.5	7.80	10（含）～20	32.85	100（含）～150	0.00
四级	10（含）～20	74.40	0.75（含）～1.0	23.81	5（含）～10	31.09	50（含）～100	3.41
五级	6（含）～10	6.11	0.5（含）～0.75	66.14	3（含）～5	11.96	30（含）～50	19.74
六级	<6	0.00	<0.5	2.23	<3	13.65	<30	76.85

三、土壤改良利用

根据八一片区橡胶园地力评价结果，结合该区耕地资源的性状和利用特点，将八一片区橡胶园耕地资源分为三大利用改良区，即台地紫色土区，阶地平原、台地砖红壤区和丘陵砖红壤区。

（一）台地紫色土区

台地紫色土区主要分布在八一分场的502队、504队至西华分场的27队、33队一带紫色砂页岩发育的台地地区，橡胶园面积647.317 6 hm^2，占全片区橡胶园总面积的1.68%。主要特点：地势平坦，以坡度小于6°为主，一般海拔60～90 m；土壤物理性质差，保水保肥能力差，以砂壤和紧砂质地为主；土层较为深厚，大多数大于100 cm，有明显砂砾障碍层；土壤有效养分较低，有机质平均含量11.10 g/kg，全氮平均含量0.59 g/kg，有效磷平均含量8.70 mg/kg，速效钾平均含量27 mg/kg。

利用改良意见：一是重施有机肥，施用农家肥、牛栏肥，利用林段豆科覆盖植物和萌生植物压青，胶头盖草等。二是增施氮钾肥，合理施用磷肥，该区全氮和速效钾含量均低于橡胶正常生长指标值，而有效磷含量高于橡胶正常生长指标值。三是做好胶园水土保持，以高标准完成“三保一护”（保水、保肥、保土、护根）工程。四是必须挖深穴，大穴种植橡胶树，在该区表土层以下都有不同程度的砾石层，心土层往往有大量的半风化母质，在此土壤植胶，开垦时必须挖深穴、大穴、挖穿砾质层或半风化母质层，使橡胶树根系能充分利用底层水分和养分，为橡胶树生长创造一个较好的土壤条件。五是增加胶园覆盖物，不仅能防止雨水冲刷表土，还能保水，以免土质过砂导致蒸发量大、水分易流失，起到改变橡胶园小气候的作用。

（二）阶地平原、台地砖红壤区

阶地平原、台地砖红壤区主要分布在红岭分场—西华分场—西庆分场—新盈分场连线以北的阶地平原、台地地区，橡胶园面积为 13 928. 64 hm^2，占全片区的 36. 25%，是全片区重要的橡胶生产基地。该区成土母质多样，有花岗岩、浅海沉积物、玄武岩、砂页岩等，土壤养分变异较大。根据成土母质、地形和质地的不同，又可划分为以下三个改良利用亚区。

1. 黏质玄武岩台地区

该区分布于新盈分场中南部内玄武岩台地地区，橡胶园面积为 2 909. 70 hm^2，占全片区的 7. 57%。主要特点：地势平坦，以坡度小于 3°为主；质地以轻黏为主，土壤通透性较差；土层深厚，铁子或石砾含量不多，无明显障碍层；土壤有机质和全氮养分含量高，分别为 28. 9 g/kg 和 1. 19 g/kg，而有效磷和速效钾含量较低。

利用改良意见：一是增施磷钾肥，合理施氮肥，配合施有机肥。二是坚持用地养地相结合，大力发展绿肥，增施有机肥，保持和提高地力。三是搞好水土保持，种好覆盖作物。高标准完成“三保一护”工程，加强橡胶园覆盖作物种植，以增加土壤养分，改良土壤理化性质，减少水分蒸发和土壤流失。四是进一步加强橡胶园基础建设，尤其做好橡胶园防护林工作。因离海较近，处于热带风暴高发区，并且地势较平坦，易受到风害，所以要注重防护林建立。

2. 壤质花岗岩、砂页岩台地区

该区主要分布在龙山分场大部分区域、西华分场和西庆分场北部、新盈分场西部等区域，橡胶园面积为 7 423. 422 hm^2，占全片区的 19. 32%。主要特点：地势平坦，以 6°以上坡度为主，土壤质地主要以轻壤—中壤—重壤变化，其中以轻壤为主，土壤保肥保水性较好；土层深厚，但土层有砂砾障碍因素，会影响橡胶树生长；土壤养分偏低，有机质和全氮含量较低，分别为 12. 70 g/kg 和 0. 68 g/kg，有效磷和速效钾含量相对于其他分区较高，分别为 11. 20 mg/kg 和 38. 11 mg/kg。

利用改良意见：一是增施有机肥、氮肥，合理施用磷钾肥，本着“以有机肥为主，缺什么肥施什么肥”的原则，因土施肥，做到精准施肥。二是搞好水土保持，种好覆盖作物，高标准完成“三保一护”工程，种植橡胶园豆科覆盖植物，以增加土壤养分，改良土壤理化性质，减少水分蒸发和土壤流失。三是在植胶开垦时必须挖深穴、大穴，挖穿砾质层或半风化母质层，使橡胶树根系能充分利用底层水分和养分，为橡胶树生长创造较好的土壤条件。

3. 砂质浅海沉积物阶地平原、台地区

该区主要分布在西联分场北部、新盈分场临海北部和龙山分场西部等阶地平原、台地区域，橡胶园面积为 3 595.521 hm^2，占全片区的 9.36%。主要特点：地势平坦，以坡度小于 3°为主，土壤质地以松砂为主，其次为砂壤，土壤保水保肥性差；土层深厚，但土层中有砂砾、铁子等障碍层。土壤养分低，有机质和全氮含量分别仅为 13.10 g/kg 和 0.70 g/kg；有效磷含量为 12.02 mg/kg，比橡胶树正常生长要求的指标值稍高；速效钾含量较低，仅为 18.23 mg/kg。

利用改良意见：一是增施有机肥、氮肥、钾肥，合理施用磷肥，本着"以有机肥为主，缺什么肥施什么肥"的原则，因土施肥，做到精准施肥。二是尽可能使用少量多次施肥方法，以免因土壤质地过砂、保肥性差而造成肥料流失。三是搞好水土保持，种好覆盖作物，高标准完成"三保一护"工程，种植橡胶园豆科覆盖植物，以增加土壤养分，改良土壤理化性质，减少水分蒸发和土壤养分流失。四是在植胶开垦时必须挖深穴、大穴，挖穿砾质层或半风化母质层，使橡胶树根系能充分利用底层水分和养分，为橡胶树生长创造较好的土壤条件。五是要进一步加强橡胶园基础建设，因该片区地势较平坦并临海，要注意防护林的建设。

（三）丘陵砖红壤区

丘陵砖红壤区主要分布在红岭分场—八一分场—西培分场—西庆分场—西联分场—西流分场各场部连线以南的丘陵区以及蓝洋农场的丘陵区。橡胶园面积为 23 852.25 hm^2，占全片区面积的 62.07%，是全片区重要的橡胶生产基地。根据丘陵的海拔划分（100～250 m 为低丘陵，250～500 m 为高丘陵）和坡地划分（＜15°为缓坡地，≥15°为陡坡地）原则，将该区划分为两个改良利用亚区。

1. 壤质花岗岩、砂页岩低丘缓坡地

该区主要分布在红岭分场—八一分场—西培分场—西庆分场—西联分场—西流分场各场部连线以南的大部分丘陵区以及蓝洋农场的大部分丘陵区。橡胶园面积为 22 990.62 hm^2，占全片区面积的 59.83%。主要特点：一般分布在海拔 100～200 m，地势以缓坡为主（6°～15°）；土壤质地主要为轻壤—中壤—重壤变化，其中以中壤、重壤为主，土壤保肥保水性较好；土层深厚，但土层中有砂砾障碍层。土壤养分偏低，有机质和全氮含量仅分别为 15.70 g/kg、0.69 g/kg；有效磷含量为 11.44 mg/kg，比橡胶树正常生长要求的指标值稍高；速效钾含量较低，为 22.14 mg/kg。

利用改良意见：一是增施有机肥、氮肥、钾肥，合理施用磷肥，本着"以有机肥为主，缺什么肥施什么肥"的原则，因土施肥，做到精准施肥。二是加强橡胶园基础建设，在低丘陵缓坡区，要注重水土保持，坡度小的橡胶园可筑小埂，并在橡胶园四周挖沟，防止园外水冲刷；坡度大的橡胶园要修筑环山行、保留林下萌生带杂草或小灌木，缓冲水流冲刷，并在此工作的基础上，加强橡胶园覆盖作物种植，以增加土壤养分，改良土壤理化性质，减少水分蒸发和土壤流失。三是在植胶开垦时必须挖深穴、大穴，挖穿砾质层或半风化母质层，使橡胶树根系能充分利用底层水分和养分，为橡胶树生长创造一个较好的土壤条件。四是间作豆科绿肥作物，如爪哇葛藤、兰花毛蔓豆和无刺含羞草等，增加有机质，以培肥土壤。

2. 壤质花岗岩高丘陡坡地

该区主要分布在八一分场和西培分场的南面边缘丘陵区、蓝洋农场的西南面丘陵区。橡胶园面积为 861.63 hm^2，占全片区面积的 2.24%。主要特点：一般分布在海拔 250～350 m，地势以陡坡为主（15°～20°）；质地主要以砂壤—中壤—重壤变化，其中以中壤、重壤为主，土壤保肥保水性较好；大多数土层深厚，但有 28%面积的橡胶园土层深度大于 100 cm，土层中有砂砾障碍层。土壤养分低，有机质和全氮含量仅分别为 14.82 g/kg 和 0.72 g/kg；有效磷含量为 12.81 mg/kg，比橡胶树正常生长要求的指标值稍高；速效钾含量为 30.43 mg/kg。

利用改良意见：一是增施有机肥、氮肥、钾肥，合理施用磷肥，本着“以有机肥为主，缺什么肥施什么肥”的原则，因土施肥，做到精准施肥。二是加强橡胶园基础建设，在高丘陵陡坡区，要注重水土保持，橡胶园内要修筑环山行、保留林下萌生带杂草或小灌木，缓冲水流冲刷，并在此工作的基础上，加强橡胶园覆盖作物的种植，以增加土壤养分，改良土壤的理化性质，减少水分蒸发和土壤的流失。三是在植胶开垦时必须挖深穴、大穴，挖穿砾质层或半风化母质层，使橡胶树根系能充分利用底层水分和养分，为橡胶树生长创造一个较好的土壤条件。四是间作豆科绿肥作物，如爪哇葛藤、兰花毛蔓豆和无刺含羞草等，增加有机质，以培肥土壤。

第五节　耕地资源合理配置与农业结构调整

一、耕地利用现状与特点

八一片区整体上属于微寒中风气候区，气候温和，阳光充足，风害轻微，气候环境较好。土地平整，土壤多为花岗岩、玄武岩、砂岩所发育，土层较厚，较适宜于橡胶树等热带作物的生长。八一片区是一个橡胶生产大区，主要大面积种植的作物是橡胶树，同时种植部分其他热带作物如胡椒、咖啡、水果、油棕、油茶、剑麻、水稻等。近年来，在稳定橡胶生产和粮食生产的基础上，片区农场结合农业结构调整，积极发展香蕉、甘蔗等热带经济作物的生产。

二、合理规划产业布局

八一片区土地资源丰富，且耕地类型多样，要提高耕地地力，增产增收，就要合理配置已有的耕地资源，发展多样性种植结构，林、农、牧结合，因地制宜、宜农则农、宜林则林、宜牧则牧、宜果则果、宜菜则菜。

（一）大力发展橡胶和果树种植业

橡胶生产是八一片区农业经济的支柱产业，橡胶增产是胶农增收的主要途径之一，近些年来，片区果树种植面积也在扩大，荔枝、龙眼、胡椒、甘蔗、香（大）蕉、柑和柚等热带作物产业已经发展成为增加农户收入的重要来源，应促进热带果树种植和橡胶产业的协调发展，加快胶农致富的步伐，促进当地社会稳定和经济发展。

（二）充分利用空间，间套作相结合

八一片区主要经济作物是橡胶树，其生长周期长，植株高，所以低层的可利用空间多，可以在橡胶园或果园内种植耐阴的矮秆作物，发展南药、花卉等短期经济效益高的作物，这样不仅能充分利用空间，低层作物也能起到保水的作用，而且使得胶农能获得多方面的经济收入。

（三）开垦后备耕地资源，保护现有耕地

八一片区还有部分荒地未开垦，为了适应农业的发展需求，需要开发后备土地资源进行农业生产。利用后备土地资源时，要注意保护环境。对现有耕地出现的养分退化等一系列问题，应该有针对性地对其进行改良。另外，保护现有耕地，提高耕地质量，还要对闲置土地进行及时回收利用。

第六节　耕地质量管理与科学施肥

八一片区高度重视耕地地力建设工作，加强耕地保护的行政力度，积极协调、动员相关单位和部门联合参与耕地地力建设工作。应定期统计耕地数量，质量状况，确切掌握片区内的耕地情况，做好耕地资源的配置及保护工作。另外，还应做好胶农的培训工作，提高胶农的科学意识，做到科学施肥，科技种地。

一、加强橡胶园基础建设

（一）林地开垦

橡胶树宜林地的开垦是橡胶园农田基础建设中极其重要的环节，林地开垦质量的好坏直接影响橡胶树的生长、产量、林地抚育管理的工效和采胶工作等。林地开垦的质量要求：①尽量保留和充分利用表土，为新植橡胶树和其他作物创造良好的土壤环境；②将地面树头、树根、石头等障碍物以及一些能诱发橡胶树病虫害的杂草、杂木等清除干净；③坡地的水土保持工程、梯田或环山行等的等高水平、宽度、内倾斜角要符合要求，以保证水土保持工程的质量；④按规划设计要求，布置林间小道、排水系统及防牛设施等，严格控制橡胶树的株行距和密度，充分利用土地；⑤保留有利用价值的杂树、杂木，并加以处理利用。

（二）修筑水土保持工程

八一片区年降水量大，并且雨量集中，强大的降雨造成土壤冲刷，如不采取保持水土的措施，土壤长期受到冲刷，年复一年，会遭到严重破坏，造成植胶地肥力衰退，橡胶树根系裸露，橡胶树经济寿命缩短，生长和产胶均会受到严重影响。所以，在林地开垦时，必须重视水土保持工作，除了尽快种植覆盖作物，避免地面裸露外，应尽快修筑水土保持工程，才能有效地防止水土流失。另外，为避免偶尔发生台风造成损失，在建立橡胶园的同时应该做好防护林的建设。

二、科学指导合理施肥

（一）增施有机肥，扩大有机肥来源，提高橡胶园地力

八一片区橡胶园有机肥的施用量偏低，达不到培肥和补充土壤有机质的效果。针对该片区现有有机肥施用状况和耕地土壤有机质水平，在平衡施用化肥和有机肥的问题上采取如下措施：一是增加有机肥的品种；二是适当加大有机肥的施用量，一般要求以2 000～2 500 kg/(亩·年)为宜；三是发展绿肥种植，实行绿肥间作，做到用地作物和养地作物种植相结合；四是与化肥配合施用，平衡施用有机肥，必须以施用化肥为重要补充。

该片区气候非常适合野生绿肥的生长，葛藤、毛蔓豆、飞机草等野生绿肥对土壤养分消耗低，生长良好，生长量大，不仅可以作为有机肥使用，增加土壤有机质含量，还可以改善土壤结构，增加胶园地面覆盖，防止水土流失。

（二）增施氮、磷、钾肥，科学施肥

八一片区土壤养分水平大体上有机质和有效磷属于中下等水平，全氮和速效钾严重缺乏。针对该片区土壤养分状况，根据橡胶树的需肥规律和肥料增产效应，在施足有机肥的基础上，推广平衡施肥，确定氮、磷、钾、中微量元素的适宜用量和比例。结合实际情况使用肥料，提高肥料利用率，避免肥料不必要的浪费，防止土壤出现新的养分不平衡。

（三）考虑中微量元素肥料的补充

从调查情况来看，八一片区土壤中量元素如有效钙、有效镁含量处于低下水平，微量元素如有效锰、铜、锌含量较低，而有效铁含量丰富。大量元素肥料的施用，不仅会引起土壤中微量元素的耗竭，也会导致橡胶胶乳品质下降并影响橡胶产量的提高，因此在平衡施肥中必须考虑中微量元素肥料的补充作用。

第六章　南滨片区耕地地力评价

第一节　自然与农业生产概况

一、地理位置与行政区划

南滨片区位于海南省南部的三亚市，即北纬 18°15′35″～18°31′59″，东经 109°03′50″～109°49′12″，地理位置得天独厚，自然条件优越，有着丰富的生物和土壤资源，水热条件优越，适合橡胶、杧果等热带作物及反季节瓜菜等农作物的生长，尤其是橡胶、杧果的生产潜力大。南滨片区西北面至宁远河的南岸一带，隔河为崖城镇的雅亮村及乐东黎族自治县（以下简称乐东县）境内的保国农场；东北面与保亭黎族苗族自治县（以下简称保亭县）境内的国营南茂农场、六弓乡接壤；南面止于三亚市区北郊荔枝沟田独镇；西隔石黎岭、泥塘岭与崖城镇交界；东至陵水黎族自治县（以下简称陵水县）英州镇。

全片区土地面积 63 605.38 hm^2，约占全垦区土地面积的 6.17%。南滨片区由 5 个农场组成，分别是南滨农场、南田农场、立才农场、南岛农场和南新农场，包括 310 个基层单位，其中农业生产队 241 个。

二、自然气候和水文地质

（一）自然气候

南滨片区属热带海洋性低纬度气候，阳光充足，温度高，干旱季节长，雨水集中。年平均气温 24～25℃，月平均最高气温 27.9℃，月平均最低气温 20℃，极端高温 37℃，极端低温 3.3℃，未出现过霜冻。平均年降水量 1 400～1 800 mm，年平均蒸发量 1 700 mm，年降雨日数 114.2 天。雨季一般在 6—10 月，8—10 月降水量占全年的 50%以上，多为暴雨；旱季时间较长，一般在 11 月至翌年 5 月。该区危害最大的是干旱，次之是台风，冬春时间最长的旱期为 233 天；平均风速为 1～3 m/s，每年台风少则 1 次，多则 3～4 次，易发生在 8—10 月，台风风力一般 8～9 级，最大风力超过 12 级。

（二）地形及母质

南滨片区内地势复杂，地形起伏大。南滨农场场区东、北、西三面是低山和高丘陵屏障，南部背山面海，地势自北向南逐渐倾斜；海拔为 10～30 m，坡度在 5°以下的中南部及宁远河沿岸为冲积平原，是热带作物主要种植区；海拔为 30～500 m、坡度在 20°～30°的中部低丘陵缓坡地和东部、北部、西部高丘陵地区，是种植橡胶的主要地区。土壤母质以浅海沉积物燥红土、冲积潮沙土、花岗岩发育的褐色砖红壤、赤红壤为主。南田农场依山面海，北部有海拔 400～600 m 的山岭屏护，南面濒临南海，大部分地区属滨海台地，海拔一般为 60 m 左右，坡度多在 5°左右；东部质地为花岗岩砖红壤，西部质地为砂页岩砖红壤。立才农场地势东南略高，西北略低，位于海南岛西南部高山盆地、谷地，四周被陡峭的高山丘陵环绕成一个长圆形的自然屏障；一般海拔为 100～200 m，相对高度在 100 m 以下，最高的类峰岭主峰海拔 857.7 m；母质主要是花岗岩褐色砖红壤，局部地区为变质岩褐色砖红壤。南岛农场地处海南岛中部山区南缘，场界外四周均有海拔 600～1 000 m 的高山环绕，境内丘陵起伏，大部分海拔为 200～350 m，坡度为 10°～20°；场部以东为花岗岩砖红壤，以西为安山岩砖红壤。南新农场地处海南岛南部滨海台地向中部丘陵山地过渡地区，地势北高南低，背山面海；北部场界处的福万岭海拔 572 m，场部一带海拔在 50 m 以下；土壤母质主要属于半风化花岗岩砖红壤。

（三）水　文

南滨片区内有国家级大型水利枢纽工程大隆水库、宁远河、三亚河、藤桥东河和藤桥西河等水文分布。宁远河在立才农场西部，环绕场界 17 km，是海南岛五大河流之一。南田农场内藤桥东河和藤桥西河均流经场区入海，并有众多小支流分布场内，水源充裕。南岛场区内有抱慢河、拖龙河、汤他河、抱前河等河溪，多发源于场内，旱季水量小。南新场区属三亚河流域，三亚河的上游或其支流流经农场。

（四）自然植被

南滨片区垦前植被多为旱生杂木林，其间混杂有成片灌木高草群落。除北部山地保存少量次生杂木林外，其余地区为灌木林或灌木草地。

三、农业生产情况

2006 年，南滨片区土地总面积 63 605.38 hm^2，耕地（包括天然橡胶、农作物、热带其他园地等）面积 23 078.6 hm^2，占土地总面积的 36.28%。其中天然橡胶种植面积 13 602.54 hm^2，占耕地面积的 58.94%；农作物总播种面积 3 552.2 hm^2，占耕地面积的 15.39%；热带其他园地面积 5 384.4 hm^2，占耕地面积的 23.33%。全片区以天然橡胶、杧果、香蕉、冬季瓜菜、南繁科研育种为主导产业。目前已成为“国家无公害农产品生产示范基地”“国家标准农业示范基地”“国家冬季瓜菜基地”“国家南繁育科研基地”。

四、第二次土壤普查类型

第二次土壤普查中南滨片区的主要土壤类型名称如表 6-1 所示。

表 6-1　南滨片区土壤类型

土类	亚类	土属	土种
赤红壤	赤红壤	花岗岩赤红壤	薄有机质层麻赤红土
			中有机质层麻赤红土
			灰麻赤红土
	黄色赤红壤	花岗岩黄色赤红壤	中有机质层麻黄赤红土

（续表）

土类	亚类	土属	土种
砖红壤	砖红壤	花岗岩砖红壤	灰麻赤土
			厚有机质层麻赤土
			中有机质层麻赤土
			灰麻赤土
			中有机质层麻赤土
			灰安赤土
			厚有机质层中安赤土
		花岗岩黄色砖红壤	灰麻黄赤土
			厚有机质层麻黄赤土
			厚有机质层中麻黄赤土
			灰麻黄赤土
			厚有机质层麻黄赤土
			中有机质层麻黄赤土
		安山岩黄色砖红壤	安黄赤土
		浅海沉积物黄色砖红壤	灰浅黄赤土
	褐色砖红壤	花岗岩褐色砖红壤	灰麻褐赤土
			厚有机质层麻褐赤土
			中有机质层麻褐赤土
			灰麻褐赤土
			厚有机质层麻褐赤土
		安山岩褐色砖红壤	安褐赤土
石质土	酸性石质土	花岗岩石质土	麻石质土
		砂页岩石质土	变质岩石质土
燥红土	燥红土	花岗岩燥红土	灰麻燥红土
		浅海沉积物燥红土	灰浅燥红土
新积土	冲积土	冲积土	灰潮砂泥土
风沙土	滨海风沙土	固定沙土	灰滨海沙土

（续表）

土类	亚类	土属	土种
水稻土	渗育型水稻土	麻红泥田	麻红泥底田
			浅脚红棕砂泥田
			麻红泥骨田
			麻砂质田
			麻大眼砂田
			麻黄泥骨田
			麻红泥田
			麻砂泥田
			麻乌红泥田
			麻顽泥田
	淹育型水稻土	生泥田	麻生泥田
			生潮泥田
	潴育型水稻土	洪积黄泥田	洪积砂泥田
			洪积泥田
			黄泥田
		河砂泥田	河砂泥田
			河砂质田
			河黏土田
			河黄泥底田
		浅海沉积物黄赤泥砂田	黄赤泥砂田
		潮砂泥田	潮砂田
	漂洗型水稻土	白鳝泥田	白鳝泥底田
			低白鳝泥田
			白泥底田
		滨海砂质田	黑砂田
			黄砂田
			白砂田
	潜育型水稻土	冷底田	顽泥田
			冷底田
			铁锈水田
		乌泥底田	乌泥底田
		烂湴田	烂湴田

第二节　耕地地力评价

南滨片区耕地地力评价对象为片区内所有耕地，包括水田、园地、旱地和菜地等，其中耕地中水田占总耕地面积的20%；园地大多数是橡胶园，有一部分杧果地和其他园地；有少量望天田、旱地和菜地。

本次耕地地力评价选取对南滨片区耕地地力影响比较大、区域内变异明显、在时间序列上具有相对稳定性、与农业生产有密切关系的13个因素，建立评价指标体系。以1∶5万土壤图、1∶1万土地利用现状图、南滨片区行政区划图3种图件叠加形成的图斑为评价单元。应用“县域耕地资源管理信息系统”和专家打分、模糊数学评价、层次分析法等数学理论，对南滨片区耕地进行地力评价。

一、评价指标体系建立

（一）评价指标确定

海南农垦南滨片区耕地地力评价体系以全国评价指标体系作为依据，聘请海南省知名土壤肥料专家和各农场生产主要技术人员进行座谈商讨，结合耕地资源管理信息系统指标体系的要求，根据重要性、差异性、稳定性、易获性、精简性和必要性等指标选取原则，选取了有机质、全氮、有效磷、速效钾、pH值、容重、表层土壤质地、成土母质、地貌类型、坡向、有效土层厚度、年降水量和灌溉保证率共计13个指标作为耕地地力评价的因子，具体指标及归类如表6-2所示。

表6-2　南滨片区耕地地力评价指标体系

目标层（A）	准则层（B）	指标层（C）
耕地地力	气候	年降水量
		灌溉保证率
	耕层理化性状	表层土壤质地
		pH值
		容重
		成土母质
	立地条件	地貌类型
		坡向
		有效土层厚度
	耕层养分状况	全氮
		有效磷
		速效钾
		有机质

（二）评价指标的量化处理

获取的评价资料可以分为定量和定性资料两大部分。耕地地力评价指标类型分为数值型和概念型，数值型指标是定量的，与耕地生产能力有一定的线性关系，如土壤有机质、全氮、pH 值等。概念型指标是确定性的、综合性的，与耕地生产能力之间是一种非线性的关系，如地貌类型、表层土壤质地等。数值型和概念型评价指标的实测值量纲不同，取值范围各异，因此，地力评价时必须对各评价指标的原始数据进行标准化处理，数值型数据可通过建立隶属函数，把各评价指标转化为 0～1 的标准化数据；概念型数据可直接通过德尔菲法和专家打分法进行定量化。

1. 定性因素的量化处理

定性因素是概念型指标如成土母质、质地、剖面结构等，与耕地生产能力之间是一种非线性的关系，采用德尔菲法直接给出隶属度，各评价因素及其隶属度如表 6-3 至表 6-8 所示。

表 6-3　南滨片区成土母质隶属度

描述	花岗岩	浅海沉积物	变质岩	安山岩	河流冲积物
隶属度	0.82	0.50	0.75	0.65	0.92

表 6-4　南滨片区有效土层厚度（cm）隶属度

描述	＜30	30（含）～50	50（含）～70	70（含）～90	90（含）～110	110（含）～130	130（含）～150	150（含）～200	≥200
隶属度	0.10	0.22	0.33	0.50	0.68	0.85	0.95	1.00	1.00

表 6-5　南滨片区灌溉保证率（%）隶属度

描述	＜30	30（含）～40	40（含）～50	50（含）～60	60（含）～70	70（含）～80	80（含）～90	≥90
隶属度	0.20	0.37	0.49	0.60	0.70	0.80	0.91	1.00

表 6-6　南滨片区质地属度

描述	中砾质壤	砂壤	中壤	多砾质壤	粉砂	砂土
隶属度	0.75	0.86	0.95	0.68	0.64	0.49

表 6-7　南滨片区坡向隶属度

描述	正南	东南	正东	西南	东北	正西	西北	正北
隶属度	0.98	0.93	0.74	0.74	0.64	0.53	0.50	0.49

表 6-8　南滨片区地貌类型隶属度

描述	丘陵	浅丘地	缓坡地	高山丘陵	低山丘陵	缓坡低丘陵	平原
隶属度	0.73	0.86	0.93	0.52	0.65	0.80	1.00

2. 定量化指标的隶属函数

对于定量化的指标，采取德尔菲法确定指标的隶属函数。经过归纳、反馈、集中，产生指标的隶属函数如表 6-9 所示。

表 6-9　南滨片区耕地地力评价指标隶属函数

序号	函数类型	项目	隶属函数	c	u_t
1	戒上型	降水量（mm）	$y=1/[1+2.86\times10^{-6}\times(u-c)^2]$	2 000	1 200
2	戒上型	有效磷（mg/kg）	$y=1/[1+0.0013\times(u-c)^2]$	34.8	3
3	戒上型	有机质（g/kg）	$y=1/[1+0.0024\times(u-c)^2]$	33.93	6
4	戒上型	速效钾（mg/kg）	$y=1/[1+0.0001\times(u-c)^2]$	183.85	20
5	戒上型	全氮（g/kg）	$y=1/[1+0.8397\times(u-c)^2]$	1.94	0.25
6	戒下型	容重（g/cm^3）	$y=1/[1+7.6785\times(u-c)^2]$	1.12	1.6
7	峰型	pH 值	$y=1/[1+0.3793\times(u-c)^2]$	5.21	$u_{t1}=3.5$ $u_{t2}=8$

（三）评价指标的权重确定

评价指标的权重通过层次分析法确定。首先，根据南滨片区耕地地力各个指标间的关系构造耕地要素层次结构图；然后，请专家比较同一层次各因素对上一层次的相对重要性，打分给出数量化的评价，构造判断矩阵，根据判断矩阵计算出矩阵的最大特征根和特征向量，并进行一致检验；最后，进行层次总排序一致性检验，如通过一致性检验，便可求得各评价指标的组合权重，即为评价指标的实际权重（表 6-10）。

表 6-10　南滨片区耕地地力评价指标权重

指标层	准则层				
	气候 B1	耕层理化性状 B2	立地条件 B3	耕层养分状况 B4	组合权重
	0.188 2	0.202 6	0.198 0	0.411 1	$\sum CiBi$
年降水量 C1	0.290 6				0.054 7
灌溉保证率 C2	0.709 4				0.133 5
质地 C3		0.247 8			0.050 2
pH 值 C4		0.596 2			0.120 8

（续表）

指标层	准则层				
	气候 B1	耕层理化性状 B2	立地条件 B3	耕层养分状况 B4	组合权重
	0.188 2	0.202 6	0.198 0	0.411 1	$\sum C_iB_i$
容重 C5		0.157 3			0.034 2
成土母质 C6		0.156 0			0.031 6
地貌类型 C7			0.143 9		0.028 5
坡度 C8			0.218 7		0.026 5
有效土层厚度 C9			0.069 7		0.013 8
有机质 C10				0.466 3	0.191 7
全氮 C11				0.253 4	0.104 2
有效磷 C12				0.180 3	0.074 1
速效钾 C13				0.100 0	0.041 1

二、耕地地力等级划分

根据南滨片区耕地地力综合指数结果，运用等距法制定本片区耕地地力综合指数分级方案，并将全区耕地等级共划分为 4 个等级（表 6-11）。

表 6-11　南滨片区耕地地力评价等级划分

等级	综合指数	等级	综合指数
一等地	≥0.75	三等地	0.60（含）～0.65
二等地	0.65（含）～0.75	四等地	＜0.60

三、耕地地力等级分布

（一）耕地地力等级面积统计

南滨片区耕地地力调查的耕地面积为 23 078.65 hm^2。其中，一等地 2 785.90 hm^2，占总面积的 12.07%；二等地 15 375.42 hm^2，占总面积的 66.62%；三等地 4 113.03 hm^2，占总面积的 17.82%；四等地 804.30 hm^2，占总面积的 3.49%（表 6-12）。

表 6-12　南滨片区耕地不同地力等级面积统计

等级	一等地	二等地	三等地	四等地	总计
面积（hm^2）	2 785.90	15 375.42	4 113.03	804.30	23 078.65
占比（%）	12.07	66.62	17.82	3.49	100.00

(二) 耕地地力等级评价

1. 一等地

(1) 面积与分布

一等地总面积 2 785.90 hm^2，占全片区耕地总面积的 12.07%。立才农场、南岛农场、南田农场和南新农场均有一等地分布，面积最大的是南田农场，占地面积达 2 005.23 hm^2，其次为立才农场，占地面积为 630.34 hm^2（表 6-13）。

表 6-13　南滨片区一等耕地面积空间分布

农场	面积（hm^2）	占本片区耕地面积的比例（%）
立才	630.34	2.73
南滨	0.00	0.00
南岛	139.63	0.61
南田	2 005.23	8.69
南新	10.70	0.04
合计	2 785.90	12.07

(2) 主要属性分析

一等地成土母质以花岗岩和变质岩为主，土层深厚（>100 cm），质地优良，大部分为砂土、砂壤、中壤，土壤保肥性能比较好。土壤养分含量水平高，有机质含量 15.9～25.9 g/kg，平均值 20.17 g/kg；全氮含量 0.64～1.28 g/kg，平均值 1.02 g/kg；有效磷含量 4.10～42.41 mg/kg，平均值 11.52 mg/kg；速效钾含量 45.01～95.22 mg/kg，平均值 70.26 mg/kg；pH 值 4.80～5.70，平均值 5.0。总体上该等地属于高产稳产耕地，肥力最高，土地平整，水、肥、气、热协调，土地利用基本没有限制，土壤有机质、全氮和有效磷和速效钾等主要养分均为高水平，建议该级耕地增施有机肥、钾肥，配合施用氮肥、磷肥，防止地力下降。

2. 二等地

(1) 面积与分布

二等地总面积 15 375.42 hm^2，占全片区耕地总面积的 66.62%。全片区 5 个农场均有二等地分布，面积最大的是立才农场，占地面积达 4 703.83 hm^2，其次为南田农场、南岛农场、南滨农场和南新农场，占地面积分别为 4 240.28 hm^2、3 075.80 hm^2、1 898.78 hm^2和 1 456.73 hm^2（表 6-14）。

表 6-14　南滨片区二等耕地面积空间分布

农场	面积（hm^2）	占本片区耕地面积的比例（%）
立才	4 703.83	20.38
南滨	1 898.78	8.23

（续表）

农场	面积（hm^2）	占本片区耕地面积的比例（%）
南岛	3 075.80	13.33
南田	4 240.28	18.37
南新	1 456.73	6.31
合计	15 375.42	66.62

（2）主要属性分析

二等地成土母质以花岗岩、变质岩为主，质地以砂土为主，其次为砂壤土，土壤保肥性能较好，土层深厚。土壤养分含量水平较高，有机质含量 6.90～27.24 g/kg，平均值 18.61 g/kg；全氮含量 0.37～1.31 g/kg，平均值 0.92 g/kg；有效磷含量 2.70～97.81 mg/kg，平均值 16.40 mg/kg；速效钾含量 43.23～108.02 mg/kg，平均值 68.02 mg/kg；pH 值 4.70～6.20。总体上二等地土地基本平整，土体结构比较完整，能排能灌，气、热环境较好，宜种性较好，肥力较高，但速效钾含量水平较低，应注意增施钾肥。

3. 三等地

（1）面积与分布

三等地总面积 4 113.03 hm^2，占全片区耕地总面积的 17.82%。全区 5 个农场均有三等地分布，面积最大的是南滨农场，占地面积达 2 259.85 hm^2，其次为南新农场和南岛农场，占地面积分别为 773.10 hm^2 和 717.49 hm^2（表 6-15）。

表 6-15　南滨片区三等耕地面积空间分布

农场	面积（hm^2）	占本片区耕地面积的比例（%）
立才	85.85	0.37
南滨	2 259.85	9.79
南岛	717.49	3.11
南田	276.75	1.20
南新	773.10	3.35
合计	4 113.03	17.82

（2）主要属性分析

三等地成土母质以花岗岩为主，土层深厚，质地以砂土和中壤土为主，土壤保肥性能较好。土壤有机质含量 6.90～22.77 g/kg，平均值 14.70 g/kg；全氮含量 0.36～1.14 g/kg，平均值 0.80 g/kg；有效磷含量 1.90～91.3 mg/kg，平均值 17.70 mg/kg；

速效钾含量44.12～105.10 mg/kg，平均值68.12 mg/kg；pH值4.70～6.20。总体上三等地肥力中等，养分不协调，土壤物理性能差，可耕性略差，种植条件一般。应实行精耕细作、增施有机肥和氮磷钾肥、扩种绿肥等措施，以提高土壤的整体生产能力。

4. 四等地

(1) 面积与分布

四等地总面积804.30 hm^2，占全片区耕地总面积的3.49%，四等地主要分布在南滨农场中（表6-16）。

表6-16 南滨片区四等耕地面积空间分布

农场	面积（hm^2）	占本片区耕地面积的比例（%）
立才	0.00	0.00
南滨	800.76	3.47
南岛	0.00	0.00
南田	0.00	0.00
南新	3.54	0.02
合计	804.30	3.49

(2) 主要属性分析

四等地成土母质主要为花岗岩，其次为安山岩和浅海沉积物，质地以中壤土为主，其次为砂壤土，土壤保肥性能较差。土壤有机质含量7.00～14.63 g/kg，平均值10.70 g/kg；全氮含量0.36～0.78 g/kg，平均值0.60 g/kg；有效磷含量3.50～93.50 mg/kg，平均值18.32 mg/kg；速效钾含量45.20～98.06 mg/kg，平均值72.33 mg/kg；pH值4.82～6.30。总体上该等地肥力偏低，养分不协调，土壤结构不良，土壤物理性能差，保肥性较差，可耕性差，种植条件一般。应实行精耕细作、增施有机肥和氮磷钾肥、施肥少量多次以及扩种绿肥等措施，以提高土壤的整体生产能力。

第三节 耕地土壤属性

一、土壤的化学性质

（一）有机质

南滨片区本次耕地地力调查土样2 328个，土壤有机质平均含量为17.72 g/kg，变化范围为6.90～27.20 g/kg。该片区土壤有机质主要分布在四级，占耕地总面积的67.33%，其次是三级，占耕地总面积的27.26%；四级及以下共占72.74%，有机质含量属于中下水平（表6-17）。

表 6-17　南滨片区土壤有机质分级及面积

项目	一级	二级	三级	四级	五级	六级	总计
有机质含量（g/kg）	≥40	30（含）～40	20（含）～30	10（含）～20	6（含）～10	<6	
面积（hm^2）	0.00	0.00	6 290.09	15 537.97	1 250.59	0.00	23 078.65
比例（%）	0.00	0.00	27.26	67.33	5.41	0.00	100.00

（二）大量元素

1. 全　氮

南滨片区耕层土壤全氮含量最高为 1.31 g/kg，最低为 0.36 g/kg，一般为 0.5～1.0 g/kg，立才农场土壤全氮含量为 1.00～1.31 g/kg。该片区土壤全氮主要集中在三级、四级，分别占耕地总面积的 27.72%、50.37%，五级占耕地总面积的 19.04%；四级及以下占 72.28%，全氮含量较缺乏（表 6-18）。

表 6-18　南滨片区土壤全氮分级及面积

项目	一级	二级	三级	四级	五级	六级	总计
全氮含量（g/kg）	≥2.0	1.5（含）～2.0	1.0（含）～1.5	0.75（含）～1.0	0.5（含）～0.75	<0.5	
面积（hm^2）	0.00	0.00	6 396.43	11 624.84	4 394.12	663.26	23 078.65
比例（%）	0.00	0.00	27.72	50.37	19.04	2.87	100.00

2. 有效磷

南滨片区耕层土壤有效磷含量最高为 97.80 mg/kg，最低为 1.90 mg/kg，一般为 5～40 mg/kg，南田农场有效磷含量较低，大部分为 3～10 mg/kg。该片区土壤有效磷主要集中在二级、三级和四级，分别占耕地总面积的 22.43%、33.57%和 32.42%，一级、五级分别占该片区耕地总面积的 7.49%、3.95%；三级及以上占 63.49%，有效磷属于中上水平（表 6-19）。

表 6-19　南滨片区土壤有效磷分级及面积

项目	一级	二级	三级	四级	五级	六级	总计
有效磷含量（mg/kg）	≥40	20（含）～40	10（含）～20	5（含）～10	3（含）～5	<3	
面积（hm^2）	1 727.53	5 175.25	7 748.61	7 482.67	911.91	32.68	23 078.65
比例（%）	7.49	22.43	33.57	32.42	3.95	0.14	100.00

3. 速效钾

南滨片区耕层土壤速效钾含量为 43.99～108.21 mg/kg，平均值为 68.44 mg/kg，大部分地区为50～100 mg/kg。该片区土壤速效钾主要集中在四级，占耕地总面积的98.90%，三级及以下占100.00%，速效钾属于较缺乏水平（表6-20）。

表6-20 南滨片区土壤速效钾分级及面积

项目	一级	二级	三级	四级	五级	六级	总计
速效钾含量（mg/kg）	≥200	150（含）～200	100（含）～150	50（含）～100	30（含）～50	＜30	
面积（hm^2）	0.00	0.00	0.00	22 825.82	252.83	0.00	23 078.65
比例（%）	0.00	0.00	0.00	98.90	1.10	0.00	100.00

（三）中量元素

1. 有效钙

本次调查中南滨片区耕层土壤有效钙含量为1.10～4 367.29 mg/kg，平均值466.64 mg/kg。该片区土壤有效钙主要集中在三级、四级、五级，其占比分别为40.59%、26.98%、24.74%，三级及以下占92.31%，有效钙含量处于中下水平（表6-21）。

表6-21 南滨片区土壤有效钙含量分级状况

级别	含量（mg/kg）	样点（个）	频率（%）	平均值（mg/kg）
一级	≥2 000	16	0.69	2 651.46
二级	1 000（含）～2 000	163	7.00	1 314.70
三级	400（含）～1 000	945	40.59	609.96
四级	200（含）～400	628	26.98	300.98
五级	＜200	576	24.74	111.46

2. 有效镁

本次调查中南滨片区耕地土壤有效镁含量为0.10～924.90 mg/kg，平均值为72.60 mg/kg。该片区土壤有效镁主要集中在五级，占耕地总面积的49.61%，其次是四级占30.76%，三级占18.08%；三级及以下共占98.45%，有效镁含量中下（表6-22）。

表6-22 南滨片区土壤有效镁分级状况

级别	含量（mg/kg）	样点（个）	频率（%）	平均值（mg/kg）
一级	≥1 000	0	0.00	0.00
二级	300（含）～1 000	36	1.55	468.03
三级	100（含）～300	421	18.08	158.79
四级	50（含）～100	716	30.76	72.08
五级	＜50	1 155	49.61	29.17

（四）微量元素

1. 铜元素

南滨片区耕地土壤有效铜含量范围为 0.07～28.00 mg/kg，平均值为 0.86 mg/kg。该片区土壤有效铜主要集中在三级，其占比为 82.00%，一级、二级、四级有少量分布；三级及以上占 97.94%，有效铜含量属于中等水平（表 6-23）。

表 6-23　南滨片区土壤有效铜分级状况

级别	含量（mg/kg）	样点（个）	频率（%）	平均值（mg/kg）
一级	≥1.8	209	8.98	4.15
二级	1.0（含）～1.8	162	6.96	1.27
三级	0.2（含）～1.0	1 909	82.00	0.49
四级	0.1（含）～0.2	46	1.97	0.17
五级	＜0.1	2	0.09	0.07

2. 锰元素

南滨片区耕地土壤有效锰含量范围为 0.02～128.10 mg/kg，平均值为 21.40 mg/kg。该片区土壤有效锰主要分布于一级、二级、三级，分别占耕地总面积的比例为 21.13%、39.69%、29.94%，四级占比 7.60%；三级及以上共占 90.76%，有效锰含量较为丰富（表 6-24）。

表 6-24　南滨片区土壤有效锰含量分级状况

级别	含量（mg/kg）	样点（个）	频率（%）	平均值（mg/kg）
一级	≥30.0	492	21.13	46.33
二级	15.0（含）～30.0	924	39.69	20.94
三级	5.0（含）～15.0	697	29.94	10.16
四级	1.0（含）～5.0	177	7.60	3.26
五级	＜1.0	38	1.63	0.48

3. 铁元素

南滨片区耕地土壤有效铁含量范围为 2.51～201.21 mg/kg，平均值为 26.76 mg/kg。该片区土壤有效铁主要集中在一级、二级，分别占耕地总面积的 54.34%、36.34%，三级占 8.81%；三级及以上的占比为 99.49%，有效铁含量极为丰富（表 6-25）。

表 6-25　南滨片区土壤有效铁分级状况

级别	含量（mg/kg）	样点（个）	频率（%）	平均值（mg/kg）
一级	≥20	1 265	54.34	37.73
二级	10（含）～20	846	36.34	15.25
三级	4.5（含）～10	205	8.81	7.98
四级	2.5（含）～4.5	12	0.51	3.53
五级	<2.5	0	0.00	2.49

4. 锌元素

南滨片区耕地土壤有效锌含量范围为0.01～29.00 mg/kg，平均值为1.29 mg/kg。该片区土壤有效锌均匀分布于二级、三级、四级、五级，其占比分别为37.67%、25.69%、15.51%、14.09%；三级及以上共占70.40%，有效锌含量较丰富（表6-26）。

表 6-26　南滨片区土壤有效锌分级状况

级别	含量（mg/kg）	样点（个）	频率（%）	平均值（mg/kg）
一级	≥3.0	164	7.04	5.62
二级	1.0（含）～3.0	877	37.67	1.63
三级	0.5（含）～1.0	598	25.69	0.74
四级	0.3（含）～0.5	361	15.51	0.40
五级	<0.3	328	14.09	0.20

（五）土壤酸碱度

南滨片区本次耕地地力调查土壤pH值范围为4.01～8.62，平均值为5.28。四级（酸性）有1 502个样点，占64.52%；五级（强酸）有61个样点，占2.62%；三级（弱酸）有705个样点，占30.28%；二级（中性）有55个样点，占2.36%；一级（弱碱、碱性）仅有5个样点，占0.22%，可见南滨片区耕地土壤大都处于酸性范围（表6-27）。

表 6-27　南滨片区土壤pH值分级状况

级别	pH值	样点（个）	频率（%）	平均值
一级（弱碱、碱性）	≥7.5	5	0.22	8.18
二级（中性）	6.5（含）～7.5	55	2.36	6.73
三级（弱酸）	5.5（含）～6.5	705	30.28	5.75
四级（酸性）	4.5（含）～5.5	1 502	64.52	5.03
五级（强酸）	<4.5	61	2.62	4.31

二、土壤的物理性质

（一）质　地

本次调查南滨片区土壤质地主要有砂土、砂壤、中壤、中砾质壤土、多砾质壤土等，其中砂土面积最大，为 12 309.05 hm^2，占全片区总耕地面积的 53.34%；其次是砂壤、中壤，面积分别为 5 227.71 hm^2、4 976.60 hm^2，分别占全片区耕地总面积的 22.65%、21.56%（表 6-28）。

表 6-28　南滨片区土壤质地面积分布状况

质地类型	砂土	砂壤	中壤	中砾质壤土	多砾质壤土
面积（hm^2）	12 309.05	5 227.71	4 976.60	454.00	111.29
占总耕地比例（%）	53.34	22.65	21.56	1.97	0.48

（二）容　重

南滨片区耕层土壤容重平均为 1.51 g/cm^3，变化范围 1.49～1.57 g/cm^3，说明各农场土壤的容重适宜耕作。

三、土壤的养分变化

本次调查与第二次土壤普查相比，南滨片区土壤有机质在一级、二级、三级耕地面积的占比有所下降，其中二级、三级下降幅度较大，分别下降了 22.02%、26.47%，而四级耕地面积的百分比则上升了 50.23%。全氮在四级、五级、六级耕地面积的占比有所上升，其中四级上升的幅度最大，为 31.68%，一级、二级、三级耕地的占比有所下降，二级下降幅度最大，为 21.17%。有效磷在一级、二级、三级耕地面积的占比有所上升，其中二级、三级上升幅度较大，分别为 20.68%、21.27%，五级、六级耕地面积的占比下降，六级耕地下降的幅度最大，为 28.40%。速效钾在一级、二级、三级、五级、六级耕地面积的占比均下降，其中一级、二级、三级的占比下降幅度较大，分别为 20.27%、19.48%、28.81%，四级耕地面积占比上升，上升幅度为 74.98%。总体上，南滨片区土壤有机质、全氮、速效钾含量水平在下降，有效磷含量水平有所上升（表 6-29）。

表 6-29　本次调查与第二次土壤普查土壤养分含量各等级面积占比对照　（单位:%）

级别	有机质		全氮		有效磷		速效钾	
	本次调查	第二次普查	本次调查	第二次普查	本次调查	第二次普查	本次调查	第二次普查
一级	0.00	5.70	0.00	8.41	7.50	0.25	0.00	20.27
二级	0.00	22.02	0.00	21.17	22.42	1.74	0.00	19.48
三级	27.26	53.73	27.72	40.27	33.57	12.30	0.00	28.81
四级	67.33	17.10	50.37	18.69	32.42	33.28	98.90	23.92

（续表）

级别	有机质		全氮		有效磷		速效钾	
	本次调查	第二次普查	本次调查	第二次普查	本次调查	第二次普查	本次调查	第二次普查
五级	5.41	1.21	19.04	9.69	3.95	23.89	1.10	5.47
六级	0.00	0.24	2.87	1.77	0.14	28.54	0.00	2.05

第四节　耕地资源合理利用的对策与建议

一、耕地利用现状与特点

南滨片区位于海南省南部的三亚市境内，水热条件优越，地貌类型以花岗岩、变质岩缓坡地以及低山丘陵为主，土壤多为花岗岩、变质岩、玄武岩、砂岩所发育，土层较厚，比较适合橡胶树、杧果等热带作物及反季节瓜菜等农作物的生长。近年来，在稳定橡胶生产和粮食生产的基础上，结合农业结构调整，片区农场积极发展热带经济作物的生产，因地制宜，合理调整作物布局，宜农则农，宜林则林，宜牧则牧，宜果则果，宜菜则菜，宜渔则渔，目前已经形成以天然橡胶、杧果、香蕉、冬季瓜菜、南繁科研育种为主导产业的农业发展模式。

二、发展农业循环经济

南滨片区土地资源丰富，且耕地类型多样，要提高耕地地力，增产增收，就要合理配置已有的耕地资源，园、农、林有机结合，发展立体农业循环经济。目前南滨片区还有一定面积的橡胶小苗和职工自营经济用地，为了充分利用这些林间土地，根据土壤、肥力、水源等条件选择种植杧果、香蕉、水稻、冬季瓜菜，形成长中短期经济作物相结合；也可以在已荫蔽的橡胶林、果园中种植喜阴植物、食用菌、南药、花卉等，待作物收获后可以增加职工收入；作物秸秆、枝叶有的可以作为牛羊饲料，如甘蔗叶、花生藤、玉米秆等，有的可晒干粉碎成糠类喂猪，如豆类秸秆，不能作为饲料的作物秸秆、枝叶，可以就地作为橡胶树、果树保水保湿的覆盖和压青肥料。这样，就形成了“橡胶树（果树）—农作物（经济作物）—农产品（或作物秸秆）—饲料—肥料—胶树（果树）”的循环经济，既充分利用了土地资源，又在单位面积上提高了效益，且增加了生产者的经济收入，一旦形成良性循环，更有利于促进橡胶树、果树的生长。

三、橡胶生产管理对策与建议

（一）增施有机肥，扩大有机肥来源，提升地力

南滨片区有机肥源丰富，要因地制宜，多形式多途径增加有机肥料的投入，在橡胶树的生产中，有机肥的施用是重要的环节。从实际出发，可大力推广沼气池建设，搞好

人、畜、禽粪便的发酵利用，此外，应在橡胶园中间种各类绿肥作物，以利于培肥地力。

（二）大力推广测土配方施肥技术

充分利用本次调查成果，推广作物平衡配方施肥。针对南滨片区土壤养分状况，根据橡胶树的需肥规律和肥料增产效应，在施足有机肥的基础上，确定氮、磷、钾、中微量元素的适宜用量和比例。这次调查结果表明，南滨片区土壤养分水平大体上是有机质、有效磷属于中低水平，全氮和速效钾较缺乏。因此，要结合实际情况使用肥料，提高肥料利用率，避免发生肥料不必要的浪费，防止土壤出现新的养分不平衡，最好是施用氮、钾比例较高的复合肥。

（三）中微量元素的平衡施用

大量元素的施用，会引起土壤中微量元素的耗竭，其结果是导致橡胶胶乳品质的下降和影响橡胶产量的进一步提高，所以在平衡施肥中必须考虑中微量元素肥料的补充。从调查的情况看，南滨片区土壤中量元素有效钙、镁含量处于低下水平，微量元素有效铜含量中等，有效锰、锌、铁含量丰富。

（四）加强橡胶园基础建设

1. 林地开垦

橡胶树宜林地的开垦是胶园农田基本建设中极其重要的环节，林地开垦质量的好坏直接影响橡胶树的生长、产量、林地抚育管理的工效和采胶工作等。林地开垦的质量要求：①尽量保留和充分利用表土，为新植橡胶树和其他作物创造良好的土壤环境；②将地面树头、树根、石头等障碍物以及一些会诱发橡胶树病虫害的杂草、杂木等清除干净；③坡地的水土保持工程以及梯田或环山行等的等高水平、宽度、内倾斜角要符合要求，以保证水土保持工程的质量；④按规划设计要求，布置林间小道、排水系统及防牛设施等，严格控制种植橡胶树的株行距和密度，充分利用土地。

2. 修筑水土保持工程

三亚地区年降水量较大，并且降水量集中，强大的降雨造成土壤冲刷，如不采取保持水土的措施，土壤不断受到冲刷，年复一年，土地会遭到严重破坏，导致植胶地肥力衰退，橡胶树根系裸露，橡胶树经济寿命缩短，生长和产胶均会受到严重影响。所以，在林地开垦时，必须重视水土保持工作，除尽快种植覆盖作物，避免地面裸露外，应尽快修筑水土保持工程，才能有效地防止水土流失。

3. 防护林的建设

海南台风较多，南滨片区受台风影响较大，为避免台风造成损失，在建立橡胶园的同时应该做好防护林的建设。

四、杧果生产管理对策与建议

（一）大力推广测土配方施肥技术，坚持氮、磷、钾、镁肥的配合施用

实践证明，营养元素对调节果树生产与发育起重要作用，在生长季节中，由于生长与结果竞争引起短暂营养缺乏，会造成落果。缺氮会造成隔年结果，结果多的树如果缺少氮肥，会抑制新梢的抽出而影响到翌年的结果。相反，如果氮肥施用过多，则促使新

梢徒长，不利于开花结果。南滨片区土壤基质元素含量都偏低，各元素间又存在着相互制约或拮抗作用，当大量补施钾肥后，很多作物则会出现缺镁，建议杧果结果树，每年每株施钾肥最多不能超过 0.4～0.6 kg。长期以氮、磷、钾、镁肥配合施用效果最佳。氮、磷肥对幼树生长非常重要，磷肥能促进根的生长，维持植株高呼吸率，促进碳水化合物的运转。氮肥可促进对钾的吸收，钾是光合作用和生理调节必不可少的元素，也是提高抗病力、改善果色、提高果质的重要元素。所以，必须进行平衡施肥，除大量元素外，还应注意微量元素的补给。

杧果树生长主要吸收的营养元素有氮、磷、钾、镁、锰、锌等，所需的氮、磷、钾的比例为 1.2∶0.12∶1。但杧果施肥量以及各元素间的配合比例，因品种、树龄、物候、土壤和气候条件以及结果量的不同而异，施肥量和施肥时间均需按杧果生长发育阶段、长势和肥料特性而定。一般来说，在开花期、果实发育初期和新梢发育初期，都应得到各种养分的充分供给。当植株营养生长过旺时，应少施氮肥；由于丰产或其他原因而未抽生适量的新梢时，应加施氮肥。幼龄树需要较大量的氮、钾肥，对结果树保持氮、钾肥的相对平衡则更为重要。幼龄树施肥可采用“一梢一肥”的办法，使其尽快形成较好的树冠，施肥量则须按各地区土壤肥力和树势而定，一般随树龄的增长而增加。结果树则以维持其生长和发育的平衡为准。收果后以恢复生长促梢为主，要施用速效肥。开花后则以施用有机肥或复合肥为主，尽量少施纯氮肥。结果过多、树势差的树应加施 1～2 次氮磷钾复合肥或人畜粪水。

（二）施肥方法要科学，兼顾增施有机肥，增肥地力

合理的施肥方法是提高肥料效应、减少浪费的重要手段。施肥的目的是使植株能够充分吸收，所以，在施肥时，一要靠近根系，二要保证一定水分供应。围绕这两个关键，施肥方法也有多种多样，用得较多的是施水肥，特别是幼龄树，其次是沿树冠滴水线挖半月形施肥沟（沟宽 20～30 cm，深 15～20 cm，长 60 cm 以上）沟施；或在两树中间挖一个长 100 cm、宽 60 cm、深 40 cm 的施肥坑，将肥料施进坑里与土混合，面上长期用杂草覆盖，每次施肥或淋水都施入坑中。肥料入土壤中，靠水分迁移被根吸收，所以，施肥后如果不下雨，必须灌水或淋水。

（三）积极引进的高优品种和先进的生产技术

南滨片区传统种植的都是“青皮”“象牙”等传统杧果，果品质量差，销路也不通畅。应积极引进杧果新品种，利用南滨片区得天独厚的自然条件，不断打造杧果品牌，不断扩大海南反季节杧果基地建设，不断推广先进的生产技术。

第七章　龙江片区耕地地力评价

第一节　自然与农业生产概况

一、地理位置与行政区划

龙江片区位于海南省西部的白沙黎族自治县（以下简称白沙县）和昌江黎族自治县（以下简称昌江县）境内，即北纬19°05′5.80″～19°29′5.88″，东经108°53′38.53″～109°32′13.11″，水热条件优越，有着丰富的土壤资源，是海南橡胶生产的主要区域。龙江片区北部与儋州富克区及红岭农场接壤；南界至白沙县元门镇翁村河及霸王岭林场；西边与昌江县榔子岭榔子村毗连；东边与白沙县细水乡番伦村相邻。南北纵贯45 km，东西横跨68 km。龙江片区地处海南岛西部，海榆西线公路、环岛高速公路及粤海铁路均贯穿其间，交通运输极为便利。

龙江片区土地面积697.58 km^2（即69 757.8 hm^2），约占全垦区土地面积的8.16%。龙江片区由4个农场组成：龙江农场、白沙农场、邦溪农场和红林农场。各农场下设分场，龙江农场包括龙江分场、金波分场、珠碧江分场和卫星分场；白沙农场包括白沙分场和牙叉分场；邦溪农场包括邦溪分场、芙蓉田分场和大岭分场；红林农场包括红林分场和红田分场。包括365个农业基层单位，其中农业生产队273个。

二、自然气候和水文地质

（一）自然气候

龙江片区冬春少雨，夏秋多雨，气候温和，阳光充足，四季皆绿，草木常青。年平均气温为23.4℃；最冷月最低平均气温17.3℃，最热月最高平均气温29.6℃；极端最低气温-2℃，极端最高气温41.6℃；在冬季偶有低温，霜冻霜害的影响。年降水量为1 240～2 203 mm，且分布不均匀，干湿季明显；雨季一般在5—10月，旱季时间较长，一般在11月至翌年3—4月。片区内常风较大，风力一般为1～2 m/s，部分地区达到3.7 m/s；每年均有台风影响，但台风风力一般小于10级。

（二）地形及母质

龙江片区地形起伏较大，总体上由东南向西北方向倾斜，东南高西北低。海拔一般为30～500 m，但个别山头海拔较高，达到1 000 m以上。片区地貌类型以花岗岩、砂页岩发育为主的高、中、低山丘陵，盆地丘陵，坡地，台地等，白沙农场以紫色砂页岩山间盆地丘陵为主。片区坡度为3°～30°，部分地区适宜机耕作业。

母质是土壤形成的物质基础，不仅土壤的矿物质起源于母质，土壤有机质中的矿质养分也主要来源于母质。母质是土壤发生演化的起点，在物质生物小循环的推动下，母质的表层逐渐产生肥力，从而转变成为土壤。母质即成土过程中被改变的原料，又深刻地影响成土过程。土壤往往继承了母质的某些性质，幼年土壤的继承性尤为明显。龙江片区自然土以砖红壤为主，成土母质以花岗岩为主，其次为砂页岩、紫色砂页岩、河流冲积物和浅海沉积物，有极少部分的河潮土。

（三）水　文

龙江片区内有海南省最大的河流南渡江贯穿其间，此外，珠碧江也流经片区。白沙农场位于海南岛黎母山区，南渡江横贯白沙分场南北，同时，海南省最大的水库松涛水库在该场区域内。芙蓉田分场及珠碧江分场有珠碧江流经，溪渠由东向西横贯芙蓉田分场。邦溪农场北界有珠碧江，东西部有木棉水库、黄沟岭水库、红湖水库。红田分场内无大河，只有两条水沟，地下水位很低，旱季时常发生断流。从全片区来看，地面河流较为发达，水资源丰富，水质优良，在蕴藏量和利用方面都具有很大的潜力。

（四）自然植被

龙江农场主要植被有原始灌木林、宽叶林、次生杂木林、稀树灌草等。白沙农场垦前植被大部分是枫树、麻列树、厚皮树，以及各种杂树和茅草群落，开垦后变成再生林或稀树丘陵草原和灌木，以及飞机草、茅草、芒类等杂草，只有稀少小树和茅草群落。邦溪农场主要植被有旱生性杂木林与次生季雨林、稀树灌木草地与矮草地、稀疏有棘的灌木茅草群落，主要植物有刺竹、刺葵、木棉、山芝麻、白茅、厚皮树、五节芒等，在平缓坡地，多以茅草、飞机草、大芒等高草群落为主。红林农场主要植被是旱生性次生林、旱生性稀树灌草、旱生性稀树草地及旱生性灌木林草地。

三、农业生产情况

龙江片区是橡胶生产大区，有着60多年的植胶历史。建场以来，大面积种植作物是橡胶，同时种植部分热带作物，如油棕、茶叶、胡椒、剑麻、咖啡、水果、水稻等。2007年，全片区土地总面积69 757.8 hm^2，耕地面积46 901.5 hm^2，其中橡胶树种植面积达到25 511.6 hm^2，占耕地面积的54.39%，农作物总播种面积4 609.0 hm^2，其中，热带作物面积189.3 hm^2，茶叶种植面积195.1 hm^2，水果面积2 763.5 hm^2，林地面积10 809.7 hm^2。

四、第二次土壤普查类型

第二次土壤普查中龙江片区的主要土壤类型名称如表7-1所示。

表7-1　龙江片区土壤类型

土类	亚类	土属	土种
砖红壤	砖红壤	花岗岩砖红壤	厚有机质层灰麻赤土
			厚有机质层麻赤土
			中有机质层灰麻赤土

（续表）

土类	亚类	土属	土种
砖红壤	砖红壤	浅海沉积物砖红壤	厚有机质层灰浅海赤土
			厚有机质层浅海赤土
			中有机质层灰浅海赤土
		砂页岩砖红壤	薄有机质层灰页赤土
			厚有机质层薄页赤土
			厚有机质层灰页赤土
			厚有机质层页赤土
			厚有机质层中页赤土
			中有机质层薄页赤土
			中有机质层灰页赤土
			中有机质层中页赤土
	褐色砖红壤	花岗岩褐色砖红壤	薄有机质层灰麻褐赤土
			厚有机质层薄麻褐赤土
			厚有机质层灰麻褐赤土
			厚有机质层灰页褐赤土
			厚有机质层麻褐赤土
			厚有机质层中麻褐赤土
			中有机质层薄麻褐赤土
			中有机质层灰麻褐赤土
			中有机质层灰页褐赤土
			中有机质层麻褐赤土
			中有机质层中麻褐赤土
		砂页岩褐色砖红壤	厚有机质层中页褐赤土
			中有机质层页褐赤土
			中有机质层中页褐赤土
	黄色砖红壤	花岗岩黄色砖红壤	厚有机质层灰麻黄赤土
			厚有机质层麻黄赤土
			厚有机质层中麻黄赤土
			中有机质层灰麻黄赤土
			中有机质层中麻黄赤土
		砂页岩黄色砖红壤	薄有机质层灰页黄赤土
			厚有机质层灰黄赤土
			厚有机质层灰页黄赤土
			厚有机质层中页黄赤土
			中有机质层灰页黄赤土
			中有机质层页黄赤土
			中有机质层中页黄赤土

（续表）

土类	亚类	土属	土种
紫色土	酸性紫色土	酸性紫色土	厚有机质层灰紫色土
			厚有机质层中紫色土
			中有机质层灰紫色土
			中有机质层中紫色土
石质土	酸性石质土	花岗岩石质土	厚有机质层麻石质土
			中有机质层麻石质土
		砂页岩石质土	薄有机质层变质岩石质土
			厚有机质层变质岩石质土
			中有机质层变质岩石质土
新冲土	冲积土	冲积土	厚有机质层灰潮砂泥土
赤红壤	赤红壤	花岗岩赤红壤	厚有机质层麻赤红土
黄壤	黄壤	花岗岩黄壤	中有机质层麻黄土
石灰土	红色石灰土	红色石灰土	红石灰土
水稻土	潴育型水稻土	洪积黄泥田	洪积砂泥田
		乌泥底田	乌泥底田
		冷底田	冷底田
		青泥格田	页青泥格田
	淹育型水稻土	浅脚花岗岩赤土田	浅麻赤土田
			浅页赤土田
		浅脚紫泥田	浅紫泥田
		红色石灰土田	石灰田
	漂洗型水稻土	砂漏田	页砂漏田
		白鳝泥田	白鳝泥田

第二节　耕地地力评价

龙江片区耕地地力评价对象为片区内所有耕地包括橡胶园地、水田、菜地、旱地、热带作物园等，其中橡胶园面积 25 810. 80 hm^2，占耕地总面积的 75. 92%；其次是旱地和热带作物园地，占耕地总面积的 13. 08% 和 8. 39%；有少量望天田、灌溉水田和菜地。

本次耕地地力评价选取对龙江片区耕地地力影响比较大、区域内变异明显、在时间序列上具有相对稳定性、与农业生产有密切关系的 12 个因素，建立评价指标体系。以 1：5 万土壤图、土地利用现状图、龙江片区行政区划图 3 种图件叠加形成的图斑为评价单元。应用“县域耕地资源管理信息系统”以及模糊数学评价、层次分析法等数学理论，对龙江片区耕地进行地力评价。

一、评价指标体系建立

（一）评价指标确定

海南农垦龙江片区耕地地力评价体系以全国评价指标体系作为依据，聘请海南省知名土壤肥料专家和各农场生产主要技术人员进行座谈商讨，根据重要性、差异性、稳定性、易获性、精简性和必要性等指标选取原则，选取了有机质、全氮、有效磷、速效钾、pH 值、容重、质地、成土母质、坡度、有效土层厚度、障碍层类型和年降水量共计 12 个指标作为耕地地力评价的因子，具体指标及归类如表 7-2 所示。

表 7-2　龙江片区耕地地力评价指标体系

目标层（A）	准则层（B）	指标层（C）
耕地地力	耕层理化性状	质地
		pH 值
		容重
	耕层养分状况	有机质
		全氮
		有效磷
		速效钾
	立地条件	成土母质
		坡度
		年降水量
	剖面性状	有效土层厚度
		障碍层类型

（二）评价指标的量化处理

获取的评价资料可以分为定量和定性资料两人部分。耕地地力评价指标类型分为数值型和概念型，数值型指标是定量的，与耕地生产能力有一定的线性关系，如土壤有机质、全氮、pH 值等。概念型指标是确定性的、综合性的，与耕地生产能力之间是一种非线性的关系，如地貌类型、土壤剖面构型、质地等。数值型和概念型评价指标的实测值量纲不同，取值范围各异，因此，地力评价时必须对各评价指标的原始数据进行标准化处理，数值型数据可通过建立隶属函数，把各评价指标转化为 0～1 的标准化数据；概念型数据可直接通过德尔菲法和专家打分法进行定量化。

1. 定性因素的量化处理

定性因素是概念型指标如质地，坡度、剖面构型等，与耕地生产能力之间是一种非线性的关系，采用德尔菲法直接给出隶属度，各评价因素及其隶属度如表 7-3 至表 7-7 所示。

表 7-3　龙江片区成土母质隶属度

描述	河流冲积物	砂页岩	花岗岩	变质岩	石灰岩	浅海沉积物
隶属度	0.92	0.87	0.80	0.78	0.58	0.48

表 7-4　龙江片区有效土层厚度（cm）隶属度

描述	<30	30（含）~50	50（含）~70	70（含）~90	90（含）~110	110（含）~130	130（含）~150	150（含）~200	≥200
隶属度	0.09	0.18	0.30	0.46	0.66	0.86	0.95	1.00	1.00

表 7-5　龙江片区质地隶属度

描述	松砂	紧砂	砂壤	轻壤	中壤	重壤	轻黏	中黏	重黏
隶属度	0.42	0.55	0.78	0.90	0.96	0.82	0.71	0.65	0.49

表 7-6　龙江片区坡度隶属度

描述	<3°	3°（含）~7°	7°（含）~15°	15°（含）~20°	20°（含）~25°	25°（含）~30°	30°（含）~35°	≥35°
隶属度	1.00	0.96	0.85	0.69	0.55	0.30	0.17	0.08

表 7-7　龙江片区障碍类型隶属度

描述	砂砾层	铁盘层	铁子层	潜育层	盐渍层	无障碍层
隶属度	0.38	0.12	0.30	0.35	0.42	1.00

2. 定量化指标的隶属函数

对于定量化的指标，采取德尔菲法和专家打分法确定指标的隶属函数。经过归纳、反馈、集中，产生指标的隶属函数如表 7-8 所示。

表 7-8　龙江片区耕地地力评价指标隶属函数

序号	函数类型	项目	隶属函数	c	u_t
1	戒上型	降水量（mm）	$y=1/[1+2.86\times10^{-6}\times(u-c)^2]$	1 900	1 200
2	戒上型	有效磷（mg/kg）	$y=1/[1+0.001\ 3\times(u-c)^2]$	34.77	3
3	戒上型	有机质（g/kg）	$y=1/[1+0.002\ 4\times(u-c)^2]$	33.24	6
4	戒上型	速效钾（mg/kg）	$y=1/[1+0.000\ 1\times(u-c)^2]$	200	20
5	戒上型	全氮（g/kg）	$y=1/[1+0.839\ 7\times(u-c)^2]$	1.97	0.25
6	戒下型	容重（g/cm^3）	$y=1/[1+7.678\ 5\times(u-c)^2]$	1.19	1.6
7	峰型	pH 值	$y=1/[1+0.379\ 3\times(u-c)^2]$	5.15	$u_{t1}=3.5$ $u_{t2}=7.5$

（三）评价指标的权重确定

评价指标的权重通过层次分析法确定。首先，根据龙江片区耕地地力指标各个指标间的关系构造耕地要素层次结构图。然后，请专家比较同一层次各因素对上一层次的相对重要性，打分给出数量化的评价，构造判断矩阵；根据判断矩阵计算出矩阵的最大特征根和特征向量，并进行一致检验。最后进行层次总排序一致性检验，如通过一致性检验，便可求得各评价指标的组合权重，即为评价指标的实际权重（表 7-9）。

表 7-9　龙江片区耕地地力评价指标权重

指标层	准则层				
	耕层理化性质 B1	立地条件 B2	剖面性状 B3	耕层养分状况 B4	组合权重
	0.250 0	0.350 0	0.100 0	0.300 0	$\sum CiBi$
pH 值 C1	0.093 6				0.023 4
质地 C2	0.630 1				0.157 5
容重 C3	0.276 3				0.069 1
降水量 C4		0.559 0			0.195 7
成土母质 C5		0.290 3			0.101 6
坡度 C6		0.150 7			0.052 7
有效土层厚度 C7			0.694 2		0.069 4
障碍层类型 C8			0.305 8		0.030 6
有机质 C9				0.521 6	0.156 5
速效钾 C10				0.077 6	0.023 3
有效磷 C11				0.134 2	0.040 3
全氮 C12				0.266 6	0.080 0

二、耕地地力等级划分

根据龙江片区耕地地力综合指数结果，运用累积频率曲线法制定该片区耕地地力综合指数分级方案，并将全区耕地等级共划分为 5 个等级（表 7-10）。

表 7-10　龙江片区耕地地力评价等级划分

等级	综合指数	等级	综合指数
一等地	0.78（含）~0.84	四等地	0.63（含）~0.67
二等地	0.74（含）~0.78	五等地	0.55（含）~0.63
三等地	0.67（含）~0.74		

三、耕地地力等级分布

（一）耕地地力等级面积统计

龙江片区耕地地力调查的耕地面积为 35 322.68 hm^2。其中，一等地 3 622.41 hm^2，占总面积的 10.26%；二等地 13 224.43 hm^2，占总面积的 37.44%；三等地 11 836.79 hm^2，占总面积的 33.51%；四等地 4 751.71 hm^2，占总面积的 13.45%；五等地 1 887.34 hm^2，占总面积的 5.34%（表 7-11）。

表 7-11　龙江片区耕地不同地力等级面积统计

等级	一等地	二等地	三等地	四等地	五等地	总计
面积（hm^2）	3 622.41	13 224.43	11 836.79	4 751.71	1 887.34	35 322.68
占比（%）	10.26	37.44	33.51	13.45	5.34	100.00

（二）耕地地力等级评价

1. 一等地

（1）面积与分布

一等地总面积 3 622.41 hm^2，占全片区耕地总面积的 10.26%。主要分布在龙江分场和牙叉分场，并且零星分布在白沙分场、金波分场等地区。分布面积最大的是龙江分场，占地面积为 950.54 hm^2，其次为牙叉分场，占地面积达 919.07 hm^2。

龙江片区橡胶园一等地总面积为 2 607.82 hm^2，占全片区橡胶园面积的 9.76%。主要分布在牙叉分场、金波分场和龙江分场，分布面积最大的是牙叉分场，占地面积达 865.29 hm^2，其次为金波分场和龙江分场，占地面积分别为 490.86 hm^2 和 445.87 hm^2（表 7-12）。

表 7-12　龙江片区一等耕地和一等橡胶园面积空间分布

农场	分场	耕地			橡胶园		
		面积（hm^2）	占本分场耕地面积的比例（%）	占片区耕地面积的比例（%）	面积（hm^2）	占本分场橡胶园面积的比例（%）	占片区橡胶园面积的比例（%）
白沙	白沙	329.97	11.36	0.93	284.07	12.67	1.06
	牙叉	919.07	42.14	2.60	865.29	42.43	3.24
邦溪	邦溪	329.68	13.72	0.93	253.00	12.99	0.95
	大岭	0.00	0.00	0.00	0.00	0.00	0.00
	芙蓉田	99.03	4.66	0.28	75.84	4.27	0.28
红林	红林	268.69	6.71	0.76	134.25	4.14	0.50
	红田	1.27	0.05	0.00	0.00	0.00	0.00

（续表）

农场	分场	耕地			橡胶园		
		面积（hm^2）	占本分场耕地面积的比例（%）	占片区耕地面积的比例（%）	面积（hm^2）	占本分场橡胶园面积的比例（%）	占片区橡胶园面积的比例（%）
龙江	金波	607.32	16.48	1.72	490.86	18.05	1.84
	龙江	950.54	11.63	2.69	445.87	8.33	1.67
	珠碧江	108.09	5.83	0.31	51.43	3.64	0.19
	卫星	8.75	0.27	0.04	7.21	0.27	0.03
合计		3 622.41		10.26	2 607.82		9.76

（2）主要属性分析

一等地主要分布于低坡度丘陵区，成土母质以花岗岩和砂页岩为主。该等地坡度较小，地势平坦；土层深厚，无障碍层，可耕性好；质地优良，以中壤为主，土壤的保肥性能比较好。土壤有机质含量 10.40～24.00 g/kg，平均值 18.41 g/kg；全氮含量 0.50～1.23 g/kg，平均值 0.87 g/kg；有效磷含量 1.10～57.50 mg/kg，平均值 8.21 mg/kg；速效钾含量 34.24～82.03 mg/kg，平均值 51.94 mg/k；pH 值 4.50～5.41，平均值 4.75。总体上该等地土地平整，土层深厚保肥性好，水、肥、气、热协调，有机质、全氮和有效磷和速效钾等主要养分均为高水平，土地利用基本没有限制，作物基本都能高产。

2. 二等地

（1）面积与分布

龙江片区二等地总面积 13 224.43 hm^2，占全片区耕地总面积的 37.44%。主要分布在龙江分场、白沙分场和珠碧江分场。分布面积最大的是龙江农场，占地面积达 6 919.68 hm^2，其次为白沙分场和珠碧江分场，占地面积分别为 1 384.46 hm^2 和 1 115.84 hm^2。

龙江片区橡胶园二等地总面积为 9 818.08 hm^2，占全片区橡胶园面积的 36.76%。主要分布在龙江分场和白沙分场。分布面积最大的是龙江分场，占地面积达 4 708.10 hm^2，其次为白沙分场，占地面积为 1 053.31 hm^2（表 7-13）。

表 7-13　龙江片区二等耕地和二等橡胶园面积空间分布

农场	分场	耕地			橡胶园		
		面积（hm^2）	占本分场耕地面积的比例（%）	占片区耕地面积的比例（%）	面积（hm^2）	占本分场橡胶园面积的比例（%）	占片区橡胶园面积的比例（%）
白沙	白沙	1 384.46	47.67	3.92	1 053.31	46.97	3.94
	牙叉	817.11	37.46	2.31	764.93	37.50	2.86

（续表）

农场	分场	耕地			橡胶园		
		面积（hm^2）	占本分场耕地面积的比例（%）	占片区耕地面积的比例（%）	面积（hm^2）	占本分场橡胶园面积的比例（%）	占片区橡胶园面积的比例（%）
邦溪	邦溪	1 046.76	43.58	2.96	791.85	40.65	2.96
	大岭	0.00	0.00	0.00	0.00	0.00	0.00
	芙蓉田	18.84	0.89	0.05	14.99	0.84	0.06
红林	红林	936.31	23.37	2.65	859.36	26.51	3.22
	红田	0.00	0.00	0.00	0.00	0.00	0.00
龙江	金波	485.78	13.18	1.38	347.56	12.78	1.30
	龙江	6 919.68	84.64	19.59	4 708.10	87.94	17.63
	珠碧江	1 115.84	60.17	3.16	874.55	61.95	3.27
	卫星	499.65	15.61	1.42	403.43	15.24	1.52
合计		13 224.43		37.44	9 818.08		36.76

（2）主要属性分析

二等地主要分布在片区南面的阶地平原和低丘陵区，成土母质以砂页岩和花岗岩为主。质地优良，大部分为砂壤、中壤、轻壤，土壤保肥性能比较好；土层深厚，无明显的障碍层。土壤有机质含量 9.90～24.20 g/kg，平均值 14.27 g/kg；全氮含量 0.46～1.25 g/kg，平均值 0.73 g/kg；有效磷含量 0.4～23.50 mg/kg，平均值 7.27 mg/kg；速效钾含量 32～82 mg/kg，平均值 50.41 mg/kg；pH 值 4.40～5.45，平均值 4.81。总体上，二等地土地基本平整，能排能灌，气、热环境较好，宜种性较好，肥力中等，养分含量较高，应合理施肥。

3. 三等地

（1）面积与分布

龙江片区三等地总面积 11 836.79 hm^2，占全片区耕地总面积的 33.51%。主要分布在卫星分场、金波分场和红林分场，分布面积最大的是卫星分场，占地面积达 2 662.97 hm^2，其次为金波分场和红林分场，占地面积分别为 2 565.25 和 2 426.55 hm^2。

龙江片区橡胶园三等地总面积为 9 186.58 hm^2，占全片区橡胶园面积的 34.39%。主要分布在卫星分场、金波分场和红林分场。分布面积最大的是卫星分场，占地面积达 2 212.62 hm^2，其次为红林分场和金波分场，占地面积分别为 1 948.16 hm^2 和 1 872.04 hm^2（表 7-14）。

表 7-14 龙江片区三等耕地和三等橡胶园面积空间分布

农场	分场	耕地			橡胶园		
		面积（hm^2）	占本分场耕地面积的比例（%）	占片区耕地面积的比例（%）	面积（hm^2）	占本分场橡胶园面积的比例（%）	占片区橡胶园面积的比例（%）
白沙	白沙	1 189.68	40.97	3.37	905.07	40.36	3.39
	牙叉	444.89	20.40	1.26	409.33	20.07	1.53
邦溪	邦溪	939.38	39.11	2.66	818.51	42.02	3.06
	大岭	13.27	0.55	0.04	3.20	0.20	0.01
	芙蓉田	189.28	8.90	0.54	149.46	8.41	0.56
红林	红林	2 426.55	60.57	6.87	1 948.16	60.10	7.29
	红田	470.10	19.93	1.33	182.75	10.61	0.68
龙江	金波	2 565.25	69.60	7.26	1 872.04	68.85	7.01
	龙江	305.02	3.73	0.86	199.64	3.73	0.75
	珠碧江	630.40	34.00	1.78	485.80	34.41	1.83
	卫星	2 662.97	83.20	7.54	2 212.62	83.57	8.28
合计		11 836.79		33.51	9 186.58		34.39

（2）主要属性分析

龙江片区三等地主要分布在龙江分场的阶地平原区，部分分布于龙江片区南面的低丘陵区，成土母质以花岗岩和砂页岩为主。质地紧砂—轻黏，大部分为砂壤和轻壤，土壤保肥性一般；土层深厚，无明显障碍层。土壤养分含量一般，有机质含量 9.20～31.50 g/kg，平均值 15.22 g/kg；全氮含量 0.41～1.29 g/kg，平均值 0.75 g/kg；有效磷含量 0.50～57.00 mg/kg，平均值 7.77 mg/kg；速效钾含量 32～85 mg/kg，平均值 50.77 mg/kg；pH 值 4.55～5.20，平均值 4.85。总体上三等地土壤肥力一般，养分不协调，土壤物理性能差，可耕性略差，种植条件一般。应实行精耕细作、增施有机肥和氮磷钾肥、扩种绿肥等措施，以提高土壤的整体生产能力。

4. 四等地

（1）面积与分布

龙江片区四等地总面积 4 751.71 hm^2，占全片区耕地总面积的 13.45%。主要分布在大岭分场、红田分场和芙蓉田分场，零星分布在卫星分场、红林分场和邦溪分场。分布面积最大的是大岭分场，占地面积达 1 712.32 hm^2，其次为芙蓉田分场和红田分场，占地面积分别为 1 475.90 hm^2和 1 454.60 hm^2。

龙江片区橡胶园四等地总面积为 3 672.39 hm^2，占全片区橡胶园面积的 13.75%，主要分布在大岭分场、芙蓉田分场和红田分场。分布面积最大的是芙蓉田分场，占地面积达 1 235.64 hm^2；其次为大岭分场和红田分场，占地面积分别为 1 185.50 hm^2 和

1 183.80 hm^2（表 7-15）。

表 7-15　龙江片区四等耕地和四等橡胶园面积空间分布

农场	分场	耕地			橡胶园		
		面积（hm^2）	占本分场耕地面积的比例（%）	占片区耕地面积的比例（%）	面积（hm^2）	占本分场橡胶园面积的比例（%）	占片区橡胶园面积的比例（%）
白沙	白沙	0.00	0.00	0.00	0.00	0.00	0.00
	牙叉	0.00	0.00	0.00	0.00	0.00	0.00
邦溪	邦溪	19.57	0.81	0.06	19.57	1.00	0.07
	大岭	1 712.32	70.53	4.85	1 185.50	73.80	4.44
	芙蓉田	1 475.90	69.42	4.18	1 235.64	69.51	4.63
红林	红林	32.76	0.82	0.09	15.06	0.46	0.06
	红田	1 454.60	61.65	4.12	1 183.80	68.74	4.43
龙江	金波	27.19	0.74	0.07	8.39	0.31	0.03
	龙江	0.00	0.00	0.00	0.00	0.00	0.00
	珠碧江	0.00	0.00	0.00	0.00	0.00	0.00
	卫星	29.37	0.92	0.08	24.43	0.92	0.09
合计		4 751.71		13.45	3 672.39		13.75

（2）主要属性分析

龙江片区四等地主要分布在坡度较高的低丘陵区和高丘陵区，成土母质以花岗岩和砂页岩为主。质地紧砂—重黏，大部分为砂壤、轻壤、紧砂、中黏和重黏，耕作性差；土层较薄，有明显的砂砾、铁子等障碍层。土壤有机质含量 9.20～22.80 g/kg，平均值 14.20 g/kg；全氮含量 0.36～1.08 g/kg，平均值 0.63 g/kg；有效磷含量 1.90～55.2 mg/kg，平均值 7.85 mg/kg；速效钾含量 33.00～82.00 mg/kg，平均值 50.61 mg/kg；pH 值 4.61～5.22，平均值 4.85。总体上该等地是片区内较差的土地，土壤肥力偏低，养分不协调，可耕性差，质地呈砂性，保肥性较差，光热水条件差，种植条件一般。应实行精耕细作、增施有机肥和氮磷钾肥、施肥少量多次和扩种绿肥等措施，以提高土壤的整体生产能力。

5. 五等地

（1）面积与分布

龙江片区五等地总面积 1 887.35 hm^2，占全片区耕地总面积的 5.34%。主要分布在大岭分场和红田分场，占地面积分别为 702.15 hm^2 和 433.36 hm^2，其次为芙蓉田分场和红林田分场，占地面积分别为 342.98 hm^2 和 342.15 hm^2。

龙江片区橡胶园五等地总面积为 1 425.01 hm^2，占全片区橡胶园面积的 5.34%。五等地主要分布在大岭分场和红田分场，占地面积分别为 417.72 hm^2 和 355.59 hm^2，其次为芙蓉田和红林分场，占地面积为301.71 hm^2 和284.83 hm^2（表7-16）。

表7-16　龙江片区五等耕地和五等橡胶园面积空间分布

农场	分场	耕地			橡胶园		
		面积（hm^2）	占本分场耕地面积的比例（%）	占片区耕地面积的比例（%）	面积（hm^2）	占本分场橡胶园面积的比例（%）	占片区橡胶园面积的比例（%）
白沙	白沙	0.00	0.00	0.00	0.00	0.00	0.00
	牙叉	0.00	0.00	0.00	0.00	0.00	0.00
邦溪	邦溪	66.71	2.78	0.19	65.16	3.34	0.25
	大岭	702.15	28.92	1.98	417.72	26.00	1.56
	芙蓉田	342.98	16.13	0.97	301.71	16.97	1.13
红林	红林	342.15	8.54	0.97	284.83	8.79	1.07
	红田	433.36	18.37	1.23	355.59	20.65	1.33
龙江	金波	0.00	0.00	0.00	0.00	0.00	0.00
	龙江	0.00	0.00	0.00	0.00	0.00	0.00
	珠碧江	0.00	0.00	0.00	0.00	0.00	0.00
	卫星	0.00	0.00	0.00	0.00	0.00	0.00
合计		1 887.35		5.34	1 425.01		5.34

（2）主要属性分析

五等地主要分布在坡度较高的大岭分场的低丘陵区和珠碧江分场的阶地平原砂性土区，成土母质以砂页岩、花岗岩和浅海沉积物为主。质地紧砂—重黏，大部分为中黏、砂壤、重黏和紧砂，耕作性差；土层较薄，有明显的砂砾、铁子等障碍层。土壤有机质含量7.70～18.40 g/kg，平均值13.48 g/kg；全氮含量0.36～1.06 g/kg，平均值0.67 g/kg；有效磷含量2.20～16.30 mg/kg，平均值6.03 mg/kg；速效钾含量40～77 mg/kg，平均值50.39 mg/kg；pH值4.60～5.12，平均值4.84。总体上五等地是片区内最差的土地，土壤肥力偏低，养分不协调，土壤物理性能差，质地较砂或较黏，可耕性差，保肥性较差。应实行精耕细作、增施有机肥和氮磷钾肥、施肥少量多次和扩种绿肥等措施，以提高土壤的生产能力，

第三节　耕地土壤属性

一、土壤的化学性质

（一）有机质

龙江片区本次耕地地力调查橡胶园土样1 575个，土壤有机质平均含量为

15.31 g/kg，变化范围为3.12～49.00 g/kg；热带作物园土样153个，土壤有机质平均含量为14.39 g/kg，变化范围为4.28～25.80 g/kg；水田土样15个，土壤有机质平均含量为11.11 g/kg，变化范围为5.30～21.20 g/kg。该片区土壤有机质含量主要集中在四级，其占比为67.01%，其次三级占15.89%，五级占14.00%，其余等级占比极少；四级及以下共占82.68%，有机质属于中下水平（表7-17）。

表7-17　龙江片区土壤有机质分级状况

级别	含量（g/kg）	样点（个）	频率（%）	平均值（g/kg）
一级	≥40	7	0.40	45.34
二级	30（含）～40	18	1.03	32.93
三级	20（含）～30	277	15.89	22.16
四级	10（含）～20	1 168	67.01	13.92
五级	6（含）～10	244	14.00	8.43
六级	＜6	29	1.67	5.06

该片区不同土属有机质含量比较见表7-18，其中以花岗岩赤红壤最高，平均值为23.54 g/kg；白鳝泥田最低，平均值为9.30 g/kg。

表7-18　龙江片区不同土属有机质含量状况

土属名称	含量范围（g/kg）	平均值（g/kg）	标准差	变异系数（%）
白鳝泥田	5.3～12.4	9.30	3.62	39.09
冲积土	7.0～14.8	11.96	2.55	21.34
花岗岩褐色砖红壤	3.9～49.0	14.75	7.14	48.41
花岗岩黄色砖红壤	3.9～28.9	14.58	5.16	35.40
花岗岩赤红壤	15.0～44.8	23.54	8.69	36.93
花岗岩石质土	8.5～30.1	17.95	4.72	26.27
浅脚花岗岩赤土田	5.3～23.4	12.99	5.71	43.98
浅脚砂页岩赤土田	10.0～15.8	12.89	4.12	31.99
砂页岩褐色砖红壤	4.3～28.2	14.53	4.74	32.62
砂页岩石质土	5.9～27.5	12.97	4.29	33.10
砂页岩黄色砖红壤	4.6～29.7	16.86	4.73	28.05
红色石灰土	17.9～23.1	20.50	3.68	17.94
花岗岩砖红壤	3.1～34.4	14.11	4.76	33.76
砂页岩砖红壤	4.9～43.4	15.82	5.11	32.29
酸性紫色土	9.0～26.2	16.36	4.67	28.52

（二）大量元素

1. 全　氮

本次龙江片区耕地地力调查橡胶园土样 1 575 个，土壤全氮平均含量为 0. 78 g/kg，变化范围为 0. 03～2. 18 g/kg；热带作物园土样 153 个，土壤全氮平均含量为 0. 69 g/kg，变化范围为 0. 13～1. 55 g/kg；水田土样 15 个，土壤全氮平均含量为 0. 62 g/kg，变化范围为 0. 45～1. 08 g/kg。该片区土壤全氮在各等级中都有分布，其中四级、五级占比最高，分别为 26. 91%、35. 57%，其次是三级、六级，分别占 17. 96%、17. 67%；四级及以下共占 80. 15%，全氮属于中下水平（表 7-19）。

表 7-19　龙江片区土壤全氮分级状况

级别	含量（g/kg）	样点（个）	频率（%）	平均值（g/kg）
一级	≥2. 0	1	0. 06	2. 18
二级	1. 5（含）～2. 0	32	1. 83	1. 67
三级	1. 0（含）～1. 5	313	17. 96	1. 13
四级	0. 75（含）～1. 0	469	26. 91	0. 84
五级	0. 5（含）～0. 75	620	35. 57	0. 62
六级	<0. 5	308	17. 67	0. 43

该片区不同土属全氮含量比较见表 7-20，其中以红色石灰土最高，平均值为 1. 28 g/kg；浅脚砂页岩赤土田和浅脚花岗岩赤土田最低，平均值为 0. 50 g/kg。

表 7-20　龙江片区不同土属全氮含量状况

土属名称	含量范围（g/kg）	平均值（g/kg）	标准差	变异系数（%）
白鳝泥田	0. 4～0. 7	0. 60	0. 15	26. 51
冲积土	0. 3～0. 7	0. 56	0. 13	22. 55
花岗岩褐色砖红壤	0. 0～2. 0	0. 68	0. 29	42. 79
花岗岩黄色砖红壤	0. 1～1. 4	0. 66	0. 27	41. 74
花岗岩赤红壤	0. 7～1. 8	1. 04	0. 32	30. 56
花岗岩石质土	0. 1～1. 4	0. 83	0. 23	27. 31
浅脚花岗岩赤土田	0. 4～0. 7	0. 50	0. 09	17. 46
浅脚砂页岩赤土田	0. 4～0. 6	0. 50	0. 10	20. 50
砂页岩褐色砖红壤	0. 1～2. 0	0. 79	0. 30	38. 26
砂页岩石质土	0. 4～1. 5	0. 66	0. 22	33. 98
砂页岩黄色砖红壤	0. 1～1. 8	1. 04	0. 30	29. 10
红色石灰土	1. 0～1. 5	1. 28	0. 35	27. 47

（续表）

土属名称	含量范围（g/kg）	平均值（g/kg）	标准差	变异系数（%）
花岗岩砖红壤	0.2～1.6	0.67	0.23	34.77
砂页岩砖红壤	0.1～2.2	0.83	0.28	33.31
酸性紫色土	0.4～1.6	0.88	0.29	32.87

2. 有效磷

本次龙江片区耕地地力调查橡胶园土样 1 575 个，土壤有效磷平均含量为 6.46 mg/kg，变化范围为 0.02～70.90 mg/kg；热带作物园土样 153 个，土壤有效磷平均含量为 14.20 mg/kg，变化范围为 0.20～79.80 mg/kg；水田土样 15 个，土壤有效磷平均含量为 69.82 mg/kg，变化范围为 4.30～155.04 mg/kg。该片区土壤有效磷含量在各等级中均有分布，主要集中于四级、五级、六级，其占比分别为 20.65%、20.08%、40.96%；四级及以下共占 81.69%，有效磷属于中下水平（表 7-21）。

表 7-21　龙江片区土壤有效磷分级状况

级别	含量（mg/kg）	样点（个）	频率（%）	平均值（mg/kg）
一级	≥40	52	2.99	68.86
二级	20（含）～40	100	5.74	28.21
三级	10（含）～20	167	9.58	14.78
四级	5（含）～10	360	20.65	4.65
五级	3（含）～5	350	20.08	4.02
六级	＜3	714	40.96	1.11

该片区不同土属有效磷含量比较见表 7-22，其中，以白鳝泥田最高，平均值为 51.50 mg/kg，浅脚砂页岩赤土田最低，平均值仅为 1.30 mg/kg。

表 7-22　龙江片区不同土属有效磷含量状况

土属名称	含量范围（mg/kg）	平均值（mg/kg）	标准差	变异系数（%）
白鳝泥田	21.2～85.3	51.50	32.18	62.55
冲积土	2.4～23.7	8.22	6.20	75.39
花岗岩褐色砖红壤	0.2～155.0	12.91	18.70	144.77
花岗岩黄色砖红壤	0.7～48.5	6.66	7.91	118.71
花岗岩赤红壤	3.0～28.2	8.31	6.09	73.25
花岗岩石质土	1.2～65.7	17.57	18.37	104.55
浅脚花岗岩赤土田	6.4～79.8	43.59	25.41	58.29

（续表）

土属名称	含量范围（mg/kg）	平均值（mg/kg）	标准差	变异系数（%）
浅脚砂页岩赤土田	0.7～1.9	1.30	0.85	65.27
砂页岩褐色砖红壤	0.4～62.6	7.93	10.67	134.49
砂页岩石质土	0.3～16.0	2.54	3.38	133.44
砂页岩黄色砖红壤	0.7～63.8	6.82	8.74	128.15
红色石灰土	5.0～5.4	5.19	0.27	5.19
花岗岩砖红壤	0.4～129.4	6.63	11.35	171.04
砂页岩砖红壤	0.0～49.7	4.39	6.06	138.22
酸性紫色土	1.1～23.7	8.82	6.45	73.13

3. 速效钾

本次龙江片区耕地地力调查橡胶园土样 1 575 个，土壤速效钾平均含量为 49.68 mg/kg，变化范围为 10.02～137.50 mg/kg；热带作物园土样 153 个，土壤速效钾平均含量为 61.82 mg/kg，变化范围为 14.90～170.00 mg/kg；水田土样 15 个，土壤速效钾平均含量为 59.20 mg/kg，变化范围为 19.60～103.40 mg/kg。该片区土壤速效钾主要集中于四级、五级，分别占 37.98%、42.80%，其次是六级，占 14.97%，二级、三级有极少分布；四级及以下共占 95.75%，速效钾较为缺乏（表 7-23）。

表 7-23　龙江片区土壤速效钾分级状况

级别	含量（mg/kg）	样点（个）	频率（%）	平均值（mg/kg）
一级	≥200	0	0.00	0.00
二级	150（含）～200	4	0.23	55.53
三级	100（含）～150	70	4.02	111.13
四级	50（含）～100	662	37.98	68.52
五级	30（含）～50	746	42.80	39.91
六级	＜30	261	14.97	22.83

该片区不同土属速效钾含量比较见表 7-24，其中以红色石灰土最高，平均值为 83.75 mg/kg，浅脚砂页岩赤土田最低，平均值为 30.50 mg/kg。

表 7-24　龙江片区不同土属速效钾含量状况

土属名称	含量范围（mg/kg）	平均值（mg/kg）	标准差	变异系数（%）
白鳝泥田	41.0～50.9	46.80	5.18	11.06
冲积土	26.9～129.0	56.09	31.36	55.92

（续表）

土属名称	含量范围（mg/kg）	平均值（mg/kg）	标准差	变异系数（%）
花岗岩褐色砖红壤	15.0～167.7	52.91	26.64	50.35
花岗岩黄色砖红壤	17.0～128.0	42.70	19.94	46.70
花岗岩赤红壤	45.0～89.0	63.64	13.07	20.53
花岗岩石质土	35.0～109.0	63.30	15.30	24.18
浅脚花岗岩赤土田	26.0～170.0	80.60	47.94	59.47
浅脚砂页岩赤土田	30.0～31.0	30.50	0.71	2.32
砂页岩褐色砖红壤	16.0～130.0	53.39	24.02	44.98
砂页岩石质土	19.0～80.7	42.82	16.32	38.11
砂页岩黄色砖红壤	10.0～117.8	49.45	22.79	46.08
红色石灰土	79.4～88.1	83.75	6.15	7.35
花岗岩砖红壤	14.0～168.7	49.44	21.49	43.48
砂页岩砖红壤	12.4～139.0	49.98	22.15	44.33
酸性紫色土	24.0～107.0	50.00	17.56	35.11

（三）中量元素

1. 有效钙

本次龙江片区耕地地力调查橡胶园土壤样点 1 575 个，土壤有效钙含量的平均值为 309.44 mg/kg，变化范围为 9.85～1 459.20 mg/kg；热带作物园土样 153 个，土壤有效钙含量的平均值为 366.16 mg/kg，变化范围为 11.70～1 300.90 mg/kg；水田土样 15 个，土壤有效钙含量的平均值为 676.63 mg/kg，变化范围为 131.20～ 1 273.03 mg/kg，由此可见，不同地类土壤有效钙含量差异较大。该片区土壤有效钙主要集中于三级、四级、五级，其占比分别为 21.69%、26.16%、47.91%，三级及以下共占 95.76%，有效钙属于低等水平（表 7-25）。

表 7-25 龙江片区土壤有效钙分级状况

级别	含量（mg/kg）	样点（个）	频率（%）	平均值（mg/kg）
一级	≥2 000	0	0.00	0.00
二级	1 000（含）～2 000	74	4.24	1 153.96
三级	400（含）～1 000	378	21.69	629.72
四级	200（含）～400	456	26.16	291.12
五级	＜200	835	47.91	138.32

该片区不同土属有效钙含量比较见表 7-26，其中以红色石灰土最高，平均值为 868.00 mg/kg，酸性紫色土最低，平均值为 185.72 mg/kg。

表 7-26　龙江片区不同土属有效钙含量状况

土属名称	含量范围（mg/kg）	平均值（mg/kg）	标准差	变异系数（%）
白鳝泥田	149. 9～1 032. 5	678. 50	466. 51	68. 75
冲积土	71. 5～649. 1	267. 42	212. 69	79. 53
花岗岩褐色砖红壤	47. 9～1 336. 9	399. 83	327. 97	82. 03
花岗岩黄色砖红壤	17. 2～1 392. 1	244. 59	273. 70	111. 90
花岗岩赤红壤	22. 7～658. 7	235. 51	214. 41	91. 04
花岗岩石质土	61. 3～1 163. 0	388. 53	275. 31	70. 86
浅脚花岗岩赤土田	83. 9～462. 3	299. 58	113. 16	37. 77
浅脚砂页岩赤土田	173. 6～229. 2	201. 43	39. 30	19. 51
砂页岩褐色砖红壤	21. 0～1 451. 6	341. 15	279. 35	81. 89
砂页岩石质土	54. 7～1 447. 8	294. 03	304. 35	103. 51
砂页岩黄色砖红壤	22. 8～1 298. 2	261. 72	277. 00	105. 84
红色石灰土	841. 5～894. 5	868. 00	37. 48	4. 32
花岗岩砖红壤	15. 6～1 459. 2	290. 13	279. 40	96. 30
砂页岩砖红壤	9. 9～1 420. 0	313. 24	271. 41	86. 65
酸性紫色土	43. 6～496. 7	185. 72	137. 80	74. 20

2. *有效镁*

本次龙江片区耕地地力调查橡胶园土样 1 575 个，土壤有效镁含量的平均值为 51. 81 mg/kg，变化范围为 0. 37～263. 90 mg/kg；热带作物园土样 153 个，土壤有效镁含量的平均值为 366. 16 mg/kg，变化范围为 11. 70～1 300. 90 mg/kg；水田土样 15 个，土壤有效镁含量的平均值为 43. 97 mg/kg，变化范围为 28. 10～62. 10 mg/kg，由此可见，不同地类土壤有效镁含量差异较大。该片区土壤有效镁含量主要分布在六级，其占比为 61. 62%，其次是三级、四级，占比分别为 15. 38%、20. 25%；三级及以下共占 97. 25%，有效镁属于低等水平（表 7-27）。

表 7-27　龙江片区土壤有效镁分级状况

级别	含量（mg/kg）	样点（个）	频率（%）	平均值（mg/kg）
一级	≥1 000	9	0. 51	1 143. 41
二级	300（含）～1 000	39	2. 24	576. 52
三级	100（含）～300	268	15. 38	221. 72
四级	50（含）～100	353	20. 25	64. 31
五级	＜50	1 074	61. 62	22. 83

该片区不同土属有效镁含量比较见表 7-28，其中以红色石灰土最高，平均值为 71.90 mg/kg；酸性紫色土最低，平均值为 22.56 mg/kg。

表 7-28　龙江片区不同土属有效镁含量状况

土属名称	含量范围（mg/kg）	平均值（mg/kg）	标准差	变异系数（%）
白鳝泥田	33.4～58.4	48.40	13.21	27.31
冲积土	18.3～103.5	45.63	28.23	61.87
花岗岩褐色砖红壤	2.7～222.9	51.45	41.31	80.28
花岗岩黄色砖红壤	6.0～214.2	42.13	40.41	95.93
花岗岩赤红壤	22.2～80.4	38.76	15.79	40.74
花岗岩石质土	10.9～234.8	52.79	43.49	82.38
浅脚花岗岩赤土田	27.1～68.8	47.98	14.84	30.94
浅脚砂页岩赤土田	38.2～53.7	45.92	10.95	23.84
砂页岩褐色砖红壤	4.3～231.7	52.16	48.06	92.16
砂页岩石质土	0.4～253.3	57.84	63.21	109.28
砂页岩黄色砖红壤	5.4～263.9	47.94	50.61	105.58
红色石灰土	51.2～92.6	71.90	29.27	40.72
花岗岩砖红壤	0.7～248.9	44.33	42.12	95.03
砂页岩砖红壤	1.6～263.9	64.06	53.06	82.82
酸性紫色土	5.2～79.2	22.56	17.16	76.06

（四）微量元素

1. 铜元素

本次龙江片区耕地地力调查橡胶园土样 1 575 个，土壤有效铜含量的平均值为 0.89 mg/kg，变化范围为 0.09～3.09 mg/kg；热带作物园土样 153 个，土壤有效铜含量的平均值为 0.95 mg/kg，变化范围为 0.27～2.80 mg/kg；水田土样 15 个，土壤有效铜含量的平均值为 0.69 mg/kg，变化范围为 0.20～2.85 mg/kg。该片区土壤有效铜含量主要集中在三级，其占比为 65.40%，其次是二级，占比为 24.38%；三级及以上共占 99.36%，有效铜属于中上水平（表 7-29）。

表 7-29　龙江片区土壤有效铜分级状况

级别	含量（mg/kg）	样点（个）	频率（%）	平均值（mg/kg）
一级	≥1.8	167	9.58	2.44
二级	1.0（含）～1.8	425	24.38	1.34
三级	0.2（含）～1.0	1 140	65.40	0.55

（续表）

级别	含量（mg/kg）	样点（个）	频率（%）	平均值（mg/kg）
四级	0.1（含）~0.2	10	0.57	0.17
五级	<0.1	1	0.06	0.09

该区不同土属有效铜含量比较见表7-30，其中以红色石灰土最高，平均值为2.15 mg/kg；白鳝泥田最低，平均值为0.40 mg/kg。

表7-30　龙江片区不同土属有效铜含量状况

土属名称	含量范围（mg/kg）	平均值（mg/kg）	标准差	变异系数（%）
白鳝泥田	0.3~0.6	0.40	0.17	42.68
冲积土	0.3~1.4	0.68	0.31	45.27
花岗岩褐色砖红壤	0.2~2.9	0.57	0.38	66.45
花岗岩黄色砖红壤	0.2~2.2	0.53	0.35	64.99
花岗岩赤红壤	0.3~0.9	0.51	0.18	35.69
花岗岩石质土	0.3~2.1	0.60	0.38	62.55
浅脚花岗岩赤土田	0.4~0.9	0.58	0.15	26.58
浅脚砂页岩赤土田	1.3~1.5	1.43	0.16	10.88
砂页岩褐色砖红壤	0.2~3.1	0.96	0.72	74.87
砂页岩石质土	0.4~2.7	1.10	0.59	53.73
砂页岩黄色砖红壤	0.2~2.5	1.08	0.57	52.72
红色石灰土	1.7~2.6	2.15	0.67	31.32
花岗岩砖红壤	0.2~2.8	0.72	0.47	64.63
砂页岩砖红壤	0.3~3.1	1.26	0.62	49.41
酸性紫色土	0.3~2.5	0.79	0.51	64.15

2. 锰元素

本次龙江片区耕地地力调查橡胶园土样1 575个，土壤有效锰含量的平均值为33.80 mg/kg，变化范围为0.75~105.88 mg/kg；热带作物园土样153个，土壤有效锰含量的平均值为29.20 mg/kg，变化范围为1.30~92.20 mg/kg；水田土样15个，土壤有效锰含量的平均值为37.39 mg/kg，变化范围为5.46~93.62 mg/kg，由此可见，不同地类土壤有效锰含量差异较大。该片区土壤有效锰含量主要集中于一级、二级、三级，其占比分别为51.81%、24.21%、17.44%；三级及以上共占93.46%，有效锰含量较为丰富（表7-31）。

表 7-31　龙江片区土壤有效锰分级状况

级别	含量（mg/kg）	样点（个）	频率（%）	平均值（mg/kg）
一级	≥30	903	51.81	49.23
二级	15（含）～30	422	24.21	21.55
三级	5.0（含）～15	304	17.44	8.56
四级	1.0（含）～5.0	110	6.31	2.25
五级	<1.0	4	0.23	0.27

该片区不同土属有效锰含量比较见表 7-32，其中以浅脚砂页岩赤土田最高，平均值为 54.00 mg/kg；花岗岩赤红壤最低，平均值为 10.72 mg/kg。

表 7-32　龙江片区不同土属有效锰含量状况

土属名称	含量范围（mg/kg）	平均值（mg/kg）	标准差	变异系数（%）
白鳝泥田	16.0～35.9	23.40	10.87	46.53
冲积土	10.3～40.3	23.33	10.61	45.47
花岗岩褐色砖红壤	1.8～93.6	26.33	17.19	65.30
花岗岩黄色砖红壤	1.3～86.1	18.25	17.76	97.28
花岗岩赤红壤	2.8～24.8	10.72	7.09	66.12
花岗岩石质土	3.1～71.8	21.06	14.27	67.74
浅脚花岗岩赤土田	5.5～49.5	32.38	12.42	38.35
浅脚砂页岩赤土田	42.7～65.3	54.00	15.98	29.59
砂页岩褐色砖红壤	1.4～82.0	36.78	20.92	56.87
砂页岩石质土	13.0～80.3	31.39	14.08	44.86
砂页岩黄色砖红壤	0.8～83.8	20.31	17.33	85.36
红色石灰土	45.7～55.8	50.79	7.15	14.08
花岗岩砖红壤	0.8～103.2	36.13	18.81	52.06
砂页岩砖红壤	1.1～105.9	43.01	23.32	54.23
酸性紫色土	1.4～64.0	24.08	18.25	75.81

3. 铁元素

本次龙江片区耕地地力调查橡胶园土样 1 575 个，土壤有效铁含量的平均值为 31.33 mg/kg，变化范围为 5.09～88.21 mg/kg；热带作物园土样 153 个，土壤有效铁含量的平均值为 30.46 mg/kg，变化范围为 6.72～85.87 mg/kg；水田土样 15 个，土壤有效铁含量的平均值为 208.04 mg/kg，变化范围为 38.91～402.10 mg/kg，由此可见，不同地类土壤有效铁含量差异较大。该片区土壤有效铁含量主要集中于一级、二级，其占比分别为 70.40%、27.14%；三级以上占比为 100.00%，有效铁属于极丰富水平（表 7-33）。

表 7-33　龙江片区土壤有效铁分级状况

级别	含量（mg/kg）	样点（个）	频率（%）	平均值（mg/kg）
一级	≥20	1 227	70.40	94.99
二级	10（含）～20	473	27.14	15.91
三级	4.5（含）～10	43	2.46	8.50
四级	2.5（含）～4.5	0	0.00	0.00
五级	<2.5	0	0.00	0.00

该区不同土属有效铁含量比较见表 7-34，其中以浅脚花岗岩赤土田最高，平均值为 109.04 mg/kg；冲积土最低，平均值为 17.05 mg/kg。

表 7-34　龙江片区不同土属有效铁含量状况

土属名称	含量范围（mg/kg）	平均值（mg/kg）	标准差	变异系数（%）
白鳝泥田	17.7～71.3	52.40	30.04	57.37
冲积土	7.4～38.6	17.05	10.13	59.39
花岗岩褐色砖红壤	7.2～402.1	33.87	42.79	126.34
花岗岩黄色砖红壤	7.7～76.7	27.73	15.43	55.64
花岗岩赤红壤	13.1～56.0	28.32	13.33	47.08
花岗岩石质土	10.9～53.2	25.56	10.18	39.81
浅脚花岗岩赤土田	10.3～262.8	109.04	101.47	93.06
浅脚砂页岩赤土田	21.1～37.9	29.47	11.89	40.34
砂页岩褐色砖红壤	8.2～86.9	32.15	19.06	59.28
砂页岩石质土	13.3～53.8	23.72	8.96	37.75
砂页岩黄色砖红壤	6.7～87.6	53.60	19.53	36.44
红色石灰土	23.1～30.2	26.64	5.05	18.95
花岗岩砖红壤	5.1～390.2	25.27	22.01	87.09
砂页岩砖红壤	6.6～88.1	33.37	15.64	46.87
酸性紫色土	15.0～88.2	47.57	19.38	40.73

4. 锌元素

本次龙江片区耕地地力调查橡胶园土样 1 575 个，土壤有效锌含量的平均值为

0.73 mg/kg，变化范围为0.01～3.22 mg/kg；热带作物园土样153个，土壤有效锌含量的平均值为0.89 mg/kg，变化范围为0.13～4.05 mg/kg；水田土样15个，土壤有效锌含量的平均值为1.26 mg/kg，变化范围为0.28～2.52 mg/kg，由此可见，不同地类土壤有效锌含量差异较大。该片区土壤有效锌含量在各等级中均有分布，主要集中于二级、三级、四级、五级，其占比分别为19.28%、35.46%、27.65%、16.47%；三级及以下共占79.58%，有效锌属于中等水平（表7-35）。

表7-35 龙江片区土壤有效锌分级状况

级别	含量（mg/kg）	样点（个）	频率（%）	平均值（mg/kg）
一级	≥3.0	20	1.14	3.24
二级	1.0（含）～3.0	336	19.28	1.70
三级	0.5（含）～1.0	618	35.46	0.70
四级	0.3（含）～0.5	482	27.65	0.37
五级	＜0.3	287	16.47	0.24

该片区不同土属有效锌含量比较见表7-36，其中，以红色石灰土最高，平均值为2.37 mg/kg，花岗岩赤红壤最低，平均值为0.43 mg/kg。

表7-36 龙江片区不同土属有效锌含量状况

土属名称	含量范围（mg/kg）	平均值（mg/kg）	标准差	变异系数（%）
白鳝泥田	0.5～1.6	1.10	0.58	50.78
冲积土	0.2～0.8	0.45	0.19	42.46
花岗岩褐色砖红壤	0.1～3.2	0.70	0.54	76.75
花岗岩黄色砖红壤	0.2～3.2	0.61	0.60	98.77
花岗岩赤红壤	0.2～0.6	0.43	0.12	28.26
花岗岩石质土	0.2～2.6	0.64	0.56	88.51
浅脚花岗岩赤土田	0.3～0.9	0.53	0.22	41.21
浅脚砂页岩赤土田	0.5～0.7	0.60	0.10	16.50
砂页岩褐色砖红壤	0.0～4.1	1.03	0.88	85.71
砂页岩石质土	0.3～1.7	0.65	0.33	51.03
砂页岩黄色砖红壤	0.2～3.0	0.83	0.69	83.14
红色石灰土	2.2～2.5	2.37	0.19	8.07
花岗岩砖红壤	0.1～3.8	0.67	0.53	79.53
砂页岩砖红壤	0.1～3.2	0.81	0.62	76.43
酸性紫色土	0.2～1.2	0.52	0.24	45.99

（五）土壤酸碱度

本地耕地地力调查中龙江片区土壤 pH 值平均为 4.82，变化范围为 3.67～6.02。三级（弱酸）有 26 个样点，占 1.49%；四级（酸性）有 1 585 个样点，占 90.94%；五级（强酸）有 132 个样点，占 7.57%，可见龙江片区耕地土壤属于酸性范围（表 7-37）。

表 7-37　龙江片区土壤 pH 值分级状况

级别	pH 值	样点（个）	频率（%）	平均值
一级（弱碱、碱性）	≥7.5	0	0.00	0.00
二级（中性）	6.5（含）～7.5	0	0.00	0.00
三级（弱酸）	5.5（含）～6.5	26	1.49	5.70
四级（酸性）	4.5（含）～5.5	1 585	90.94	4.92
五级（强酸）	<4.5	132	7.57	4.36

二、土壤的物理性质

（一）质　地

龙江片区耕地土壤质地主要有紧砂、砂壤、轻壤、轻黏、中黏、重黏、中壤、重壤等。其中砂壤面积最大，为 17 013.95 hm^2，占全片区总耕地面积的 48.17%；其次是中壤和轻壤，面积分别为 8 175.54 hm^2、7 257.06 hm^2，占全片区总耕地面积的 23.15%、20.55%，该片区土壤质地疏松、保肥保水性能好（表 7-38）。

表 7-38　龙江片区土壤质地面积分布状况

质地类型	紧砂	砂壤	轻壤	轻黏	中黏	重黏	中壤	重壤
面积（hm^2）	661.92	17 013.95	7 257.06	1 037.78	796.03	270.76	8 175.54	109.64
占总耕地比例（%）	1.87	48.17	20.55	2.94	2.25	0.76	23.15	0.31

（二）容　重

单位容积土体的重量称作土壤容重。容重数值的大小受质地、结构和松紧度等的影响变化，它们反映土壤的松紧程度和土壤结构的好坏。一般容重在 1.00～1.35 g/cm^3 较为适宜。本次调查龙江片区 4 个农场耕层土壤容重平均值为 1.41 g/cm^3，变化范围为 1.00～1.74 g/cm^3。

三、土壤的养分变化

本次调查与第二次土壤普查相比，龙江片区土壤有机质在一级、二级、三级、六级的百分比有所下降，其中三级下降幅度最大，为 25.48%，而四级的百分比则上升了 25.74%。全氮在第五级、六级的百分比有所上升，其上升幅度分别为 10.48%、

8.62%，一级、二级、三级、四级的百分比有所下降，平均下降幅度为4.77%。有效磷在五级、六级的百分比有所上升，其中六级上升幅度最大，为23.38%，一级、二级、三级、四级的百分比有所下降，三级下降的幅度最大，为22.14%。速效钾在一级、二级、三级的百分比下降，其下降幅度分别为20.92%、17.58%、19.50%，四级、五级、六级的百分比有所上升，其中五级上升幅度最大，为32.63%（表7-39）。总体上龙江片区土壤养分含量水平在下降，并且土壤缺素比较严重。

表7-39　本次调查与第二次土壤普查土壤养分含量各等级面积占比对照　（单位:%）

级别	有机质		全氮		有效磷		速效钾	
	本次调查	第二次普查	本次调查	第二次普查	本次调查	第二次普查	本次调查	第二次普查
一级	0.41	6.25	0.05	1.60	2.99	5.48	0.00	20.92
二级	1.03	9.49	1.84	9.36	5.74	11.20	0.23	17.81
三级	15.89	41.37	17.96	24.48	9.58	31.72	4.02	23.52
四级	67.01	41.27	26.91	30.42	20.65	24.65	37.98	25.08
五级	14.00	1.26	35.57	25.09	20.08	9.37	42.80	10.17
六级	1.66	0.36	17.67	9.05	40.96	17.58	14.97	2.50

第四节　土壤改良利用与管理

本次耕地地力评价按照地貌和海拔分析龙江片区所有耕地分布现状，并从立地条件和土壤养分状况等方面分析耕地障碍因素。

一、立地条件分析

（一）地貌类型

龙江片区耕地主要分布于阶地平原、低丘陵和高丘陵三种地貌类型，其中绝大部分分布于低丘陵，面积为19 299.10 hm^2，占全片区耕地总面积的54.64%，其次为阶地平原和高丘陵分布的耕地，分别为13 119.08 hm^2 和2 904.50 hm^2，所占比例分别为37.14%和8.22%（表7-40）。

表7-40　龙江片区地貌类型面积分布统计

地貌类型	面积（hm^2）	比例（%）
阶地平原	13 119.08	37.14
低丘陵	19 299.10	54.64
高丘陵	2 904.50	8.22
合计	35 322.68	100.00

(二) 海　拔

龙江片区地势是由北向南升高，耕地主要分布于海拔 100～200 m 地区，面积为 16 092.85 hm^2，占全片区耕地面积的 45.56%；其次是 50～100 m 地区，面积为 8 198.09 hm^2，占全片区耕地面积的 23.21%；其余耕地分布于海拔低于 50 m 和高于 200 m 的地区内，面积分别为 4 437.99 hm^2、6 593.76 hm^2，占全片区耕地总面积的 12.56%和 18.67%（表 7-41）。

表 7-41　龙江片区海拔面积分布统计

海拔（m）	面积（hm^2）	比例（%）
＜50	4 437.99	12.56
50（含）～100	8 198.09	23.21
100（含）～200	16 092.85	45.56
200（含）～400	6 399.79	18.12
≥400	193.97	0.55
合计	35 322.68	100.00

二、障碍因素分析

(一) 质　地

龙江片区耕地土壤质地类型主要为砂壤，面积为 17 013.95 hm^2，占全片区耕地面积的 48.17%；其次为中壤和轻壤，面积分别为 8 175.54 hm^2 和 7 257.06 hm^2，分别占全片区耕地面积的 23.14%和 20.55%；轻黏面积为 1 037.78 hm^2，比例为 2.94%；中黏面积为 796.03 hm^2，比例为 2.25%；紧砂面积为 661.92 hm^2，比例为 1.87%；重黏的面积最小，为 270.76 hm^2，所占比例为 0.77%（表 7-42）。

表 7-42　龙江片区土壤质地面积分布统计

质地类型	面积（hm^2）	比例（%）
紧砂	661.92	1.87
砂壤	17 013.95	48.17
轻壤	7 257.06	20.55
中壤	8 175.54	23.14
重壤	109.64	0.31
轻黏	1 037.78	2.94
中黏	796.03	2.25
重黏	270.76	0.77
合计	35 322.68	100.00

（二）土壤障碍类型

龙江片区耕地土层中以砂砾障碍为主，面积为 21 913.41 hm^2，占全片区耕地的 62.04%；无障碍因素也有相当的比例，面积为 13 333.15 hm^2，占 37.75%；铁子障碍比重较小，面积仅 76.12 hm^2，占比为 0.23%（表 7-43）。

表 7-43　龙江片区土壤障碍类型面积分布统计

障碍类型	面积（hm^2）	比例（%）
砂砾	21 913.41	62.04
铁子	76.12	0.21
无障碍	13 333.15	37.75
合计	35 322.68	100.00

（三）坡　度

龙江片区耕地绝大多数地处 6°以下坡度的平缓坡地带，2°～6°坡度的面积最大，为 16 112.49 hm^2，占全片区耕地总面积的 45.62%，其次是 2°以下坡度，面积为 10 302.85 hm^2，占 29.17%，6°～15°坡度的面积为 7 553.07 hm^2，占 21.38%，其余分布于 15°～25°和 25°以上的坡度，共占 3.83%（表 7-44）。

表 7-44　龙江片区坡度面积分布统计

坡度	面积（hm^2）	比例（%）
＜2°	10 302.85	29.17
2°（含）～6°	16 112.49	45.62
6°（含）～15°	7 553.07	21.38
15°（含）～25°	1 218.35	3.45
⩾25°	135.93	0.38
合计	35 322.68	100.00

（四）土壤养分水平

龙江片区耕地有机质和有效磷、全氮含量属于中下水平，有机质在四级及以下占 82.67%，有效磷占 81.65%，全氮占 80.15%，速效钾严重缺乏，四级以下占 95.75%。由此可看出，龙江片区土壤有机质和大量元素含量整体水平较低，缺钾现象突出（表 7-45）。

表 7-45 龙江片区土壤有机质和大量元素含量分布状况

级别	有机质		全氮		有效磷		速效钾	
	含量（g/kg）	占比（%）	含量（g/kg）	占比（%）	含量（mg/kg）	占比（%）	含量（mg/kg）	占比（%）
一级	≥40	0.41	≥2.0	0.06	≥40	2.99	≥200	0.00
二级	30（含）～40	1.03	1.5（含）～2.0	1.83	20（含）～40	5.74	150（含）～200	0.23
三级	20（含）～30	15.89	1.0（含）～1.5	17.96	10（含）～20	9.58	100（含）～150	4.02
四级	10（含）～20	67.01	0.75（含）～1.0	26.91	5（含）～10	20.65	50（含）～100	37.98
五级	6（含）～10	14.00	0.5（含）～0.75	35.57	3（含）～5	20.08	30（含）～50	42.80
六级	＜6	1.66	＜0.5	17.67	＜3	40.96	＜30	14.97

三、土壤改良利用

根据龙江片区橡胶园地力评价结果，结合该片区耕地资源的性状和利用特点，将全片区橡胶园资源划分为六大利用改良区，即壤质花岗岩阶地平原区、壤质砂页岩低丘陵区、壤质砂页岩高丘陵区、砂壤质花岗岩低丘陵区、砂壤质砂页岩高丘陵区和砂壤质砂页岩阶地平原区。

（一）壤质花岗岩阶地平原区

该区主要分布在卫星分场和牙叉分场内花岗岩、砂页岩发育的阶地平原地区，橡胶园面积 3 261.76 hm^2，占全片区橡胶园面积的 12.21%。主要特点：地势平坦，坡度以 6°以下为主，一般海拔 40～80 m；土壤物理性质好，质地以砂壤和中壤质地为主，土壤保水保肥能力好；土层较为深厚，大多数厚度大于 100 cm，有部分砂砾障碍层；土壤有效养分较高，有机质平均含量 15.11 g/kg，全氮平均含量 0.80 g/kg，有效磷平均含量 5.32 mg/kg，速效钾平均含量 42.60 mg/kg。

利用改良意见：一是重施有机肥，施用农家肥、牛栏肥，利用林段豆科覆盖植物和萌生植物压青，胶头盖草等，都是增加有机质的有效方法。二是合理施用氮磷钾肥，该区全氮、速效钾和有效磷含量均介于橡胶树正常生长的指标值范围内。三是做好橡胶园水土保持，以高标准完成“三保一护”工程。四是间作绿肥，增加土壤有机质。

（二）砂壤质砂页岩阶地平原区

该区主要分布在红田分场内花岗岩以及大岭分场、邦溪分场北面内砂页岩发育的阶地平原地区，橡胶园面积为 6 757.88 hm^2，占全片区橡胶园面积的 25.30%。主要特点：地势平坦，坡度以 6°以下为主，一般海拔 50～90 m；土壤物理性质较好，质地以砂壤和轻壤质地为主；土层厚度较为深厚，大多数厚度大于 100 cm，耕地有部分砂砾障碍层；土壤有效养分较高，有机质平均含量 15.05 g/kg，全氮平均含量 0.77 g/kg，有效磷平均含量 7.92 mg/kg，速效钾平均含量 56.71 mg/kg。

利用改良意见：一是增施有机肥、氮肥，合理施用磷钾肥，大力推广测土配方施肥技术，本着“以有机肥为主，缺什么肥施什么肥”的原则，因土施肥，做到精准施肥。

二是搞好水土保持，种好覆盖作物，高标准完成“三保一护”工程，种植豆科橡胶园覆盖植物，以增加土壤养分，改良土壤的理化性质，减少水分蒸发和土壤流失。

（三）壤质砂页岩低丘陵区

该区主要分布在红林分场和金波分场南部内砂页岩、花岗岩发育的低丘陵地区，橡胶园面积为 3 575.11 hm^2，占全片区面积的 13.38%。主要特点：地势较陡，坡度以 6°～10°为主；质地以轻壤和中壤为主，土壤保肥保水性较好；土层深厚，有较少砂砾障碍层；土壤养分较高，有机质平均含量 16.41 g/kg，全氮平均含量 0.82 g/kg，速效钾平均含量 61.04 mg/kg，有效磷平均含量 7.81 mg/kg。

利用改良意见：一是增施有机肥、氮肥，合理施用磷钾肥，大力推广测土配方施肥技术，本着“以有机肥为主，缺什么肥施什么肥”的原则，因土施肥，做到精准施肥。二是加强橡胶园基础建设，在低丘陵缓坡区，要注重水土保持，坡度小的橡胶园可筑小埂，并在橡胶园四周挖沟，防止园外水冲刷；坡度大的橡胶园要修筑环山行、保留林下萌生带杂草或小灌木，缓冲水流冲刷，并在此工作的基础上，加强橡胶园覆盖作物的种植，以增加土壤养分，改良土壤的理化性质，减少水分蒸发和土壤的流失。三是间作豆科绿肥作物，如爪哇葛藤、兰花毛蔓豆和无刺含羞草等。

（四）砂壤质花岗岩低丘陵区

该区主要分布在龙江分场、珠碧江分场以及邦溪分场南面、芙蓉田分场的低丘陵区，橡胶园面积为 10 219.58 hm^2，占全片区面积的 38.26%。主要特点：地势较陡，坡度以 5°～10°为主；土层深厚，有明显的砂砾障碍层；土壤质地变化较大，变化为砂壤—中壤—轻黏，以轻壤和砂壤为主，土壤保肥保水性较好；土壤养分一般，有机质、全氮、速效钾和有效磷平均含量分别为 13.90 g/kg、0.72 g/kg、46.15 mg/kg 和 4.30 mg/kg。

利用改良意见：一是增施有机肥、氮肥，合理施用磷钾肥，大力推广测土配方施肥技术，本着“以有机肥为主，缺什么肥施什么肥”的原则，因土施肥，做到精准施肥，另外对于质地呈砂性的地区，要尽量坚持“少量多次施肥”原则。二是加强橡胶园基础建设，在高丘陵缓坡区，要注重水土保持，坡度小的橡胶园可筑小埂，并在橡胶园四周挖沟，防止园外水冲刷；坡度大的胶园要修筑环山行、保留林下萌生带杂草或小灌木，缓冲水流冲刷，并在此工作的基础上，加强橡胶园覆盖作物的种植，以增加土壤养分，改良土壤的理化性质，减少水分蒸发和土壤的流失。三是在植胶开垦时必须挖深穴、大穴，挖穿砾质层或半风化母质层，使橡胶树根系能充分利用底层水分和养分，为橡胶树生长创造一个较好的土壤条件。四是间作豆科绿肥作物，如爪哇葛藤、兰花毛蔓豆和无刺含羞草等，以增加有机质，培肥土壤。

（五）壤质砂页岩高丘陵区

该区主要分布在龙江农场的金波分场周边及邦溪农场的邦溪分场南面的高丘陵区，橡胶园面积为 1 157.14 hm^2，占全片区面积的 4.33%。主要特点：地势较陡，坡度以 8°～15°为主；土层深厚，有明显的砂砾障碍层；土壤质地以轻壤和中壤为主，土壤保肥保水性较好；土壤养分较高，有机质、全氮、速效钾和有效磷平均含量分别为 17.66 g/kg、0.95 g/kg、58.40 mg/kg 和 10.60 mg/kg。

利用改良意见：一是增施有机肥，合理施用氮磷钾肥。二是加强橡胶园基础建设，在高丘陵缓坡区，要注重水土保持，坡度小的橡胶园可筑小埂，并在橡胶园四周挖沟，防止园外水冲刷；坡度大的橡胶园要修筑环山行、保留林下萌生带杂草或小灌木，缓冲水流冲刷。三是必须挖深穴，大穴种植橡胶树。四是间作豆科绿肥作物，如爪哇葛藤、兰花毛蔓豆和无刺含羞草等，以增加有机质，培肥土壤。

（六）砂壤质砂页岩高丘陵区

该区主要分布在白沙农场的白沙分场高丘陵区，橡胶园面积为 1 738.40 hm^2，占全片区面积的 6.51%。主要特点：地势较陡，8°～15°为主，土层较薄（＜100 cm），且有石砂砾障碍层；质地主要以砂壤—轻壤—重壤变化，以砂壤和中壤为主，土壤保肥保水性较好；土壤养分一般，有机质、全氮、速效钾和有效磷平均含量分别为 14.80 g/kg、0.80 g/kg、46.31 mg/kg 和 8.92 mg/kg。

利用改良意见：一是增施有机肥、氮肥，合理施用磷钾肥。二是加强橡胶园基础建设，要注重水土保持，坡度小的橡胶园可筑小埂，并在橡胶园四周挖沟，防止园外水冲刷；坡度大的橡胶园要修筑环山行、保留林下萌生带杂草或小灌木，缓冲水流冲刷，并在此工作的基础上，加强橡胶园覆盖作物的种植，以增加土壤养分，改良土壤的理化性质，减少水分蒸发和土壤的流失。三是在植胶开垦时必须挖深穴、大穴，挖穿砾质层或半风化母质层，使橡胶树根系能充分利用底层水分和养分，为橡胶树生长创造一个较好的土壤条件。四是间作豆科绿肥作物，如爪哇葛藤、兰花毛蔓豆和无刺含羞草等，以增加有机质，培肥土壤。

第五节 耕地资源合理配置与农业结构调整

一、耕地利用现状与特点

龙江片区属于轻风轻寒气候区，阳光充足，风害轻微，气候环境较好，地貌类型为以花岗岩、砂页岩发育为主的高、中、低山丘陵，盆地丘陵，坡地，台地等，坡度为3°～30°，部分地区适宜机耕作业，土层深厚，比较适合橡胶树和其他热作经济的生长。目前，龙江片区耕地利用特点是在稳定橡胶生产和粮食生产的基础上，结合农业结构调整，以种植橡胶为主，积极发展多种经营为辅，因地制宜，宜农则农，宜林则林，宜牧则牧，宜果则果，宜菜则菜，宜渔则渔。

二、合理规划产业布局

（一）统一规划，用养结合

树立全局观念和生态观念，改掠夺型土地经营为集约型经营，统一规划，用养结合，提高土壤资源的生产潜力。龙江片区的土壤主要是砖红壤、黄色砖红壤和褐色砖红壤三大土类，其特点是富铝化作用强烈，二氧化硅和可溶性盐分淋失，土壤呈酸性，潜在养分含量很低，若再进行掠夺性的种植，土壤将会越来越贫瘠。因此，要禁止破坏性的刀耕火种，按坡度的大小重新规划作物的布局结构，同时保护好原有的次生林。在开垦种植作物时，统一规划，同时考虑养分的空间差异特点，注意补充养分，根据这一特点，形成一个立体的农业布局。

（二）充分利用土地，发展多种经营

坚持遵循自然规律、经济规律和社会需要的原则，发展多种经营，实行全面发展。龙江片区土地资源丰富，且耕地类型多样，要提高耕地地力，增产增收，就要合理配置已有的耕地资源，发展多样性种植结构，林、农、牧结合。近些年来，龙江片区橡胶、胡椒、香蕉、椰子、槟榔、咖啡、水果等都得到了很快的发展，在农业生产发展中要充分发挥橡胶种植区域优势，而在非胶农业上，兼顾发展茶叶、香蕉、荔枝、龙眼等重要热带作物种植，种养结合、多业并举，实现该区迈向规模化、产业化、基地化的发展格局。

（三）开垦后备耕地资源，保护现有耕地

龙江片区还有部分荒地未开垦，为了适应农业的发展需求，需要开发后备土地资源进行农业生产。利用后备土地资源时，要注意保护环境。现有的耕地出现了养分退化等一系列的问题，应该采取针对性措施对其进行改良。保护现有耕地、提高耕地质量的同时，还要对闲置土地进行回收利用。

第六节　耕地质量管理与科学施肥

一、加强橡胶园基础建设

橡胶树宜林地的开垦是橡胶园农田基础建设中极其重要的环节，林地开垦质量的好坏直接影响橡胶树的生长、产量、林地抚育管理的工效和采胶工作等。林地开垦的质量要求：①尽量保留和充分利用表土，为新植橡胶树和其他作物创造良好的土壤环境；②将地面树头、树根、石头等障碍物以及一些能诱发橡胶树病虫害病源的杂草、杂木等清除干净；③坡地的水土保持工程、梯田或环山行等的等高水平、宽度、内倾斜角要符合要求，以保证水土保持工程的质量；④按规划设计要求，布置林间小道、排水系统及防牛设施等，严格控制种植橡胶树的株行距和密度，充分利用土地；⑤保留有利用价值的杂树、杂木，并加以处理利用。

在林地开垦时，必须重视水土保持工作，除了尽快种植覆盖作物，避免地面裸露外，还应尽快修筑水土保持工程，才能有效地防止水土流失。海南常年有台风发生，为避免偶发台风造成橡胶的损失，所以在建立橡胶园的同时应该做好防护林的建设。

二、科学指导合理施肥

（一）大力推广测土配方施肥，做到科学施肥

化肥是农业生产肥料施用中必不可少的一类肥料，对作物产量和品质、土壤养分管理、环境生态平衡等起着重大促进作用。针对龙江片区耕地土壤养分状况，农场习惯施肥存在不合理和不利的因素，应在施肥技术上进行改进和革新，大力推广应用测土配方平衡施肥技术，合理施用化肥。针对目前龙江片区土壤氮、磷、钾养分状况和施肥存在的问题，在平衡施用氮、磷、钾肥的问题上，主要做到增施氮肥和钾肥，适施磷肥，尽量施用含氮和钾比例高的复合肥，逐步淘汰低含量的单质肥料。该区土壤有效钙、镁含量较低，微量元素含量大体充足，在平衡施肥中需合理考虑中微量元素肥料的补充。

（二）发展有机肥源，增施有机肥

有机肥是农业生产化肥施用的重要补充和增加土壤有机质的重要来源。长期施用有机肥可为土壤微生物的活动创造良好的生活环境，从而增加土壤微生物数量、提高土壤微生物对有机物质的分解转化能力并改善作物根系周围营养状况。有机肥与化肥配合施用，能大大提高化肥的利用率。据统计表明，龙江片区有机肥的施用量偏低，导致达不到培肥和补充土壤有机质的效果。针对龙江片区现有的有机肥施用状况和耕地土壤有机质偏低水平，在平衡施用有机肥方面应注意以下问题：一是增加有机肥的品种；二是适当加大有机肥的施用量；三是发展绿肥种植，实行绿肥间作，做到用地作物和养地作物种植相结合；四是与化肥配合施用，平衡施用有机肥，必须以施用化肥为重要补充。

第八章　红明片区耕地地力评价

第一节　自然与农业生产概况

一、地理位置与行政区划

红明片区位于海南省东部的琼海市和北部的海口市境内，即北纬 18°58′29. 32″～20°02′7. 74″，东经 110°06′43. 06″～110°40′35. 34″，生物和土壤资源丰富，水热条件优越，适合各种热带作物及瓜菜的生长。红明片区北部濒临琼州海峡；南越中宫岭、南界岭、铁砧岭接万宁县东兴、东岭农场；西抵谭文、新市、定安龙门、母瑞山区一带；东接文昌罗豆农场、东路农场一带。片区南北纵贯 118 km，东西横跨 63 km，地处海南岛东部和北部地区，海榆东线公路、环岛高速公路均贯穿其间，距美兰国际机场、海南东环铁路、海口绕城高速公路极近，海文高速公路穿境而过，交通运输极为便利。

全片区土地面积 693. 76 km^2（即 69 375. 33 hm^2），约占全垦区土地面积的 8. 12%。红明片区由 7 个农场组成：红明农场、东昌农场、桂林洋农场、三江农场、东升农场、东红农场和东太农场，其中，东太农场下设东太分场、东平分场和南俸分场。包括 377 个农业基层单位，其中农业生产队 255 个。

二、自然气候和水文地质

（一）自然气候

红明片区台风多，是频繁的重风害气候区，同时伴有干热风与寒露风。干、湿季节各约占一半，冬春少雨，夏秋多雨，气候温和，阳光充足，四季皆绿，草木常青。年平均气温为 23. 7℃，在冬季偶有低温、霜冻霜害的影响。年降水量为 1 700～2 600 mm，且分布不均匀，干湿季明显。雨季一般在 5—10 月，旱季时间较长，一般在 11 月至翌年 3—4 月。片区内常风较大，风力一般为 2～3 m/s，部分地区达到 3. 3 m/s。片区位于东部琼海市和北部海口市地区，每年均有台风影响，且台风风力较大。

（二）地形及母质

红明片区地形起伏较大，各种地形分布其间。总体上红明农场、三江农场和东太农场由南向北倾斜，形成南高北低地势；桂林洋农场形成四周略高、中间低平的台地地形；东升农场则为西高东地、西陡东平的地形。海拔一般在 250 m 以下，但个别山头海拔较高，达到 400～500 m。地貌类型主要是以玄武岩、花岗岩、砂页岩和沉积物发育为主的高、中、低山丘陵，台地，坡地等，红明农场、桂林洋农场和三江农场的成土母质主要以玄武岩发育为主。坡度为5°～25°，特别是红明农场、桂林洋农场和三江农场坡度为3°～5°，适宜机耕作业。

(三) 水　文

红明片区境内溪水河流众多，大多属万泉河、九曲江水系，终年流水，另外有船埠、大罗岭、中平仔、南塘、石合、三顶湾等中小型水库。著名的万泉河流经东太农场全境，两大支流在东太农场的合口处汇合后向东流入大海。东升农场的石合水库风光旖旎，极有开发价值。从全片区来看，地面河流较为发达，水资源丰富，水质优良，红明片区的水资源无论是在蕴藏量还是在利用循环方面都具有很大的潜力。

(四) 自然植被

红明片区主要植被有原生植被中草、灌木草原群落、次生林、次生杂木林、草类，有部分稀树灌草、稀树灌木、旱生性矮灌木、灌丛和芒萁、大芒和矮草。

三、农业生产情况

红明片区是一个橡胶、热带作物和瓜菜生产大区。建场以来，大面积主要种植作物是橡胶，同时种植胡椒、剑麻、茶叶、咖啡、水果、水稻及其他热带作物。2007年，全片区土地总面积69 375.3 hm^2，耕地面积44 570.1 hm^2，其中天然橡胶种植面积21 050.9 hm^2，农作物总播种面积7 061.1 hm^2，热带作物面积3 561.8 hm^2，水果面积3 823.5 hm^2，茶叶面积73.3 hm^2，林地面积8 999.5 hm^2。

四、第二次土壤普查类型

第二次土壤普查中红明片区的主要土壤类型名称如表8-1所示。

表8-1　红明片区土壤类型

土类	亚类	土属	土种
砖红壤	砖红壤	砂页岩砖红壤	厚有机质层页赤土
		玄武岩砖红壤	薄有机质层灰赤土
			厚有机质层赤土
			厚有机质层灰赤土
			厚有机质层灰铁子赤土
			中有机质层灰赤土
			中有机质层灰铁子赤土
	黄色砖红壤	花岗岩黄色砖红壤	薄有机质层灰黄赤土
			厚有机质层黄赤土
			厚有机质层灰黄赤土
			中有机质层黄赤土
			中有机质层灰黄赤土

（续表）

土类	亚类	土属	土种
砖红壤	黄色砖红壤	砂页岩黄色砖红壤	薄有机质层灰页黄赤土
			薄有机质层页黄赤土
			厚有机质层灰页黄赤土
			厚有机质层页黄赤土
			厚有机质层中页黄赤土
			中有机质层灰页黄赤土
			中有机质层页黄赤土
			中有机质层中页黄赤土
新积土	冲积土	冲积土	灰潮砂泥土
滨海盐土	滨海潮滩盐土	滨海泥滩	滨海泥滩
	滨海盐土	滨海盐土	滨海盐土
风沙土	滨海风沙土	半固定沙土	半固定沙土
		固定沙土	固定沙土
			灰滨海沙土
石质土	酸性石质土	花岗岩石质土	麻石质土
		砂页岩石质土	变质岩石质土
水稻土	漂洗型水稻土	白鳝泥田	白鳝泥田
		滨海砂质田	滨海砂土田
		砂漏田	浅海砂漏田
		砂漏田	麻砂漏田
	潜育型水稻土	烂湴田	烂湴田
		泥炭土田	泥炭土田
		青泥格田	赤青泥格田
			河青泥格田
			麻青泥格田
			页青泥格田
		乌泥底田	乌泥底田
		渍水田	渍水田
	渗育型水稻土	浅海沉积物赤土田	浅海赤土田
	脱潜型水稻土	低青泥田	麻低青泥田
			页低青泥田

（续表）

<table>
<tr><th>土类</th><th>亚类</th><th>土属</th><th>土种</th></tr>
<tr><td rowspan="15">水稻土</td><td rowspan="7">淹育型水稻土</td><td>浅脚赤土田</td><td>浅赤土田</td></tr>
<tr><td>浅脚河流冲积物赤土田</td><td>浅河砂土田</td></tr>
<tr><td>浅脚黄泥田</td><td>浅海泥肉田</td></tr>
<tr><td>浅脚浅海沉积物赤土田</td><td>浅脚浅海赤土田</td></tr>
<tr><td>浅脚紫泥田</td><td>浅脚紫泥田</td></tr>
<tr><td rowspan="2">生泥田</td><td>生潮砂泥田</td></tr>
<tr><td>生赤土田</td></tr>
<tr><td>盐渍型水稻土</td><td>咸田</td><td>轻咸田</td></tr>
<tr><td rowspan="7">潴育型水稻土</td><td rowspan="2">赤土田</td><td>彩土田</td></tr>
<tr><td>赤土田</td></tr>
<tr><td>河砂泥田</td><td>河砂泥田</td></tr>
<tr><td>花岗岩赤土田</td><td>麻赤土田</td></tr>
<tr><td>泥肉田</td><td>页泥肉田</td></tr>
<tr><td>砂页岩赤土田</td><td>页赤土田</td></tr>
<tr><td>炭质黑泥田</td><td>黑泥砂田</td></tr>
</table>

第二节　耕地地力评价

红明片区耕地地力评价对象为片区内所有耕地，包括橡胶园、水田、菜地、旱地、热带作物园地等，其中橡胶园面积 21 348.01 hm^2，占耕地总面积的 56.75%；其次是热带作物园地和灌溉水田，占耕地总面积的 26.03%和 10.89%；有少量望天田、旱地和菜地。

本次耕地地力评价选取对红明片区耕地地力影响比较大、区域内变异明显、在时间序列上具有相对稳定性、与农业生产有密切关系的 12 个因素，建立评价指标体系。以 1∶5 万土壤图、土地利用现状图、红明片区行政区划图 3 种图件叠加形成的图斑为评价单元。应用“县域耕地资源管理信息系统”和模糊数学评价、层次分析法等数学理论，对红明片区耕地进行地力评价。

一、评价指标体系建立

（一）评价指标确定

海南农垦红明片区耕地地力评价体系以全国评价指标体系作为依据，聘请海南省知名土壤肥料专家和各农场生产主要技术人员进行座谈商讨，根据重要性、差异性、稳定性、易获性、精简性和必要性等指标选取原则，选取了有机质、全氮、有效磷、速效钾、pH 值、容重、质地、成土母质、坡度、有效土层厚度、障碍层类型和年降水量共计 12 个指标作为耕地地力评价的因子，具体指标及归类如表 8-2 所示。

表 8-2　红明片区耕地地力评价指标体系

目标层（A）	准则层（B）	指标层（C）
耕地地力	耕层理化性状	质地
		pH 值
		容重
	耕层养分状况	有机质
		全氮
		有效磷
		速效钾
	立地条件	成土母质
		坡度
		年降水量
	剖面性状	有效土层厚度
		障碍层类型

（二）评价指标的量化处理

获取的评价资料可以分为定量和定性资料两大部分。耕地地力评价指标类型分为数值型和概念型，数值型指标是定量的，与耕地生产能力有一定的线性关系，如土壤有机质、全氮、pH 值等。概念型指标是确定性的、综合性的，与耕地生产能力之间是一种非线性的关系，如地貌类型、土壤剖面构型、质地等。数值型和概念型评价指标的实测值量纲不同，取值范围各异，因此，地力评价时必须对各评价指标的原始数据进行标准化处理，数值型数据可通过建立隶属函数，把各评价指标转化为 0～1 的标准化数据；概念型数据可直接通过德尔菲法和专家打分法进行定量化。

1. 定性因素的量化处理

定性因素是概念型指标，如质地，坡度、剖面构型等，与耕地生产能力之间是一种非线性的关系，采用德尔菲法直接给出隶属度，各评价因素及其隶属度如表 8-3 至表 8-7 所示。

表 8-3　红明片区成土母质隶属度

描述	河流冲积物	砂页岩	花岗岩	变质岩	玄武岩	石灰岩	浅海沉积物
隶属度	0.92	0.87	0.80	0.74	0.68	0.58	0.48

表 8-4　红明片区有效土层厚度（cm）隶属度

描述	<30	30（含）~50	50（含）~70	70（含）~90	90（含）~110	110（含）~130	130（含）~150	150（含）~200	≥200
隶属度	0.09	0.18	0.30	0.46	0.66	0.86	0.95	1.00	1.00

表 8-5　红明片区质地隶属度

描述	松砂	紧砂	砂壤	轻壤	中壤	重壤	轻黏	中黏	重黏
隶属度	0.42	0.55	0.78	0.90	0.96	0.82	0.71	0.65	0.49

表 8-6　红明片区坡度隶属度

描述	<3°	3°（含）~7°	7°（含）~15°	15°（含）~20°	20°（含）~25°	25°（含）~30°	30°（含）~35°	≥35°
隶属度	1.00	0.96	0.85	0.69	0.55	0.30	0.17	0.08

表 8-7　红明片区障碍类型隶属度

描述	砂砾层	铁盘层	铁子层	潜育层	盐渍层	无障碍层
隶属度	0.38	0.12	0.30	0.35	0.42	1.00

2. 定量化指标的隶属函数

对于定量化的指标，采取德尔菲法和专家打分法确定指标的隶属函数。经过归纳、反馈、集中，产生的隶属函数如表 8-8 所示。

表 8-8　红明片区耕地地力评价指标隶属函数

序号	函数类型	项目	隶属函数	c	u_t
1	戒上型	降水量（mm）	$y=1/[1+2.86\times10^{-6}\times(u-c)^2]$	1 900	1 200
2	戒上型	有效磷（mg/kg）	$y=1/[1+0.0013\times(u-c)^2]$	34.77	3
3	戒上型	有机质（g/kg）	$y=1/[1+0.0024\times(u-c)^2]$	33.24	6
4	戒上型	速效钾（mg/kg）	$y=1/[1+0.0001\times(u-c)^2]$	200	20
5	戒上型	全氮（g/kg）	$y=1/[1+0.8397\times(u-c)^2]$	1.97	0.25
6	戒下型	容重（g/cm^3）	$y=1/[1+7.6785\times(u-c)^2]$	1.19	1.6
7	峰型	pH 值	$y=1/[1+0.3793\times(u-c)^2]$	5.15	$u_{t1}=3.5$ $u_{t2}=7.5$

（三）评价指标的权重确定

评价指标的权重通过层次分析法确定。首先，根据红明片区耕地地力指标各个指标间的关系构造耕地要素层次结构图。然后，请专家比较同一层次各因素对上一层次的相对重要性，打分给出数量化的评价，构造判断矩阵；根据判断矩阵计算出矩阵的最大特征根和特征向量，并进行一致检验。最后，进行层次总排序一致性检验，如通过一致性检验，便可求得各评价指标的组合权重，即为评价指标的实际权重（表 8-9）。

表 8-9　红明片区耕地地力评价指标权重

指标层	准则层				
	耕层理化性质 B1	立地条件 B2	剖面性状 B3	耕层养分状况 B4	组合权重
	0. 163 6	0. 316 2	0. 074 2	0. 446 0	$\sum CiBi$
质地 C1	0. 630 1				0. 103 1
pH 值 C2	0. 093 6				0. 015 3
容重 C3	0. 276 3				0. 045 2
成土母质 C4		0. 491 6			0. 155 4
年降水量 C5		0. 201 9			0. 063 8
坡度 C6		0. 306 6			0. 096 9
有效土层厚度 C7			0. 694 2		0. 051 5
障碍层类型 C8			0. 305 8		0. 022 7
有机质 C9				0. 521 6	0. 232 7
有效磷 C10				0. 134 2	0. 059 9
速效钾 C11				0. 077 6	0. 034 6
全氮 C12				0. 266 6	0. 118 9

二、耕地地力等级划分

根据红明片区耕地地力综合指数结果，运用等距法制定本片区耕地地力综合指数分级方案，并将全区耕地等级共划分为 4 个等级（表 8-10）。

表 8-10　红明片区耕地地力评价等级划分

等级	综合指数	等级	综合指数
一等地	0. 81（含）～0. 90	三等地	0. 69（含）～0. 74
二等地	0. 74（含）～0. 81	四等地	0. 54（含）～0. 69

三、耕地地力等级分布

（一）耕地地力等级面积统计

红明片区耕地地力调查的耕地面积为 37 620. 88 hm^2。其中，一等地 3 138. 88 hm^2，占总面积的 8. 34%；二等地 14 510. 60 hm^2，占总面积的 38. 57%；三等地 12 692. 64 hm^2，占总面积的 33. 74%；四等地 7 278. 76 hm^2，占总面积的 19. 35%（表 8-11）。红明片区不同地类地力等级面积如表 8-12 所示。

表 8-11　红明片区耕地不同地力等级面积统计

等级	一等地	二等地	三等地	四等地	总计
面积（hm^2）	3 138. 88	14 510. 60	12 692. 64	7 278. 76	37 620. 88
占比（%）	8. 34	38. 57	33. 74	19. 35	100. 00

表 8-12　红明片区不同地类地力等级面积统计

类型	一等地		二等地		三等地		四等地	
	面积（hm^2）	占比（%）	面积（hm^2）	占比（%）	面积（hm^2）	占比（%）	面积（hm^2）	占比（%）
灌溉水田	668. 52	16. 32	2 406. 42	58. 75	826. 26	20. 17	194. 91	4. 76
望天田	115. 85	14. 18	447. 85	54. 83	236. 28	28. 93	16. 84	2. 06
菜地	0. 00	0. 00	5. 70	72. 11	2. 20	27. 89	0. 00	0. 00
旱地	133. 53	8. 56	434. 81	27. 89	619. 07	39. 70	371. 81	23. 85
热作园	1 112. 84	11. 36	3 494. 06	35. 68	3 383. 61	34. 55	1 802. 31	18. 40
橡胶园	1 108. 14	5. 19	7 721. 76	36. 17	7 625. 22	35. 72	4 892. 89	22. 92
合计	3 138. 88		14 510. 60		12 692. 64		7 278. 76	

（二）耕地地力等级评价

1. 一等地

（1）面积与分布

红明片区一等地总面积 3 138. 88 hm^2，占全片区耕地总面积的 8. 34%。主要分布在东昌农场、红明农场和东升农场，零星分布在东太农场、东红农场等地区。分布面积最大的是红明农场，占地面积达到 1 021. 52 hm^2，其次为东昌农场，占地面积为 763. 53 hm^2。

红明片区橡胶园一等地总面积为 1 108. 14 hm^2，占全片区橡胶园面积的 5. 19%。主要分布在东升农场、东太农场和红明农场。分布面积最大的是东升农场，占地面积达 382. 76 hm^2，其次为红明农场，占地面积为 310. 36 hm^2（表 8-13）。

表 8-13 红明片区一等耕地和一等橡胶园面积空间分布

农场	耕地			橡胶园		
	面积（hm^2）	占本场耕地面积的比例（%）	占片区耕地面积的比例（%）	面积（hm^2）	占本场橡胶园面积的比例（%）	占片区橡胶园面积的比例（%）
东昌	763.53	15.18	2.03	91.84	5.48	0.44
东红	193.59	4.18	0.51	83.42	2.78	0.39
东升	454.98	14.57	1.21	382.76	14.88	1.79
东太	348.68	2.53	0.93	239.76	2.15	1.12
桂林洋	17.05	1.19	0.05	0.00	0.00	0.00
红明	1 021.52	13.91	2.72	310.36	10.74	1.45
三江	339.53	14.77	0.90	0.00	0.00	0.00
合计	3 138.88		8.34	1 108.14		5.19

（2）主要属性分析

红明片区一等地主要分布在片区内的台地区，成土母质以砂页岩和玄武岩为主。坡度较小，地势平坦；质地优良，土层深厚（>100 cm），大部分为轻壤、中壤、轻黏，土壤保肥性能比较好。土壤养分含量水平高，有机质含量 22.10～40.80 g/kg，平均值 32.12 g/kg；全氮含量 1.31～1.95 g/kg，平均值 1.71 g/kg；有效磷含量 2.40～50.60 mg/kg，平均值 30.04 mg/kg；速效钾含量 20～85 mg/kg，平均值 35.43 mg/kg；pH 值 4.02～5.05，平均值 4.60。

总体上一等地肥力最高，有机质、全氮、有效磷和速效钾均为高水平，土地平整，无障碍层，可耕性好，水、肥、气、热协调，土地利用基本没有限制，作物基本上都能高产，后期应增施有机肥，配合施用氮肥和钾肥，防止地力下降。

2. 二等地

（1）面积与分布

红明片区二等地总面积 14 510.60 hm^2，占全片区耕地总面积的 38.57%。主要分布在东太农场、红明农场。分布面积最大的是东太农场，占地面积达到 5 528.04 hm^2，其次为红明农场，占地面积为 3 246.16 hm^2。

红明片区橡胶园二等地总面积为 7 721.76 hm^2，占全片区橡胶园面积的 36.17%。主要分布在东太农场、红明农场和东红农场。分布面积最大的是东太农场，占地面积达 4 320.35 hm^2，其次为红明农场和东红农场，占地面积分别为 1 310.44 hm^2 和 858.88 hm^2（表 8-14）。

表 8-14　红明片区二等耕地和二等橡胶园面积空间分布

农场	耕地			橡胶园		
	面积（hm^2）	占本场耕地面积的比例（%）	占片区耕地面积的比例（%）	面积（hm^2）	占本场橡胶园面积的比例（%）	占片区橡胶园面积的比例（%）
东昌	1 516.00	30.13	4.03	458.34	27.34	2.15
东红	1 357.76	29.31	3.61	858.88	28.62	4.02
东升	902.92	28.91	2.40	732.42	28.47	3.43
东太	5 528.04	40.16	14.69	4 320.35	38.83	20.24
桂林洋	800.06	55.99	2.13	36.75	47.37	0.17
红明	3 246.16	44.21	8.63	1 310.44	45.36	6.14
三江	1 159.67	50.44	3.08	4.58	100.00	0.02
合计	14 510.60		38.57	7 721.76		36.17

（2）主要属性分析

红明片区二等地主要分布在台地区，部分分布于东太农场的低丘陵区，成土母质以砂页岩和玄武岩为主。该等地质地优良，大部分为中壤、轻壤、轻黏，土壤保肥性能比较好；土层深厚，无明显障碍层。土壤养分含量水平较高，有机质含量 16.80～40.42 g/kg，平均值 24.01 g/kg；全氮含量 0.71～2.00 g/kg，平均值 1.20 g/kg；有效磷含量 0.71～100.01 mg/kg，平均值 32.92 mg/kg；速效钾含量 18～86 mg/kg，平均值 31.75 mg/kg；pH 值 4.02～5.54，平均值 4.43。

总体上该等地肥力较高，土地基本平整，宜种性较好，土体结构比较完整，能排能灌，气、热环境较好，养分含量较高，应合理施肥。

3. 三等地

（1）面积与分布

红明片区三等地总面积 12 692.64 hm^2，占全片区耕地总面积的 33.74%。主要分布在东太农场、红明农场、东昌农场和东红农场，零星分布在东升农场、桂林洋农场和三江农场。分布面积最大的是东太农场，占地面积达 5 051.62 hm^2，其次为红明农场和东昌农场，占地面积分别为 2 529.70 hm^2 和 1 532.96 hm^2。

红明片区橡胶园三等地总面积为 7 625.21 hm^2，占全片区橡胶园面积的 35.71%。主要分布在东太农场、东红农场和红明农场。分布面积最大的是东太农场，占地面积达 4 124.55 hm^2，其次为东红农场和红明农场，占地面积分别为 1 082.68 hm^2 和 960.99 hm^2（表 8-15）。

表 8-15　红明片区三等耕地和三等橡胶园面积空间分布

农场	耕地			橡胶园		
	面积 (hm^2)	占本场耕地面积的比例 (%)	占片区耕地面积的比例 (%)	面积 (hm^2)	占本场橡胶园面积的比例 (%)	占片区橡胶园面积的比例 (%)
东昌	1 532. 96	30. 47	4. 07	564. 64	33. 68	2. 64
东红	1 619. 80	34. 97	4. 31	1 082. 68	36. 08	5. 07
东升	1 034. 39	33. 12	2. 75	861. 43	33. 48	4. 04
东太	5 051. 62	36. 70	13. 43	4 124. 55	37. 07	19. 32
桂林洋	433. 84	30. 36	1. 15	30. 92	39. 86	0. 14
红明	2 529. 70	34. 45	6. 72	960. 99	33. 26	4. 50
三江	490. 32	21. 33	1. 30	0. 00	0. 00	0. 00
合计	12 692. 64		33. 74	7 625. 21		35. 71

(2) 主要属性分析

红明片区三等地主要分布在台地区，部分分布在低丘陵区，成土母质以玄武岩、砂页岩和花岗岩为主。三等地土层深厚，无明显障碍层；质地大部分为轻黏、中壤、轻壤、重黏，土壤保肥性一般。土壤养分含量中等，有机质含量 12. 10～32. 30 g/kg，平均值 19. 14 g/kg；全氮含量 0. 80～1. 63 g/kg，平均值 0. 97 g/kg；有效磷含量 0. 60～89. 10 mg/kg，平均值 35. 61 mg/kg；速效钾含量 17～88 mg/kg，平均值 32. 96 mg/kg；pH 值 4. 07～5. 52，平均值 4. 54。

总体上，该等地肥力中等，养分不协调，土壤结构不良，土壤物理性能差，可耕性略差，种植条件一般。应实行精耕细作，增施有机肥和氮钾肥，扩种绿肥等措施，以提高土壤的整体生产能力。

4. 四等地

(1) 面积与分布

红明片区四等地总面积 7 278. 76 hm^2，占全片区耕地总面积的 19. 35%。主要分布在东太农场、东红农场和东昌农场。分布面积最大的是东太农场，占地面积达 2 835. 62 hm^2，其次为东红农场和东升农场，占地面积分别为 1 460. 72 hm^2 和 1 218. 92 hm^2。

红明片区橡胶园四等地总面积为 4 892. 90 hm^2，占全片区橡胶园面积的 22. 92%。主要分布在东太农场、东红农场和东升农场。分布面积最大的是东太农场，占地面积达 2 441. 61 hm^2，其次为东红农场和东升农场，占地面积分别为 976. 10 hm^2 和 596. 27 hm^2（表 8-16）。

表 8-16　红明片区四等耕地和四等橡胶园面积空间分布

农场	耕地			橡胶园		
	面积 (hm^2)	占本场耕地面积的比例 (%)	占片区耕地面积的比例 (%)	面积 (hm^2)	占本场橡胶园面积的比例 (%)	占片区橡胶园面积的比例 (%)
东昌	1 218.92	24.23	3.24	561.57	33.50	2.63
东红	1 460.72	31.54	3.88	976.10	32.52	4.57
东升	730.73	23.40	1.94	596.27	23.18	2.79
东太	2 835.62	20.60	7.54	2 441.61	21.94	11.44
桂林洋	177.97	12.46	0.47	9.91	12.77	0.05
红明	545.43	7.43	1.45	307.44	10.64	1.44
三江	309.37	13.46	0.83	0.00	0.00	0.00
合计	7 278.76		19.35	4 892.90		22.92

(2) 主要属性分析

红明片区四等地主要分布在坡度较高的低丘陵区和高丘陵区，成土母质以玄武岩、花岗岩和砂页岩为主。四等地质地较黏，大部分为重黏、轻黏，耕作性差；土层较薄，有明显的砂砾、铁子等障碍层。土壤养分含量较低，有机质含量 8.60～28.20 g/kg，平均值 14.79 g/kg；全氮含量 0.53～1.50 g/kg，平均值 0.69 g/kg；有效磷含量 0.60～80.12 mg/kg，平均值 19.02 mg/kg；速效钾含量 18～50 mg/kg，平均值 32.01 mg/kg；pH 值 4.02～5.00，平均值 4.50。

总体上，该等地是片区内最差的土地，光热水条件差，肥力偏低，养分不协调，土壤结构不良，土壤物理性能差，可耕性差，种植条件一般。应实行精耕细作、增施有机肥和氮磷钾肥、施肥少量多次和扩种绿肥等措施，以提高土壤的整体生产能力，

第三节　耕地土壤属性

一、土壤的化学性质

(一) 有机质

红明片区本次耕地地力调查橡胶园土样 1083 个，土壤有机质平均含量为 19.88 g/kg，变化范围为 1.20～39.80 g/kg；热带作物园土样 353 个，土壤有机质平均含量为 27.88 g/kg，变化范围为 4.07～51.80 g/kg；水田土样 184 个，土壤有机质平均含量为 25.16 g/kg，变化范围为 2.36～67.50 g/kg。该片区土壤有机质主要集中于三级、四级，所占比例分别为 39.08%、37.90%，其次是二级，占 14.20%；三级及以上共占 56.55%，有机质含量属于中等水平（表 8-17）。

表 8-17 红明片区土壤有机质分级状况

级别	含量（g/kg）	样点（个）	频率（%）	平均值（g/kg）
一级	≥40	53	3.27	48.02
二级	30（含）~40	230	14.20	33.49
三级	20（含）~30	633	39.08	24.68
四级	10（含）~20	614	37.90	15.52
五级	6（含）~10	71	4.38	8.27
六级	<6	19	1.17	4.29

红明片区不同土属有机质含量比较见表 8-18。其中以玄武岩砖红壤最高，平均值为 28.72 g/kg；炭质黑泥田最低，平均值为 11.45 g/kg。

表 8-18 红明片区不同土属有机质含量状况

土属名称	含量范围（g/kg）	平均值（g/kg）	标准差	变异系数（%）
滨海砂质田	12.5~21.3	16.90	6.22	36.82
赤砂泥田	6.8~27.9	14.19	5.97	42.11
固定沙土	19.6~27.4	24.70	4.42	17.89
花岗岩黄色砖红壤	1.2~31.4	16.91	5.39	31.89
花岗岩石质土	12.5~26.0	18.36	4.03	21.92
低青泥田	15.0~20.9	18.37	3.04	16.54
砂漏田	10.3~25.2	17.26	6.05	35.06
泥肉田	2.4~35.6	15.73	8.43	53.59
浅海沉积物赤土田	7.4~15.6	11.52	5.77	50.09
浅脚浅海沉积物赤土田	6.6~21.3	13.95	10.40	74.59
砂页岩赤土田	11.0~47.0	22.27	7.94	35.66
砂页岩黄色岩砖红壤	2.7~35.1	17.13	5.53	32.25
砂页岩石质土	4.9~29.2	18.30	4.62	25.26
砂页岩砖红壤	5.0~30.7	17.13	8.21	47.96
炭质黑泥田	10.9~12.0	11.45	0.78	6.79
乌泥底田	9.3~59.9	25.59	13.62	53.20
玄武岩黄色岩砖红壤	4.1~38.9	23.78	7.04	29.59
玄武岩砖红壤	9.3~49.5	28.72	5.20	18.11

（二）大量元素

1. 全　氮

红明片区本次耕地地力调查中橡胶园土壤全氮平均含量为 1.08 g/kg，变化范围为 0.10～2.69 g/kg；热带作物园全氮平均含量为 0.13 g/kg，变化范围为 0.01～0.33 g/kg；水田全氮平均含量为 1.35 g/kg，变化范围为 0.12～3.25 g/kg。该片区土壤全氮在各等级中都有分布，主要集中在三级、四级、六级，其占比分别为 31.67%、20.19%、26.42%，五级占 14.07%，一级、二级有少量分布；四级及以下共占 60.68%，全氮含量属于中等水平（表 8-19）。

表 8-19　红明片区土壤全氮分级状况

级别	含量（g/kg）	样点（个）	频率（%）	平均值（g/kg）
一级	≥2.0	44	2.71	2.48
二级	1.5（含）～2.0	80	4.94	1.72
三级	1.0（含）～1.5	513	31.67	1.22
四级	0.75（含）～1.0	327	20.19	0.88
五级	0.5（含）～0.75	228	14.07	0.66
六级	<0.5	428	26.42	0.28

红明片区不同土属全氮含量比较见表 8-20，其中以乌泥底田最高，平均值为 1.37 g/kg，浅海沉积物赤土田最低，平均值为 0.61 g/kg。

表 8-20　红明片区不同土属全氮含量状况

土属名称	含量范围（g/kg）	平均值（g/kg）	标准差	变异系数（%）
滨海砂质田	0.76～1.07	0.92	0.22	24.47
赤砂泥田	0.34～1.51	0.78	0.33	42.13
固定沙土	0.97～1.41	1.26	0.25	19.77
花岗岩黄色砖红壤	0.03～1.48	0.76	0.35	46.58
花岗岩石质土	0.10～1.46	0.86	0.29	34.10
低青泥田	0.88～1.20	1.03	0.17	16.09
砂漏田	0.12～1.46	0.80	0.43	53.87
泥肉田	0.17～1.85	0.82	0.44	54.53
浅海沉积物赤土田	0.43～0.79	0.61	0.25	41.30
浅脚浅海沉积物赤土田	0.46～1.18	0.82	0.51	61.81
砂页岩赤土田	0.10～2.53	1.22	0.43	35.64
砂页岩黄色岩砖红壤	0.04～2.21	0.85	0.38	44.70

（续表）

土属名称	含量范围（g/kg）	平均值（g/kg）	标准差	变异系数（%）
砂页岩石质土	0.09～2.50	0.92	0.39	42.02
砂页岩砖红壤	0.28～1.43	0.90	0.39	43.73
炭质黑泥田	0.67～0.72	0.69	0.04	5.49
乌泥底田	0.50～2.53	1.37	0.62	45.10
玄武岩黄色岩砖红壤	0.03～1.78	1.07	0.46	42.65
玄武岩砖红壤	0.01～2.84	0.67	0.60	89.40

2. 有效磷

红明片区橡胶园土壤有效磷平均含量为21.64 mg/kg，变化范围为0.10～200.60 mg/kg；热带作物园土壤有效磷平均含量为5.67 mg/kg，变化范围为0.10～69.40 mg/kg；水田土壤有效磷平均含量为22.03 mg/kg，变化范围为0.40～88.40 mg/kg。该片区土壤有效磷含量在各等级中均有分布，主要集中于六级，其占比达46.11%；其次是一级、四级、五级占比较大，分别为13.33%、10.31%、11.54%；二级、三级分别占9.14%、9.57%；四级及以下共占67.96%，有效磷属于中等水平（表8-21）。

表8-21　红明片区土壤有效磷分级状况

级别	含量（mg/kg）	样点（个）	频率（%）	平均值（mg/kg）
一级	≥40	216	13.33	70.72
二级	20（含）～40	148	9.14	29.17
三级	10（含）～20	155	9.57	14.19
四级	5（含）～10	167	10.31	7.05
五级	3（含）～5	187	11.54	3.84
六级	＜3	747	46.11	1.33

红明片区不同土属有效磷含量比较见表8-22，其中以浅海沉积物赤土田最高，平均值为61.95 mg/kg，玄武岩黄色岩砖红壤最低，平均值为1.47 mg/kg。

表8-22　红明片区不同土属有效磷含量状况

土属名称	含量范围（mg/kg）	平均值（mg/kg）	标准差	变异系数（%）
滨海砂质田	11.40～26.10	18.75	10.39	55.44
赤砂泥田	3.20～75.60	30.91	21.25	68.77
固定沙土	4.70～5.37	5.02	0.34	6.68
花岗岩黄色砖红壤	0.20～194.70	19.11	33.66	176.16

（续表）

土属名称	含量范围（mg/kg）	平均值（mg/kg）	标准差	变异系数（%）
花岗岩石质土	0.50～29.00	5.65	6.97	123.39
低青泥田	5.70～29.20	14.50	12.81	88.36
砂漏田	3.50～73.10	25.30	22.49	88.88
泥肉田	1.90～61.80	18.89	17.98	95.17
浅海沉积物赤土田	35.50～88.40	61.95	37.41	60.38
浅脚浅海沉积物赤土田	14.40～81.40	47.90	47.38	98.91
砂页岩赤土田	1.00～81.80	22.36	19.32	86.38
砂页岩黄色岩砖红壤	0.20～200.60	30.87	45.80	148.37
砂页岩石质土	0.67～194.30	53.27	57.49	107.92
砂页岩砖红壤	0.81～66.60	24.29	23.68	97.49
炭质黑泥田	41.00～48.06	44.80	5.37	12.00
乌泥底田	3.60～78.70	22.83	17.72	77.61
玄武岩黄色岩砖红壤	0.10～69.40	1.47	6.43	438.20
玄武岩砖红壤	0.20～103.30	3.20	7.81	243.80

3. 速效钾

红明片区橡胶园土壤速效钾平均含量为 30.58 mg/kg，变化范围为 7.00～82.00 mg/kg；热带作物园速效钾平均含量为 45.83 mg/kg，变化范围为 12.00～121.00 mg/kg；水田速效钾平均含量为 57.90 mg/kg，变化范围为 10.00～144.00 mg/kg。该片区土壤速效钾含量主要分布于四级、五级、六级，分别占 19.38%、31.17%、47.41%，三级有极少量分布；四级及以下共占 97.96%，速效钾较为缺乏（表 8-23）。

表 8-23　红明片区土壤速效钾分级状况

级别	含量（mg/kg）	样点（个）	频率（%）	平均值（mg/kg）
一级	≥200	0	0.00	0.00
二级	150（含）～200	0	0.00	0.00
三级	100（含）～150	33	2.04	113.90
四级	50（含）～100	314	19.38	66.05
五级	30（含）～50	505	31.17	38.79
六级	<30	768	47.41	21.40

红明片区不同土属速效钾含量比较见表 8-24，其中以砂页岩赤土田最高，平均值

为 68.12 mg/kg，浅海沉积物赤土田最低，平均值为 20.00 mg/kg。

表 8-24　红明片区不同土属速效钾含量状况

土属名称	含量范围（mg/kg）	平均值（mg/kg）	标准差	变异系数（%）
滨海砂质田	66～68	67.00	1.41	2.11
赤砂泥田	13～120	49.50	33.33	67.33
固定沙土	46～75	57.67	15.31	26.55
花岗岩黄色砖红壤	12～103	42.67	16.08	37.69
花岗岩石质土	20～64	41.47	13.56	32.70
低青泥田	36～63	47.67	13.87	29.09
砂漏田	19～136	66.25	43.13	65.11
泥肉田	10～142	51.11	36.90	72.21
浅海沉积物赤土田	16～24	20.00	5.66	28.28
浅脚浅海沉积物赤土田	53～65	59.00	8.49	14.38
砂页岩赤土田	30～144	68.12	29.06	42.65
砂页岩黄色岩砖红壤	7～119	32.08	15.07	46.98
砂页岩石质土	16～82	32.84	14.31	43.58
砂页岩砖红壤	13～85	42.63	22.15	51.96
炭质黑泥田	49～80	64.50	21.92	33.98
乌泥底田	15～97	60.88	29.92	49.15
玄武岩黄色岩砖红壤	10～71	23.50	12.43	52.91
玄武岩砖红壤	9～121	35.08	20.80	59.28

（三）中量元素

1. 有效钙

红明片区橡胶园土壤有效钙平均含量为 111.67 mg/kg，变化范围为 23.92～401.60 mg/kg；热带作物园有效钙平均含量为 139.92 mg/kg，变化范围为 16.11～522.80 mg/kg；水田有效钙平均含量为 296.97 mg/kg，变化范围为 51.94～715.40 mg/kg。该片区土壤有效钙含量主要集中于四级、五级，其占比分别为 18.09%、79.38%，三级分布较少，比例为 2.53%；三级及以下占 100.00%，有效钙处于严重缺乏水平（表 8-25）。

表 8-25　红明片区土壤有效钙分级状况

级别	含量（mg/kg）	样点（个）	频率（%）	平均值（mg/kg）
一级	≥2 000	0	0.00	0.00

（续表）

级别	含量（mg/kg）	样点（个）	频率（%）	平均值（mg/kg）
二级	1 000（含）～2 000	0	0.00	0.00
三级	400（含）～1 000	41	2.53	453.83
四级	200（含）～400	293	18.09	285.03
五级	＜200	1 286	79.38	111.90

红明片区不同土属有效钙含量比较见表 8-26，其中以低青泥田最高，平均值为 399.84 mg/kg，玄武岩黄色岩砖红壤最低，平均值为 83.98 mg/kg。

表 8-26　红明片区不同土属有效钙含量状况

土属名称	含量范围（mg/kg）	平均值（mg/kg）	标准差	变异系数（%）
滨海砂质田	173.96～212.75	193.36	27.43	14.19
赤砂泥田	101.92～451.86	259.01	101.43	39.16
固定沙土	273.72～376.22	332.47	52.87	15.90
花岗岩黄色砖红壤	16.11～401.60	112.69	70.86	62.89
花岗岩石质土	39.92～258.70	104.48	58.72	56.20
低青泥田	300.61～457.68	399.84	86.33	21.59
砂漏田	148.16～335.27	245.49	70.36	28.66
泥肉田	63.60～403.70	221.16	96.25	43.52
浅海沉积物赤土田	125.58～145.80	135.69	14.30	10.54
浅脚浅海沉积物赤土田	135.70～224.40	180.05	62.72	34.83
砂页岩赤土田	75.30～477.89	290.27	78.05	26.89
砂页岩黄色岩砖红壤	27.63～448.10	129.01	85.05	65.92
砂页岩石质土	48.43～371.60	142.47	81.94	57.52
砂页岩砖红壤	51.94～323.40	170.79	93.39	54.68
炭质黑泥田	228.93～347.96	288.45	84.17	29.18
乌泥底田	119.20～475.00	319.54	119.74	37.47
玄武岩黄色岩砖红壤	24.18～486.40	83.98	58.21	69.31
玄武岩砖红壤	23.10～715.40	110.61	73.83	66.75

2. 有效镁

红明片区橡胶园土壤有效镁平均含量为 15.05 mg/kg，变化范围为 0.10～50.00 mg/kg；热带作物园有效镁平均含量为 104.27 mg/kg，变化范围为 1.20～99.60

mg/kg；水田有效镁平均含量为 71. 88 mg/kg，变化范围为 14. 00～205. 20 mg/kg。该片区土壤有效镁含量主要集中在五级，占比为 92. 28%，三级和四级有少量分布，其占比分别为 2. 35%和 5. 37%；三级及以下占 100. 00%，有效镁处于严重缺乏水平（表 8-27）。

表 8-27　红明片区土壤有效镁分级状况

级别	含量（mg/kg）	样点（个）	频率（%）	平均值（mg/kg）
一级	≥1 000	0	0. 00	0. 00
二级	300（含）～1 000	0	0. 00	0. 00
三级	100（含）～300	38	2. 35	132. 92
四级	50（含）～100	87	5. 37	60. 50
五级	<50	1 495	92. 28	17. 92

红明片区不同土属有效镁含量比较见表 8-28，其中以固定沙土最高，平均值为 98. 51 mg/kg，玄武岩黄色岩砖红壤最低，平均值为 12. 96 mg/kg。

表 8-28　红明片区不同土属有效镁含量状况

土属名称	含量范围（mg/kg）	平均值（mg/kg）	标准差	变异系数（%）
滨海砂质田	35. 44～35. 88	35. 66	0. 31	0. 87
赤砂泥田	23. 08～197. 34	82. 52	44. 56	54. 00
固定沙土	79. 76～128. 32	98. 51	26. 10	26. 50
花岗岩黄色砖红壤	4. 64～79. 34	18. 93	9. 94	52. 52
花岗岩石质土	10. 48～39. 67	19. 94	9. 52	47. 74
低青泥田	67. 11～97. 49	77. 98	16. 93	21. 71
砂漏田	28. 06～125. 03	83. 82	29. 84	35. 60
泥肉田	15. 19～142. 14	54. 41	31. 44	57. 79
浅海沉积物赤土田	24. 24～28. 70	26. 47	3. 15	11. 91
浅脚浅海沉积物赤土田	34. 40～46. 70	40. 55	8. 70	21. 45
砂页岩赤土田	21. 18～181. 74	73. 27	38. 40	52. 40
砂页岩黄色岩砖红壤	0. 10～99. 60	16. 60	12. 14	73. 09
砂页岩石质土	1. 20～46. 00	18. 72	10. 43	55. 75
砂页岩砖红壤	23. 12～43. 50	32. 53	6. 41	19. 71
炭质黑泥田	26. 63～79. 13	52. 88	37. 12	70. 20
乌泥底田	17. 71～158. 40	79. 95	33. 95	42. 46

（续表）

土属名称	含量范围（mg/kg）	平均值（mg/kg）	标准差	变异系数（%）
玄武岩黄色岩砖红壤	2.88～82.00	12.96	9.24	71.28
玄武岩砖红壤	0.20～189.90	13.94	14.76	105.89

（四）微量元素

1. 铜元素

红明片区橡胶园土壤有效铜平均含量为 0.63 mg/kg，变化范围为 0.10～1.83 mg/kg；热热作物园有效铜平均含量为 0.97 mg/kg，变化范围为 0.25～4.14 mg/kg；水田有效铜平均含量为1.44 mg/kg，变化范围为0.19～6.43 mg/kg。该片区土壤有效铜含量主要集中在三级，占比为 81.91%，其次是二级占 13.02%，一级、四级也有少量分布；三级及以上共占 99.44%，有效铜属于中上水平（表 8-29）。

表 8-29　红明片区土壤有效铜分级状况

级别	含量（mg/kg）	样点（个）	频率（%）	平均值（mg/kg）
一级	≥1.8	73	4.51	2.91
二级	1.0（含）～1.8	211	13.02	1.26
三级	0.2（含）～1.0	1 327	81.91	0.62
四级	0.1（含）～0.2	9	0.56	0.18
五级	＜0.1	0	0.00	0.00

红明片区不同土属有效铜含量比较见表 8-30，其中以固定沙土最高，平均值为 1.63 mg/kg，浅海沉积物赤土田最低，平均值为 0.35 mg/kg。

表 8-30　红明片区不同土属有效铜含量状况

土属名称	含量范围（mg/kg）	平均值（mg/kg）	标准差	变异系数（%）
滨海砂质田	1.10～1.44	1.27	0.24	18.93
赤砂泥田	0.46～1.80	0.97	0.32	32.85
固定沙土	1.40～1.92	1.63	0.27	16.27
花岗岩黄色砖红壤	0.17～1.72	0.55	0.34	62.05
花岗岩石质土	0.23～1.40	0.49	0.31	64.55
低青泥田	1.18～1.31	1.23	0.07	5.69
砂漏田	0.70～1.51	1.05	0.29	27.94
泥肉田	0.19～0.80	0.53	0.19	36.24
浅海沉积物赤土田	0.29～0.41	0.35	0.08	24.24

（续表）

土属名称	含量范围（mg/kg）	平均值（mg/kg）	标准差	变异系数（%）
浅脚浅海沉积物赤土田	0.32～0.73	0.53	0.29	55.22
砂页岩赤土田	0.29～2.20	0.83	0.32	38.25
砂页岩黄色岩砖红壤	0.14～2.82	0.63	0.34	54.24
砂页岩石质土	0.23～1.70	0.57	0.28	49.06
砂页岩砖红壤	0.32～1.16	0.62	0.27	43.46
炭质黑泥田	0.57～0.78	0.68	0.15	22.00
乌泥底田	0.40～2.08	1.12	0.50	44.74
玄武岩黄色岩砖红壤	0.40～1.60	0.76	0.22	29.27
玄武岩砖红壤	0.25～5.32	0.81	0.57	70.36

2. 锰元素

红明片区橡胶园土壤有效锰平均含量为 5.31 mg/kg，变化范围为 0.01～31.01 mg/kg；热带作物园有效锰平均含量为 9.32 mg/kg，变化范围为 0.12～45.10 mg/kg；水田有效锰平均含量为 13.07 mg/kg，变化范围为 0.01～66.68 mg/kg。该片区土壤有效锰含量主要集中于三级、四级、五级，其占比分别为 28.02%、38.77%、19.88%；三级及以下的占比为 88.67%，有效锰属于中下水平（表 8-31）。

表 8-31 红明片区土壤有效锰分级状况

级别	含量（mg/kg）	样点（个）	频率（%）	平均值（mg/kg）
一级	≥30	57	3.52	37.76
二级	15（含）～30	159	9.81	20.79
三级	5.0（含）～15	454	28.02	8.64
四级	1.0（含）～5.0	628	38.77	2.84
五级	＜1.0	322	19.88	0.49

红明片区不同土属有效锰含量比较见表 8-32，其中以玄武岩黄色岩砖红壤最高，平均值为 12.67 mg/kg，炭质黑泥田最低，平均值为 0.80 mg/kg。

表 8-32 红明片区不同土属有效锰含量状况

土属名称	含量范围（mg/kg）	平均值（mg/kg）	标准差	变异系数（%）
滨海砂质田	1.72～3.28	2.50	1.10	44.12
赤砂泥田	0.03～4.20	1.74	1.25	72.06
固定沙土	0.70～1.32	1.07	0.33	30.64
花岗岩黄色砖红壤	0.07～44.02	3.92	5.24	133.70

（续表）

土属名称	含量范围（mg/kg）	平均值（mg/kg）	标准差	变异系数（%）
花岗岩石质土	0.74～17.81	3.96	4.15	104.89
低青泥田	2.22～5.20	3.47	1.55	44.49
砂漏田	0.43～4.70	2.06	1.58	76.94
泥肉田	0.02～9.48	3.73	2.44	65.38
浅海沉积物赤土田	1.20～5.41	3.31	2.98	90.07
浅脚浅海沉积物赤土田	2.16～15.33	8.75	9.31	106.49
砂页岩赤土田	2.04～42.01	10.33	7.72	74.74
砂页岩黄色岩砖红壤	0.00～26.73	3.42	4.45	129.91
砂页岩石质土	0.00～20.00	4.37	4.92	112.55
砂页岩砖红壤	0.01～24.44	9.40	7.68	81.65
炭质黑泥田	0.62～0.97	0.80	0.25	31.13
乌泥底田	0.02～16.85	5.68	5.03	88.43
玄武岩黄色岩砖红壤	0.73～32.82	12.67	8.42	66.45
玄武岩砖红壤	0.03～59.90	8.75	8.55	97.66

3. 铁元素

红明片区橡胶园土壤有效铁平均含量为 61.75 mg/kg，变化范围为 3.50～252.81 mg/kg；热带作物园有效铁平均含量为 23.61 mg/kg，变化范围为 2.41～102.32 mg/kg；水田有效铁平均含量为 167.60 mg/kg，变化范围为 10.00～439.30 mg/kg。该片区土壤有效铁含量在各等级中均有分布，但主要集中在一级、二级、三级，其中，一级占比达 63.46%，二级、三级占比分别为 18.33%、16.67%；三级及以上占比为 98.46%，有效铁比较丰富（表 8-33）。

表 8-33　红明片区土壤有效铁分级状况

级别	含量（mg/kg）	样点（个）	频率（%）	平均值（mg/kg）
一级	≥20	1 028	63.46	103.78
二级	10（含）～20	297	18.33	13.94
三级	4.5（含）～10	270	16.67	7.48
四级	2.5（含）～4.5	24	1.48	3.78
五级	＜2.5	1	0.06	2.41

红明片区不同土属有效铁含量比较见表 8-34，其中以砂页岩赤土田最高，平均值为 242.17 mg/kg，玄武岩黄色岩砖红壤最低，平均值为 14.43 mg/kg。

表 8-34 红明片区不同土属有效铁含量状况

土属名称	含量范围（mg/kg）	平均值（mg/kg）	标准差	变异系数（%）
滨海砂质田	97.70～121.06	109.38	16.52	15.10
赤砂泥田	20.40～173.43	101.65	41.99	41.31
固定沙土	122.30～157.81	141.60	17.96	12.68
花岗岩黄色砖红壤	3.91～223.01	55.17	35.68	64.67
花岗岩石质土	13.40～86.40	41.30	18.90	45.76
低青泥田	80.60～157.86	119.72	38.64	32.27
砂漏田	67.34～247.90	151.84	62.82	41.37
泥肉田	29.90～357.00	194.16	98.95	50.97
浅海沉积物赤土田	89.85～251.80	170.83	114.52	67.04
浅脚浅海沉积物赤土田	128.40～344.50	236.45	152.81	64.62
砂页岩赤土田	11.00～439.30	242.17	93.13	38.46
砂页岩黄色岩砖红壤	3.41～252.81	89.42	55.05	61.56
砂页岩石质土	21.39～220.34	108.69	54.86	50.48
砂页岩砖红壤	13.90～351.50	175.84	124.15	70.60
炭质黑泥田	98.50～172.15	135.33	52.08	38.48
乌泥底田	91.40～326.93	181.17	81.40	44.93
玄武岩黄色岩砖红壤	2.41～62.21	14.43	8.16	56.50
玄武岩砖红壤	2.53～333.50	14.94	30.10	201.50

4. 锌元素

红明片区橡胶园土壤有效锌平均含量为 0.44 mg/kg，变化范围为 0.02～2.00 mg/kg；热带作物园有效锌平均含量为 0.56 mg/kg，变化范围为 0.05～3.04 mg/kg；水田有效锌平均含量为 1.57 mg/kg，变化范围为 0.19 g～6.80 mg/kg。该片区土壤有效锌均匀分布于各等级中，主要集中在二级、三级、四级、五级，其占比分别为 12.35%、25.06%、25.37%、35.74%；三级及以下的占比为 86.17%，有效锌属于中下水平（表 8-35）。

表 8-35 红明片区土壤有效锌分级状况

级别	含量（mg/kg）	样点（个）	频率（%）	平均值（mg/kg）
一级	≥3.0	24	1.48	3.61
二级	1.0（含）～3.0	200	12.35	1.56
三级	0.5（含）～1.0	406	25.06	0.70

（续表）

级别	含量（mg/kg）	样点（个）	频率（%）	平均值（mg/kg）
四级	0.3（含）～0.5	411	25.37	0.39
五级	＜0.3	579	35.74	0.22

红明片区不同土属有效锌含量比较见表 8-36，其中以泥肉田最高，平均值为 1.69 mg/kg；玄武岩黄色岩砖红壤最低，平均值为 0.38 mg/kg。

表 8-36 红明片区不同土属有效锌含量状况

土属名称	含量范围（mg/kg）	平均值（mg/kg）	标准差	变异系数（%）
滨海砂质田	0.67～0.77	0.72	0.07	9.82
赤砂泥田	0.28～2.50	0.92	0.64	69.06
固定沙土	0.68～0.92	0.82	0.12	15.23
花岗岩黄色砖红壤	0.03～1.42	0.46	0.31	68.01
花岗岩石质土	0.13～0.69	0.38	0.15	39.62
低青泥田	0.47～0.78	0.58	0.17	29.31
砂漏田	0.41～1.20	0.69	0.26	37.67
泥肉田	0.19～6.47	1.69	1.66	98.14
浅海沉积物赤土田	0.99～1.44	1.22	0.32	26.19
浅脚浅海沉积物赤土田	0.70～2.57	1.64	1.32	80.87
砂页岩赤土田	0.30～4.06	1.46	0.86	58.59
砂页岩黄色岩砖红壤	0.08～2.80	0.52	0.31	59.78
砂页岩石质土	0.17～1.20	0.54	0.23	41.96
砂页岩砖红壤	0.21～2.37	1.55	0.80	51.96
炭质黑泥田	0.29～0.92	0.61	0.45	73.63
乌泥底田	0.30～1.33	0.78	0.31	39.83
玄武岩黄色岩砖红壤	0.03～1.50	0.38	0.34	88.05
玄武岩砖红壤	0.02～6.80	0.41	0.51	125.52

（五）土壤酸碱度

红明片区橡胶园土壤 pH 值平均值为 4.41，变化范围为 3.63～5.70；热带作物园土壤 pH 值平均为 4.48，变化范围为 3.99～6.41；水田土壤 pH 值平均为 4.84，变化范围为 3.96～6.61。根据酸碱度的分级标准，该片区土壤 pH 值处于三级（弱酸）有 23 个样点，占 1.42%；四级（酸性）有 684 个样点，占 42.22%；五级（强酸）有 911 个样点，占 56.23%。可见红明片区耕地土壤大多属于酸性范围（表 8-37）。

表 8-37　红明片区土壤 pH 值分级状况

级别	pH 值	样点（个）	频率（%）	平均值
一级（弱碱、碱性）	≥7.5	0	0.00	0.00
二级（中性）	6.5（含）～7.5	2	0.12	6.56
三级（弱酸）	5.5（含）～6.5	23	1.42	5.89
四级（酸性）	4.5（含）～5.5	684	42.22	4.73
五级（强酸）	<4.5	911	56.23	4.25

二、土壤的物理性质

（一）质　地

红明片区耕层土壤质地主要有紧砂、松砂、砂壤、轻壤、中壤、重壤、轻黏、重黏等，其中轻黏面积最大，占地面积 10 331.75 hm^2，其次是中壤、轻壤、砂壤，面积分别为 7 455.16 hm^2、7 002.68 hm^2、5 136.22 hm^2（表 8-38）。

表 8-38　红明片区土壤质地面积分布状况

、质地类型	紧砂	松砂	砂壤	轻壤	中壤	重壤	轻黏	重黏
面积（hm^2）	224.28	79.61	5 136.22	7 002.68	7 455.16	2 760.49	10 331.75	4 630.69
占总耕地比例（%）	0.60	0.21	13.65	18.61	19.82	7.34	27.46	12.31

（二）容　重

本次调查中红明片区耕层土壤容重平均为 1.42 g/cm^3，变化范围 1.30～1.48 g/cm^3。

三、土壤的养分变化

本次调查与第二次土壤普查相比，红明片区土壤有机质在一级、二级、五级、六级的占比有所下降，其中五级下降幅度最大，为 8.55%，三级占比则上升 16.11%，四级变化不大。全氮在二级、五级的百分比有所下降，平均下降幅度为 6.71%，三级、四级、六级占比有所上升，其中六级上升的幅度最大，为 7.04%，一级、三级变化不大。有效磷在一级、二级、三级的百分比有所上升，其中一级上升幅度最大，为 13.24%，四级、五级、六级占比有所下降，六级下降的幅度最大，为 20.50%。速效钾在一级、二级没有变化，三级、四级的占比有所上升，其中四级上升幅度最大，为 14.16%，五级、六级有所下降，其中五级下降幅度最大，为 13.22%。总体上红明片区土壤养分含量有所下降，有机质、全氮和有效磷处于中等水平，速效钾比较缺乏（表 8-39）。

表 8-39　本次调查与第二次土壤普查土壤养分含量各等级占比对照　（单位：%）

级别	有机质		全氮		有效磷		速效钾	
	本次调查	第二次普查	本次调查	第二次普查	本次调查	第二次普查	本次调查	第二次普查
一级	3.27	7.64	2.71	2.91	13.33	0.09	0.00	0.00
二级	14.20	15.59	4.94	11.27	9.14	2.14	0.00	0.00
三级	39.08	22.96	31.67	29.97	9.57	6.60	2.04	0.00
四级	37.90	37.55	20.19	15.32	10.31	12.14	19.38	5.22
五级	4.38	12.93	14.07	21.15	11.54	12.42	31.17	44.39
六级	1.17	3.33	26.42	19.38	46.11	66.61	47.41	50.39

第四节　耕地土壤改良利用与管理

本次耕地地力评价按照地貌和海拔将红明片区内所有耕地的分布现状加以分析，并从立地条件和土壤养分状况等方面分析耕地障碍因素。

一、立地条件分析

（一）地貌类型

红明片区耕地主要分布于台地、低丘陵和高丘陵三种地貌类型，其中绝大部分分布于台地，面积为 26 202.01 hm^2，占全片区耕地总面积的 69.65%；其次为低丘陵地和高丘陵地，面积分别为 11 178.67 hm^2、240.20 hm^2，所占比例分别为 29.71%和 0.64%（表 8-40）。

表 8-40　红明片区地貌类型面积分布统计

地貌类型	面积（hm^2）	比例（%）
台地	26 202.01	69.65
低丘陵	11 178.67	29.71
高丘陵	240.20	0.64

（续表）

地貌类型	面积（hm^2）	比例（%）
合计	37 620.88	100.00

（二）海　拔

红明片区地势是由北向南波动升高。耕地主要分布于海拔50～100 m地区，面积为17 627.59 hm^2，占全片区耕地面积的46.86%；其次是50 m以下和100～200 m地区，面积分别为10 945.40 hm^2和7 990.76 hm^2，分别占全片区耕地面积的29.09%和21.24%；其余耕地分布于200～400 m和大于400 m地区内，其面积分别为1 054.28 hm^2和2.85 hm^2，分别占全片区耕地总面积的2.80%和0.01%（表8-41）。

表8-41　红明片区海拔面积分布统计

海拔（m）	面积（hm^2）	比例（%）
＜50	10 945.40	29.09
50（含）～100	17 627.59	46.86
100（含）～200	7 990.76	21.24
200（含）～400	1 054.28	2.80
≥400	2.85	0.01
合计	37 620.88	100.00

二、障碍因素分析

（一）质　地

红明片区耕地土壤的质地类型主要为轻黏、轻壤、中壤，其面积分别为10 331.75 hm^2、7 002.68 hm^2、7 455.16 hm^2，分别占全片区耕地面积的27.46%、18.61%、19.82%；其次为砂壤，面积为5 136.22 hm^2，占全片区耕地面积的13.65%；重黏面积为4 630.69 hm^2，比例为12.31%；重壤面积为2 760.49 hm^2，比例为7.34%；紧砂和松砂所占的面积最小，面积分别为224.28 hm^2、79.61 hm^2，所占比例分别为0.60%、0.21%（表8-42）。

表8-42　红明片区土壤质地面积分布统计

质地类型	面积（hm^2）	比例（%）
紧砂	224.28	0.60
松砂	79.61	0.21
重黏	4 630.69	12.31

（续表）

质地类型	面积（hm^2）	比例（%）
轻黏	10 331.75	27.46
砂壤	5 136.22	13.65
轻壤	7 002.68	18.61
重壤	2 760.49	7.34
中壤	7 455.16	19.82
合计	37 620.88	100.00

（二）土壤障碍类型

红明片区耕地土层中以砂砾障碍为主，面积为 18 141.24 hm^2，占全片区耕地的 48.22%；无障碍因素也有相当的比例，面积为 18 443.48 hm^2，占比 49.02%；铁子、潜育和盐渍障碍比例较小，面积分别为 646.25 hm^2、286.39 hm^2、103.52 hm^2，占比分别为 1.72%、0.76%、0.28%（表 8-43）。

表 8-43 红明片区土壤障碍类型面积分布统计

障碍类型	面积（hm^2）	比例（%）
砂砾	18 141.24	48.22
铁子	646.25	1.72
潜育层	286.39	0.76
盐渍层	103.52	0.28
无障碍	18 443.48	49.02
合计	37 620.88	100.00

（三）坡 度

红明片区耕地绝大多数地都处在 6°以下坡度的平缓坡地带，坡度小于 6°的面积最大，为 19 942.64 hm^2，占全片区耕地总面积的 53.01%；其次是坡度 6°～15°，面积为 11 099.91 hm^2，占 29.50%；坡度 15°～25°的面积为 6 071.99 hm^2，占 16.14%；其余分布于坡度大于 25°的地带，占 1.35%（表 8-44）。

表 8-44 红明片区耕地坡度面积分布统计

坡度	面积（hm^2）	比例（%）
＜2°	8 424.24	22.39
2°（含）～6°	11 518.40	30.62

（续表）

坡度	面积（hm^2）	比例（%）
6°（含）～15°	11 099.91	29.50
15°（含）～25°	6 071.99	16.14
≥25°	506.34	1.35
合计	37 620.89	100.00

（四）土壤养分水平

红明片区土壤各养分整体偏低，有机质含量在四级及以下占 43.45%，全氮占 60.68%，有效磷占 67.96%，有效钾占 97.96%，土壤速效钾严重缺乏。可见，红明片区土壤有机质和大量元素含量整体水平下降，缺钾现象突出（表 8-45）。

表 8-45　红明片区土壤有机质和大量元素含量等级分布状况

级别	有机质		全氮		有效磷		速效钾	
	含量（g/kg）	占比（%）	含量（g/kg）	占比（%）	含量（mg/kg）	占比（%）	含量（mg/kg）	占比（%）
一级	≥40	3.27	≥2.0	2.71	≥40	13.33	≥200	0.00
二级	30(含)～40	14.20	1.5(含)～2.0	4.94	20(含)～40	9.14	150(含)～200	0.00
三级	20(含)～30	39.08	1.0(含)～1.5	31.67	10(含)～20	9.57	100(含)～150	2.04
四级	10(含)～20	37.90	0.75(含)～1.0	20.19	5(含)～10	10.31	50(含)～100	19.38
五级	6(含)～10	4.38	0.5(含)～0.75	14.07	3(含)～5	11.54	30(含)～50	31.17
六级	<6	1.17	<0.5	26.42	<3	46.11	<30	47.41

三、土壤改良利用

根据红明片区耕地地力评价结果，结合该区耕地资源的性状和利用特点，将全片区耕地资源划分六大利用管理区，即砂壤质玄武岩台地区、黏质玄武岩台地区、黏质玄武岩低丘陵区、砂壤质砂页岩台地区、砂壤质砂页岩低丘陵区和壤质砂页岩高丘陵区。

（一）砂壤质玄武岩台地区

该区主要分布在三江农场和桂林洋农场内滨海沉积物、玄武岩发育的台地地区。主要特点：地势平坦，坡度以 6°以上为主，一般海拔为 20～80 m；土壤物理性质差，保水保肥能力差，以砂壤、中壤和紧砂质地为主；土层厚度较为深厚，大多数在 100 cm 以上，有明显砂砾障碍层；水稻田主要是潜育型，犁底层之下有灰蓝色潜育性土层；土壤经常湿闭，通气性差，还原性强，亚铁离子多，毒害大，产量低；土壤有效养分低，有机质平均含量 19.53 g/kg，全氮平均含量 1.01 g/kg，有效磷平均含量 48.72 mg/kg，速效钾平均含量 39.03 mg/kg。

利用改良意见：一是兴修水利，完善排灌网。潜育型水田要挖环山沟、非字沟、十字沟，排除毒水，降低地下水位，增加有效养分等。二是营造防护林，建防潮堤。大力推广植树造林，营造防护林，对水土保持，培养地力，生态平衡起着重要作用。三是重施有机肥。施用农家肥、牛栏肥，利用林段豆科覆盖植物和萌生植物压青，胶头盖草等，都是增加有机质的有效方法。四是科学施肥。根据作物需肥特性及需肥量，合理施肥。五是尽可能少量多次施肥，以免肥料因土壤质地过沙性、保肥性差而流失。

（二）黏质玄武岩台地区

该区主要分布在红明农场、东昌农场、东升农场和东红农场南面内花岗岩、砂页岩、玄武岩发育的台地地区。主要特点：地势平坦，坡度以 8°以上为主，一般海拔为 50～90 m；土壤物理性质差，可耕性差，以轻黏、重黏和重壤质地为主；土层厚度较为深厚，大多数大于 100 cm，有明显砂砾障碍层；土壤有效养分较好，有机质平均含量 23.97 g/kg，全氮平均含量 1.15 g/kg，有效磷平均含量 19.44 mg/kg，速效钾平均含量 31.46 mg/kg。

利用改良意见：一是增施有机肥、氮肥，合理施用磷钾肥，大力推广测土配方施肥技术，本着“以有机肥为主，缺什么肥施什么肥”的原则，因土施肥，做到精准施肥。二是搞好水土保持，种好覆盖作物，高标准完成“三保一护”工程，种植豆科橡胶园覆盖植物，以增加土壤养分，改良土壤的理化性质，减少水分蒸发和土壤的流失。三是在植胶开垦时必须挖深穴、大穴，挖穿砾质层或半风化母质层，使橡胶树根系能充分利用底层水分和养分，为橡胶树生长创造一个较好的土壤条件。

（三）砂壤质砂页岩台地区

该区主要分布在东太农场各分场（东太、东升、南俸分场）大部分区域。主要特点：地势平坦，坡度以 10°以上为主；质地主要为砂壤—轻壤—中壤变化，以轻壤和中壤为主，土壤保肥保水性较好；土层深厚，但土层有石砂砾障碍因素，影响橡胶树的生长；土壤养分较好，有机质、全氮和速效钾平均含量分别为 19.48 g/kg、1.00 g/kg、31.51 mg/kg，有效磷含量相对比其他分区高，为 41.97 mg/kg。

利用改良意见：一是增施有机肥、氮肥，合理施用磷钾肥，大力推广测土配方施肥技术，本着“以有机肥为主，缺什么肥施什么肥”的原则，因土施肥，做到精准施肥；二是搞好水土保持，种好覆盖作物，高标准完成“三保一护”工程，种植橡胶园豆科覆盖植物；三是必须挖深穴、大穴种植橡胶。

（四）黏质玄武岩低丘陵区

该区主要分布在东昌农场西部和东红农场北部。主要特点：地势较陡，坡度以 6°以上为主；质地是以轻黏和重黏为主，土壤通透性较差；土层深厚，无明显障碍层；土壤养分较好，土壤有机质、全氮、速效钾和有效磷平均含量分别为 24.63 g/kg、1.18 g/kg、30.88 mg/kg、16.67 mg/kg。

利用改良意见：一是增施有机肥、氮肥，合理施用磷钾肥，大力推广测土配方施肥技术，本着“以有机肥为主，缺什么肥施什么肥”的原则，因土施肥，做到精准施肥。

二是搞好水土保持，种好覆盖作物，高标准完成“三保一护”工程，种植橡胶园豆科覆盖植物。

（五）砂壤质砂页岩低丘陵区

该区主要分布在东昌农场西部和东红农场北部。主要特点：地势较陡，坡度以8°～15°为主；质地主要以砂壤—轻壤—中壤变化，以轻壤和中壤为主，土壤保肥保水性较好；土层深厚，但有石砂砾障碍层；土壤养分一般，有机质、全氮、速效钾和有效磷平均含量分别为20.43 g/kg、1.03 g/kg、33.23 mg/kg、39.51 mg/kg。

利用改良意见：一是增施有机肥、氮肥，合理施用磷钾肥，因土施肥，做到精准施肥。二是加强橡胶园基础建设，在低丘陵缓坡区，要注重水土保持，坡度小的橡胶园可筑小埂，并在胶园四周挖沟，防止园外水冲刷；坡度大的橡胶园要修筑环山行、保留林下荫生带杂草或小灌木，缓冲水流冲刷，并在此工作的基础上，加强橡胶园覆盖作物的种植，以增加土壤养分，改良土壤的理化性质，减少水分蒸发和土壤的流失。三是在植胶开垦时必须挖深穴、大穴，挖穿砾质层或半风化母质层，使橡胶树根系能充分利用底层水分和养分，为橡胶树生长创造一个较好的土壤条件。四是间作豆科绿肥作物，如爪哇葛藤、兰花毛蔓豆和无刺含羞草等，增加有机质，以培肥土壤。

（六）壤质砂页岩高丘陵区

该区主要分布在东太农场周边高丘陵区。主要特点：地势陡，坡度以10°～15°为主；质地主要以轻壤和中壤为主，土壤保肥保水性较好；土层较薄，且有石砂砾障碍层；土壤养分一般，有机质、全氮、速效钾和有效磷平均含量分别为19.12 g/kg、0.96 g/kg、35.14 mg/kg、39.47 mg/kg。

利用改良意见：一是增施有机肥、氮肥，合理施用磷钾肥，大力推广测土配方施肥技术，本着“以有机肥为主，缺什么肥施什么肥”的原则，因土施肥，做到精准施肥。二是加强橡胶园基础建设，在高丘陵缓坡区，要注重水土保持，坡度小的橡胶园可筑小埂，并在橡胶园四周挖沟，防止园外水冲刷；坡度大的橡胶园要修筑环山行、保留林下荫生带杂草或小灌木，缓冲水流冲刷，并在此工作的基础上，加强胶园覆盖作物的种植，以增加土壤养分，改良土壤的理化性质，减少水分蒸发和土壤的流失。三是在植胶开垦时必须挖深穴、大穴，挖穿砾质层或半风化母质层，使橡胶树根系能充分利用底层水分和养分，为橡胶树生长创造一个较好的土壤条件。四是间作豆科绿肥作物，如爪哇葛藤、兰花毛蔓豆和无刺含羞草等，增加有机质，以培肥土壤。

第五节　耕地资源合理配置与农业结构调整

一、耕地利用现状与特点

红明片区地形较复杂，起伏较大，地貌类型主要是以玄武岩、花岗岩、砂页岩和沉积物发育为主的高、中、低山丘陵以及台地，土壤类型较多，坡度为5°～25°，适宜机耕作业。片区台风多，是频繁的重风害气候区，同时伴有干热风与寒露风。全片区耕地利用特点主要表现为以种植橡胶树为主，其他经济作物为辅，发展多种经营等，在旱坡地主要种植橡胶、剑麻、油棕、咖啡、胡椒为主的热带经济作物，柑橙、菠萝等热带水果，以及槟榔等药用植物；在水稻田种植瓜菜作物。

二、合理规划产业布局

红明片区要树立全局观念和生态观念，改掠夺性土地经营为集约型经营，统一规划，用养结合，发展多种经营，实行全面发展。橡胶生产是红明片区农业经济的支柱产业，橡胶增产是胶农增收的主要途径之一。在抓好橡胶主业生产的同时，大力发展非胶产业。近年来，红明片区橡胶、胡椒、椰子、槟榔、咖啡、水果、瓜菜等作物生产都得到了较快发展，成片综合开发种植的胡椒、槟榔、咖啡、杧果、龙眼、荔枝、香蕉等热带作物陆续进入了收获期。红明片区要在稳定橡胶生产和粮食生产的基础上，因地制宜，合理调整作物布局，在抓好常规农业的同时，充分利用水源，发展养殖业，形成以畜牧业、渔业和种植业为中心的农业综合经营体制，提高农业生产活力。此外，片区应充分利用空间，间套作相结合，多利用林下空间资源，发展林下经济；积极开发后备土地资源，并对现有耕地进行保护和改良，以提高耕地质量。

第六节　耕地质量管理与科学施肥

一、加强橡胶园基础建设

（一）林地开垦

橡胶树宜林地的开垦是橡胶园农田基础建设中极其重要的环节，林地开垦质量的好坏直接影响橡胶树的生长、产量、林地抚育管理工效和采胶工作等。林地开垦的质量要求：①尽量保留和充分利用表土，为新植橡胶树和其他作物创造良好的土壤环境；②将地面树头、树根、石头等障碍物以及一些能诱发橡胶树病虫害病源的杂草、杂木等清除干净；③坡地的水土保持工程、梯田或环山行等的等高水平、宽度、内倾斜角要符合要求，以保证水土保持工程的质量；④按规划设计要求，布置林间小道、排水系统及防牛设施等，严格控制种植橡胶树的株行距和密度，充分利用土地；⑤保留有利用价值的杂树、杂木，并加以处理利用。

（二）修筑水土保持工程

红明片区低处海南北部，降水量集中，强降雨容易造成土壤冲刷，如不采取保持水土的措施，年复一年，土地便会遭到严重破坏，导致植胶地肥力衰退，橡胶树根系裸露，橡胶树经济寿命缩短，生长和产胶均会受到严重影响。所以，在林地开垦时，必须重视水土保持工作，除了尽快种植覆盖作物，避免地面裸露外，还应尽快修筑水土保持工程，才能有效地防止水土流失。

（三）防护林的建设

红明片区台风多，强度较大，受台风影响大。为避免台风造成橡胶的损失，在建设橡胶园的同时应该做好防护林建设。

二、科学指导合理施肥

（一）大力推广测土配方施肥技术，科学施肥

本次调查结果表明，红明片区土壤养分水平大体上有机质、全氮和有效磷属于中等水平，速效钾严重缺乏，中量元素如有效钙、有效镁含量处于低下水平，微量元素如有效锰、铜、锌含量较低，而有效铁含量丰富。针对红明片区土壤养分状况，根据橡胶树的需肥规律和肥料增产效应，在施足有机肥的基础上，确定氮、磷、钾、中微量元素的适宜用量和比例，加大氮、磷、钾的施用量，最好是施用钾素比例较高的复合肥。该片区还应该大力推广测土配方施肥技术，结合实际情况使用肥料，提高肥料利用率，避免肥料不必要浪费，防止土壤出现新的养分不平衡。

（二）广辟肥源，增施有机肥

红明片区气候属于热带雨林，自然土本身有机质含量低，而且开垦后使用有机肥少，所以土壤有机质含量很低。该片区气候非常适合野生绿肥的生长，野生绿肥作为有机肥使用，不但可以增加土壤有机质含量，还可以改善土壤结构，增加橡胶园地面覆盖，防止水土流失。红明片区有机肥资源丰富，要因地制宜，多形式多途径增加有机肥料的投入，可大力推广沼气建设，搞好人、畜、禽粪便的发酵利用，此外，应在橡胶园中间种各类绿肥作物，这样对提高地力很有好处。

第九章 海南农垦橡胶研究所片区耕地地力评价

第一节 自然与农业生产概况

一、地理位置与行政区划

海南农垦橡胶研究所片区位于海南省东部的文昌市和万宁市境内，即北纬18°36′50″～20°01′02″，东经110°02′16″～110°47′42″，自然条件优越，适合多种热带作物生长，是海南省主要热作生产基地之一。海南农垦橡胶研究所片区北抵潭牛镇，东南濒临南海，南越鹦哥鼻岭，西隔杂树岭。片区地处海南岛东部和北部地区，海榆东线公路、环岛高速公路均贯穿其间，距美兰国际机场、海南东环铁路、海口绕城高速公路极近，海文高速公路穿境而过，交通运输极为便利。

全片区土地面积73 901.8 hm^2，约占全垦区土地面积的8.65%。海南农垦橡胶研究所片区由海南农垦合并后的7个国营农场（所）组成，包括海南农垦橡胶研究所、东路农场、南阳农场、罗豆农场、东和农场、东兴农场、新中农场，其中东兴农场下设东兴分场、东岭分场，新中农场下设新中分场、南林分场。

二、自然气候和水文地质

（一）自然气候

海南农垦研究所片区境内台风颇多，是频繁的重风害气候区，同时伴有干热风与寒露风。年平均气温23.1℃，最高月平均气温30.5℃，最低月平均气温13℃，极端高温41.5℃，极端低温2.4℃；干、湿季节分明，4—11月为雨季，各月降水量都在100 mm以上，年降水量为1 600～2 600 mm。每年有2～3次台风侵扰，风力一般为9级，最大风力达16级。农业生产上的主要灾害性天气有清明风、干热风、台风、寒露风、连续阴雨和暴雨。

（二）地形及母质

海南农垦橡胶研究所地势西南高东北低，海拔为20～60 m，属台地地形，坡度多在5°左右，母质以玄武岩砖红壤为主，局部为砂岩砖红壤。东路农场主要属低丘陵地形，一般海拔为60～80 m，坡度多在5°以下，母质为玄武岩砖红壤。南阳农场地势西高东低，海拔为40～140 m，坡度多在8°以下，地貌类型以玄武岩台地为主。罗豆农场地形为海成平原坦田，地势中部稍高，四周略低，海拔一般为 1～6 m，土壤以潴育型水稻土为主。东和农场北端和南端依山傍岭，中部缓坡起伏，山岭与缓坡之间的过渡地带则丘陵连绵，丘陵区坡度为 15°～25°，缓坡地多在 8°以下，土壤为花岗岩黄色砖红壤。东兴农场地势西北高东南低，海拔为 3～150 m，地貌类型以花岗岩缓坡为主，东南部坡度多在 8°以下，西北部丘陵起伏，坡度多为 15°～25°。东岭农场地势东南、西北高，中部低。新中农场四周群山环抱，地势东南高、西北低，土壤以花岗岩发育形成的黄色砖红壤为主。南林农场南、西、北三面环山，丘陵起伏，坡度为 15°～25°；中东部平缓开阔，坡度多在 8°以下；地势大体自西向东倾斜，全场最高的斩岭海拔 875 m，片区海拔一般为 40～300 m，土壤类型以花岗岩黄色砖红壤为主。

（三）水　文

片区境内溪水河流众多，主要水系为太阳河、龙滚河、万泉河支流香根河、加朝河、石盘河等众多溪沟，终年流水不断。片区内牛路岭水库是海南较大的水库之一，万宁水库、军田水库、山塘水库、湖山水库完全在场区内，水源丰富，能满足灌溉需求。

（四）自然植被

片区在开垦前自然植被大部分为次生杂木林和稀树灌木林，现在多数为中草和灌木草类群落。

三、农业生产情况

海南农垦橡胶研究所片区以种植橡胶、胡椒、槟榔等热带作物为主，热带水果以香蕉、龙眼、荔枝等为主，水田以水稻为主。2008 年，全片区土地面积 73 901.8 hm^2，已开垦利用土地面积 43 445.5 hm^2，耕地面积 35 867.1 hm^2，天然橡胶种植面积 20 615.7 hm^2，农作物播种面积 9 379.3 hm^2。

四、第二次土壤普查类型

第二次土壤普查中海南农垦橡胶研究所片区的主要土壤类型如表 9-1 所示。

表 9-1　海南农垦橡胶研究所片区土壤类型

土类	亚类	土属
水稻土	盐渍型水稻土	咸田
	潴育型水稻土	黄赤土田
		炭质黑泥田
新积土	冲积土	潮砂泥土
		河潮土
砖红壤	黄色砖红壤	滨海林滩黄色砖红壤
		古海沉积物黄色砖红壤
		河流冲积物黄色砖红壤

（续表）

土类	亚类	土属
砖红壤	黄色砖红壤	花岗岩、冲积物混合黄色砖红壤
		花岗岩、宽谷冲积物黄色砖红壤
		花岗岩、浅海沉积混合黄色砖红壤
		花岗岩、砂岩混合黄色砖红壤
		花岗岩、云母片岩混合黄色砖红壤
		花岗岩黄色砖红壤
		浅海沉积物黄色砖红壤
		砂岩黄色砖红壤
		砂页岩、浅海沉积混合黄色砖红壤
		砂页岩黄色砖红壤
		铁质沉积岩黄色砖红壤
		玄武岩、砂页岩混合黄色砖红壤
		玄武岩黄色砖红壤
		云母片岩黄色砖红壤
	砖红壤	花岗岩、变质岩混合粗骨性砖红壤
		花岗岩粗骨性砖红壤
		花岗岩黄色砖红壤
		砾质砂岩砖红壤
		玄武岩砖红壤

第二节　耕地地力评价

海南农垦橡胶研究所片区耕地地力评价的农用地面积为 35 867. 14 hm^2，其中橡胶园 20 615. 70 hm^2，占已开垦农用地面积 47. 45%，果园、菜地和稻田占 52. 55%。

本次耕地地力评价选取对农垦橡胶研究所片区耕地地力影响比较大、区域内变异明显、在时间序列上具有相对稳定性、与农业生产有密切关系的 10 个因素，建立评价指标体系。以 1∶5 万土壤图、土地利用现状图、海南农垦橡胶研究所片区行政区划图 3 种图件叠加形成的图斑为评价单元。应用“县域耕地资源管理信息系统”和模糊数学评价、层次分析法等数学理论，对农垦橡胶研究所片区耕地进行地力评价。

一、评价指标体系建立

（一）评价指标确定

海南农垦橡胶研究所片区耕地地力评价体系以全国评价指标体系作为依据，聘请海南省知名土壤肥料专家和各农场生产主要技术人员进行座谈商讨，根据重要性、差异性、稳定性、易获性、精简性和必要性等指标选取原则，选取了有机质、有效磷、速效钾、pH 值、质地、成土母质、坡度、有效土层厚度、梯化程度和年降水量共计 10 个指标作为耕地地力评价的因子，具体指标及归类如表 9-2 所示。

表 9-2　海南农垦橡胶研究所片区耕地地力评价指标体系

目标层（A）	准则层（B）	指标层（C）
耕层地力	立地条件	成土母质
		年降水量
		坡度
	耕层理化性状	pH 值
		质地
	耕层养分状况	有机质
		有效磷
		速效钾
	土壤管理	梯化程度
	剖面性状	有效土层厚度

（二）评价指标的量化处理

获取的评价资料可以分为定量和定性资料两大部分。耕地地力评价指标类型分为数值型和概念型，数值型指标是定量的，与耕地生产能力有一定的线性关系，如土壤有机质、全氮、pH 值等。概念型指标是确定性的、综合性的，与耕地生产能力之间是一种非线性的关系，如地貌类型、土壤剖面构型、质地等。数值型和概念型评价指标的实测值量纲不同，取值范围各异，因此，地力评价时必须对各评价指标的原始数据进行标准化处理，数值型数据可通过建立隶属函数，把各评价指标转化为 0～1 的标准化数据；概念型数据可直接通过德尔菲法和专家打分法进行定量化。农垦橡胶研究所片区耕地各评价因素及其隶属度如表 9-3 至表 9-12 所示。

表 9-3　海南农垦橡胶研究所片区质地隶属度

描述	砂土	砂壤	轻壤	中壤	重壤	黏土
隶属度	0. 30	0. 50	0. 70	0. 99	0. 90	0. 60

表 9-4　海南农垦橡胶研究所片区有效土层厚度（cm）隶属度

描述	＜50	50（含）～70	70（含）～90	90（含）～110	110（含）～130	130（含）～150	≥150
隶属度	0.10	0.50	0.60	0.70	0.80	0.90	0.99

表 9-5　海南农垦橡胶研究所片区梯化程度隶属度

描述	坡度小于 3°	反坡梯化	平坡梯化	顺坡梯化	无梯化
隶属度	0.99	0.90	0.70	0.50	0.10

表 9-6　海南农垦橡胶研究所片区年降水量（mm）隶属度

描述	＜1 300	1 300（含）～1 400	1 400（含）～1 500	1 500（含）～1 600	1 600（含）～1 700	1 700（含）～1 800	1 800（含）～2 000	≥2 000
隶属度	0.40	0.50	0.60	0.70	0.80	0.90	0.95	0.99

表 9-7　海南农垦橡胶研究所片区坡度隶属度

描述	＜3°	3°（含）～7°	7°（含）～15°	15°（含）～20°	20°（含）～25°	25°（含）～30°	30°（含）～35°	≥35°
隶属度	0.99	0.90	0.70	0.50	0.30	0.20	0.10	0.01

表 9-8　海南农垦橡胶研究所片区 pH 值隶属度

描述	4.5（含）～5.0	5.0（含）～5.5	5.5（含）～6.0	6.0（含）～6.5	6.5（含）～7.0	7.0（含）～7.5	≥7.5
隶属度	0.70	0.80	0.90	0.99	0.80	0.60	0.30

表 9-9　海南农垦橡胶研究所片区成土母质隶属度

描述	河流冲积物	砂页岩	花岗岩	变质岩	玄武岩	石灰岩	海相沉积物
隶属度	0.95	0.90	0.80	0.75	0.70	0.60	0.30

表 9-10　海南农垦橡胶研究所片区有机质（g/kg）隶属度

描述	＜5	5（含）～10	10（含）～15	15（含）～20	20（含）～25	25（含）～30	30（含）～35	≥35
隶属度	0.30	0.40	0.50	0.60	0.70	0.80	0.90	0.99

表 9-11　海南农垦橡胶研究所片区有效磷（mg/kg）隶属度

描述	＜5	5（含）～10	10（含）～15	15（含）～20	20（含）～25	25（含）～30	30（含）～35	≥35
隶属度	0.10	0.30	0.50	0.60	0.70	0.80	0.90	0.99

表 9-12 海南农垦橡胶研究所片区速效钾（mg/kg）隶属度

描述	＜20	20（含）～40	40（含）～60	60（含）～80	80（含）～100	100（含）～120	120（含）～150	≥150
隶属度	0.30	0.40	0.50	0.60	0.70	0.80	0.90	0.99

（三）评价指标的权重确定

评价指标的权重通过层次分析法确定。首先，根据海南农垦橡胶研究所片区耕地地力指标各个指标间的关系构造耕地要素层次结构图。然后，请专家比较同一层次各因素对上一层次的相对重要性，打分给出数量化的评价，构造判断矩阵；根据判断矩阵计算出矩阵的最大特征根和特征向量，并进行一致检验。最后，进行层次总排序一致性检验，如通过一致性检验，便可求得各评价指标的组合权重，即为评价指标的实际权重（表 9-13）。

表 9-13 海南农垦橡胶研究所片区耕地地力评价指标权重

指标层	准则层					
	耕层理化性状 B1	耕层养分状况 B2	立地条件 B3	剖面性状 B4	土壤管理 B5	组合权重
	0.200 0	0.300 0	0.250 0	0.130 0	0.120 0	$\sum C_iB_i$
质地 C1	0.600 0					0.120 0
pH 值 C2	0.400 0					0.080 0
有机质 C3		0.500 0				0.150 0
有效磷 C4		0.250 0				0.075 0
速效钾 C5		0.250 0				0.075 0
成土母质 C6			0.400 0			0.100 0
年降水量 C7			0.200 0			0.050 0
坡度 C8			0.400 0			0.100 0
有效土层厚度 C9				1.000 0		0.130 0
梯化程度 C10					1.000 0	0.120 0

二、耕地地力等级划分

根据农垦橡胶研究所片区耕地地力综合指数结果，运用等距法制定本片区耕地地力综合指数分级方案，并将全区耕地等级共划分为 5 个等级（表 9-14）。

表 9-14　海南农垦橡胶研究所片区耕地地力评价等级划分

等级	综合指数	等级	综合指数
一等地	≥0.70	四等地	0.55（含）~0.60
二等地	0.65（含）~0.70	五等地	<0.55
三等地	0.60（含）~0.65		

三、耕地地力等级分布

（一）耕地地力等级面积统计

海南农垦橡胶研究所片区耕地地力调查的耕地总面积为 35 867.14 hm^2，其中一等地 1 985.52 hm^2，占总面积的 5.54%；二等地 15 661.88 hm^2，占总面积的 43.67%；三等地 14 710.64 hm^2，占总面积的 41.01%；四等地 3 249.86 hm^2，占总面积的 9.06%；五等地 259.24 hm^2，占总面积的 0.72%（表 9-15）。

表 9-15　海南农垦橡胶研究所片区耕地不同地力等级面积统计

等级	一等地	二等地	三等地	四等地	五等地	总计
面积（hm^2）	1 985.52	15 661.88	14 710.64	3 249.86	259.24	35 867.14
占比（%）	5.54	43.67	41.01	9.06	0.72	100.00

（二）耕地地力等级评价

1. 不同地类耕地地力等级划分

一等地中面积较大的是橡胶园和其他园地，分别占地 889.11 hm^2、776.18 hm^2，分别占耕地总面积的 2.48%、2.16%，其次是果园和旱地，占有较小比例，分别为 0.51%、0.28%；二等地中面积较大的也是其他园地和橡胶园，占地面积分别为 5 711.57 hm^2、5 288.02 hm^2，分别占总耕地面积的 15.92%、14.74%，果园、旱地均占 5.98%，其他类型耕地也有少量分布；三等级中面积较大的是橡胶园和其他园地，分别占地 6 160.57 hm^2、5 123.50 hm^2，占比为 17.18%、14.28%，果园、旱地占比分别为 3.21%、4.45%，其他类型耕地也有少量分布；四等地中其他园地的面积较大，占地面积为 1 443.68 hm^2，占比为 4.03%，其次是橡胶园占 2.41%、果园占 1.44%、旱地占 0.79%，灌溉水田、望天田和菜地有少量分布；五等地中面积最大是其他园地，占地面积为 145.71 hm^2，其次是果园，除此之外，橡胶园、旱地、水田有少量面积分布（表 9-16）。

表 9-16　海南农垦橡胶研究所片区不同地类地力等级面积统计

类型	面积（hm^2）	占比（%）	一等地		二等地		三等地		四等地		五等地	
			面积（hm^2）	占比（%）	面积（hm^2）	占比（%）	面积（hm^2）	占比（%）	面积（hm^2）	占比（%）	面积（hm^2）	占比（%）
菜地	11.85	0.03	0.00	0.00	4.88	0.01	5.41	0.02	1.56	0.00	0.00	0.00
茶园	51.51	0.14	0.00	0.00	19.37	0.05	32.14	0.09	0.00	0.00	0.00	0.00
灌溉水田	369.72	1.03	8.55	0.02	85.64	0.24	204.01	0.57	62.65	0.17	8.87	0.02
果园	4 028.85	11.23	181.79	0.51	2 136.26	5.98	1 151.27	3.21	517.72	1.44	41.81	0.12
旱地	4 150.46	11.57	99.98	0.28	2 146.21	5.98	1 595.29	4.45	284.45	0.79	24.53	0.07
其他园地	13 200.64	36.80	776.18	2.16	5 711.57	15.92	5 123.50	14.28	1 443.68	4.03	145.71	0.41
望天田	844.73	2.36	29.91	0.08	269.93	0.75	438.45	1.22	75.92	0.21	30.52	0.09
橡胶园	13 209.38	36.83	889.11	2.48	5 288.02	14.74	6 160.57	17.18	863.88	2.41	7.80	0.02
合计	35 867.14		1 985.52		15 661.88		14 710.64		3 249.86		259.24	

2. 不同农场耕地地力等级划分

一等地中面积较大的是南阳农场、新中分场、南林分场和东岭分场，分别占地370.48 hm^2、344.90 hm^2、341.07 hm^2、324.42 hm^2，其次是东兴分场、东和农场，分别占地256.21 hm^2、195.53 hm^2；二等地中面积较大的是新中分场和南林分场，占地面积分别为3 548.17 hm^2、3 314.19 hm^2；三等地中面积最大的是东兴分场，占地3 907.61 hm^2，其次是新中分场、南林分场，占地面积分别为2 790.4 hm^2、2 726.09 hm^2；四等地中面积较大的是东岭分场、南阳农场，分别占地679.83 hm^2、631.53 hm^2，其次是新中分场和东和农场，分别占耕地面积的1.42%和1.38%；五等地中面积较大的是东和农场，占地面积140.31 hm^2，其次是南林分场和新中分场，占地面积分别为42.44 hm^2和38.62 hm^2。

各农场耕地等级分布中面积较少的有：罗豆农场四等地面积为30.67 hm^2，仅占总耕地面积的0.09%；东岭分场、东路农场、南阳农场、农垦橡胶所五等地面积分别仅有11.63 hm^2、1.02 hm^2、6.53 hm^2、18.69 hm^2，占比分别为0.03%、0.00%、0.02%、0.05%。各农场在一等地上都有分布，但面积很少，占比相差不大。另外，东兴分场和罗豆农场在五等地上均没有分布（表9-17）。

3. 各种土壤类型耕地地力等级划分

花岗岩黄色砖红壤在二等地、三等地的分布面积最大，分别达7 761.66 hm^2和8 307.10 hm^2，分别占耕地总面积的21.64%和23.16%。其次为花岗岩、砂岩混合黄色砖红壤，二等地、三等地的面积分别为2 231.62 hm^2、1 694.12 hm^2，分别占耕地总面积的6.22%和4.72%。玄武岩黄色砖红壤、云母片岩黄色砖红壤面积也较大，在二等地分布中分别达1 219.66 hm^2和1 165.02 hm^2，分别占总面积的3.40%和3.25%；三等地中也有大量分布，面积分别达1 258.18 hm^2和1 043.87 hm^2，分别占总面积的3.51%和2.91%。黄赤土田中二等地面积为1 268.82 hm^2，占总面积的3.54%；三等地面积为781.01 hm^2，占总面积的2.18%（表9-18）。

一等地主要分布在花岗岩黄色砖红壤、玄武岩黄色砖红壤、花岗岩砂岩混合黄色砖红壤、云母片岩黄色砖红壤、玄武岩砖红壤和花岗岩云母片岩混合黄色砖红壤等土属；二等地在所有的土属中均有分布，所有耕地等级中二等地、三等地面积分布较大，亚类中又以黄色砖红壤在二等地、三等地分布面积最大；四等地分布的主要土属跟一等地比较相似，占海沉积物黄色砖红壤分布在此等地分布面积较大；五等地主要分布在花岗岩黄色砖红壤土属。

表 9-17 海南农垦橡胶研究所片区农场耕地地力各等级面积统计

农场	分场	面积（hm^2）	占比（%）	一等地		二等地		三等地		四等地		五等地	
				面积（hm^2）	占比（%）	面积（hm^2）	占比（%）	面积（hm^2）	占比（%）	面积（hm^2）	占比（%）	面积（hm^2）	占比（%）
东和	东和	3 732.58	10.41	195.53	0.55	1 692.09	4.72	1 208.50	3.37	496.15	1.38	140.31	0.39
东兴	东岭	4 043.56	11.27	324.42	0.90	1 714.29	4.78	1 313.39	3.66	679.83	1.90	11.63	0.03
	东兴	6 329.39	17.65	256.21	0.71	1 909.04	5.32	3 907.61	10.89	256.53	0.72	0.00	0.00
东路	东路	1 616.96	4.51	69.07	0.19	862.29	2.40	382.64	1.07	301.94	0.84	1.02	0.00
罗豆	罗豆	2 375.50	6.62	47.05	0.13	1 464.03	4.08	833.75	2.32	30.67	0.09	0.00	0.00
南阳	南阳	2 727.72	7.61	370.48	1.03	572.35	1.60	1 146.83	3.20	631.53	1.76	6.53	0.02
海南省农垦橡胶所	海南省农垦橡胶所	1 108.74	3.09	36.79	0.10	585.43	1.63	401.43	1.12	66.40	0.19	18.69	0.05
新中	南林	6 701.37	18.68	341.07	0.95	3 314.19	9.24	2 726.09	7.60	277.58	0.77	42.44	0.12
	新中	7 231.32	20.16	344.90	0.96	3 548.17	9.89	2 790.40	7.78	509.23	1.42	38.62	0.11
合计		35 867.14		1 985.52		15 661.88		14 710.64		3 249.86		259.24	

表 9-18　海南农垦橡胶研究所片区不同土属地力各等级面积统计

土属	面积（hm^2）	占比（%）	一等地		二等地		三等地		四等地		五等地	
			面积（hm^2）	占比（%）	面积（hm^2）	占比（%）	面积（hm^2）	占比（%）	面积（hm^2）	占比（%）	面积（hm^2）	占比（%）
滨海林滩黄色砖红壤	19.00	0.05	2.12	0.01	7.71	0.02	9.17	0.03	0.00	0.00	0.00	0.00
潮砂泥土	33.52	0.09	0.91	0.00	14.14	0.04	18.47	0.05	0.00	0.00	0.00	0.00
古海沉积物黄色砖红壤	304.88	0.85	16.47	0.05	115.90	0.32	20.55	0.06	151.96	0.42	0.00	0.00
河潮土	38.04	0.11	0.00	0.00	19.02	0.05	19.02	0.05	0.00	0.00	0.00	0.00
河流冲积物黄色砖红壤	100.61	0.28	0.00	0.00	51.81	0.14	37.75	0.11	11.05	0.03	0.00	0.00
花岗岩、变质岩混合粗骨性砖红壤	59.13	0.16	0.00	0.00	29.37	0.08	7.88	0.02	21.88	0.06	0.00	0.00
花岗岩、沉积物混合黄色砖红壤	10.21	0.03	0.06	0.00	3.19	0.01	1.92	0.01	3.66	0.01	1.38	0.00
花岗岩、宽谷冲积物黄色砖红壤	6.38	0.02	0.00	0.00	6.38	0.02	0.00	0.00	0.00	0.00	0.00	0.00
花岗岩、浅海沉积混合黄色砖红壤	25.33	0.07	0.00	0.00	19.54	0.05	0.00	0.00	5.79	0.02	0.00	0.00

（续表）

土属	面积（hm^2）	占比（%）	一等地		二等地		三等地		四等地		五等地	
			面积（hm^2）	占比（%）	面积（hm^2）	占比（%）	面积（hm^2）	占比（%）	面积（hm^2）	占比（%）	面积（hm^2）	占比（%）
花岗岩、砂岩混合黄色砖红壤	4 491.84	12.52	229.31	0.64	2 231.62	6.22	1 694.12	4.72	319.66	0.89	17.13	0.05
花岗岩、云母片岩混合黄色砖红壤	941.26	2.62	86.48	0.24	389.21	1.09	274.29	0.76	179.65	0.50	11.63	0.03
花岗岩粗骨性砖红壤	21.95	0.06	0.26	0.00	10.09	0.03	4.67	0.01	2.65	0.01	4.28	0.01
花岗岩黄色砖红壤	18 198.81	50.74	844.37	2.35	7 761.66	21.64	8 307.10	23.16	1 088.87	3.04	196.81	0.55
黄赤土田	2 122.82	5.92	43.40	0.12	1 268.82	3.54	781.01	2.18	29.59	0.08	0.00	0.00
砾质砂岩砖红壤	139.92	0.39	19.36	0.05	34.86	0.10	66.40	0.19	13.15	0.04	6.15	0.02
浅海沉积物黄色砖红壤	401.98	1.12	44.35	0.12	212.79	0.59	91.52	0.26	51.55	0.14	1.77	0.00
砂岩黄色砖红壤	193.88	0.54	21.28	0.06	46.35	0.13	67.28	0.19	58.97	0.16	0.00	0.00
砂页岩、浅海沉积混合黄色砖红壤	75.42	0.21	0.25	0.00	54.93	0.15	20.24	0.06	0.00	0.00	0.00	0.00

（续表）

土属	面积（hm^2）	占比（%）	一等地		二等地		三等地		四等地		五等地	
			面积（hm^2）	占比（%）	面积（hm^2）	占比（%）	面积（hm^2）	占比（%）	面积（hm^2）	占比（%）	面积（hm^2）	占比（%）
砂页岩黄色砖红壤	726.77	2.03	28.71	0.08	252.69	0.70	412.89	1.15	32.48	0.09	0.00	0.00
炭质黑泥田	11.40	0.03	1.53	0.00	[illegible].02	0.02	2.85	0.01	0.00	0.00	0.00	0.00
铁质沉积岩黄色砖红壤	89.57	0.25	0.00	0.00	7[illegible].03	0.20	16.48	0.05	1.06	0.00	0.00	0.00
咸田	23.62	0.07	0.00	0.00	4.16	0.01	18.38	0.05	1.08	0.00	0.00	0.00
玄武岩、砂页岩混合黄色砖红壤	147.27	0.41	10.11	0.03	19.14	0.05	113.05	0.32	4.97	0.01	0.00	0.00
玄武岩黄色砖红壤	3 672.03	10.24	329.87	0.92	1 2[illegible]9.66	3.40	1 258.18	3.51	856.77	2.39	7.55	0.02
玄武岩砖红壤	1 282.95	3.58	96.78	0.27	644.77	1.80	423.55	1.18	105.31	0.29	12.54	0.03
云母片岩黄色砖红壤	2 728.55	7.61	209.90	0.59	1 [illegible]65.02	3.25	1 043.87	2.91	309.76	0.86	0.00	0.00
合计	35 867.14		1 985.52		15 [illegible]61.88		14 710.64		3 249.86		259.24	

第三节　耕地土壤属性

一、土壤的化学性质

（一）有机质

海南农垦橡胶研究所本次耕地地力调查土壤样点 2 659 个，土壤有机质平均含量为 21.21 g/kg，标准差为 5.56，变异系数为 19.44%。该片区土壤有机质含量为一级的样品 2 个，仅占比 0.08%，二级有 134 个，占比 5.04%，三级、四级的占比分别为 26.48%、63.18%；四级及以下共占 68.40%，有机质含量属于中等水平（表 9-19）。

表 9-19　海南农垦橡胶研究所片区土壤有机质分级状况

级别	含量（g/kg）	样点（个）	频率（%）	平均值（g/kg）
一级	≥40	2	0.08	46.20
二级	30～40	134	5.04	34.40
三级	20～30	704	26.48	23.80
四级	10～20	1 680	63.18	14.60
五级	6～10	121	4.55	8.50
六级	<6	18	0.67	3.90

该片区不同土属有机质含量比较见表 9-20，其中以玄武岩黄色砖红壤最高，平均值为 26.21 g/kg，砂页岩浅海沉积物黄色砖红壤最低，平均值为 7.05 g/kg。

表 9-20　海南农垦橡胶研究所片区不同土属有机质含量状况

土属名称	含量范围（g/kg）	平均值（g/kg）	标准差	变异系数（%）
滨海林滩黄色砖红壤	11.0～12.0	11.50	1.52	1.56
冲积土	7.0～26.0	13.00	4.90	26.90
古海沉积物黄色砖红壤	6.0～20.0	12.30	5.71	25.30
花岗砂岩石黄色砖红壤	18.0～31.0	23.40	6.60	28.18
花岗岩黄色砖红壤	4.0～34.0	15.30	13.90	72.36
花岗岩石质土	10.0～27.0	18.00	5.61	23.76
黄赤土田	5.0～45.0	14.20	6.22	43.66

（续表）

土属名称	含量范围（g/kg）	平均值（g/kg）	标准差	变异系数（%）
浅海沉积物黄色砖红壤	6.0～24.0	13.80	5.00	36.23
砂页岩黄色砖红壤	4.0～40.0	20.81	4.90	23.56
砂页岩浅海沉积物黄色砖红壤	5.0～9.0	7.05	5.70	81.43
砂页岩砖红壤	5.0～22.0	15.44	5.70	37.01
玄武岩黄色砖红壤	5.8～36.0	26.21	5.70	21.76
玄武岩砖红壤	6.0～38.0	25.00	6.40	25.60

（二）大量元素

1. 全　氮

海南农垦橡胶研究所片区耕层土壤全氮的平均含量为 1.13 g/kg，标准差为 0.45，变异系数为 16.94%；其中以海南橡胶研究所最高，为 1.53 g/kg，而东兴农场仅为 0.80 g/kg。该片区土壤全氮含量主要集中在三级、四级、五级，分别占所有样品的 24.08%、30.17%、34.14%，其次分布于二级和六级，占比分别为 4.22%和 7.20%；四级及以下共占 71.51%，全氮含量属于中下水平（表 9-21）。

表 9-21　海南农垦橡胶研究所片区土壤全氮分级状况

级别	含量（g/kg）	样点（个）	频率（%）	平均值（g/kg）
一级	≥2.0	3	0.19	2.24
二级	1.5（含）～2.0	68	4.22	1.34
三级	1.0（含）～1.5	388	24.08	1.09
四级	0.75（含）～1.0	486	30.17	0.85
五级	0.5（含）～0.75	550	34.14	0.67
六级	<0.5	116	7.20	0.29

该片区不同土属全氮含量比较见表 9-22，其中以砂页岩黄色砖红壤最高，平均值为 1.22 g/kg；玄武岩黄色砖红壤最低，平均值为 0.05 g/kg。

表 9-22　海南农垦橡胶研究所片区不同土属全氮含量状况

土属名称	含量范围（g/kg）	平均值（g/kg）	标准差	变异系数（%）
滨海林滩黄色砖红壤	0.50～0.72	0.61	0.16	55.45
冲积土	0.47～1.56	0.78	0.43	8.66

（续表）

土属名称	含量范围（g/kg）	平均值（g/kg）	标准差	变异系数（%）
古海沉积物黄色砖红壤	0.35～0.91	0.54	0.17	31.32
花岗砂岩石黄色砖红壤	0.38～1.57	0.81	0.20	24.68
花岗岩黄色砖红壤	0.11～1.98	0.77	0.22	29.33
花岗岩石质土	0.60～1.59	1.02	0.43	42.22
黄赤土田	0.33～2.11	0.73	0.30	40.45
浅海沉积物黄色砖红壤	0.41～1.22	0.74	0.21	28.70
砂页岩黄色砖红壤	0.43～2.45	1.22	0.37	30.35
砂页岩浅海沉积物黄色砖红壤	0.059	0.06		
砂页岩砖红壤	0.081	0.08		
玄武岩黄色砖红壤	0.047	0.05		
玄武岩砖红壤	0.098	0.10		

2. 有效磷

海南农垦橡胶研究所片区耕层土壤有效磷的平均含量为17.50 mg/kg，其变异系数达59.23%，标准差为10.44；新中分场土壤有效磷含量最高达38.10 mg/kg，而海南农垦橡胶研究所仅为6.50 mg/kg，农场间含量相差较大。该片区土壤样品有效磷含量分布于各等级中，分布较多的是六级，其占比为33.54%；其次为一级、四级和五级，占比分别为12.56%、16.83%、19.88%；二级、三级相对较少，均约为8%；四级及以下共占比70.25%，有效磷含量属于中下水平（表9-23）。

表9-23　海南农垦橡胶研究所片区土壤有效磷分级状况

级别	含量（mg/kg）	样点（个）	频率（%）	平均值（mg/kg）
一级	≥40	206	12.56	88.50
二级	20（含）～40	140	8.53	28.69
三级	10（含）～20	142	8.66	13.93
四级	5（含）～10	276	16.83	7.00
五级	3（含）～5	326	19.88	3.90
六级	＜3	550	33.54	2.30

该片区不同土属有效磷含量比较见表9-24，其中以滨海林滩黄色砖红壤和黄赤土田最高，分别为75.50 mg/kg和63.12 mg/kg；花岗岩石质土、玄武岩黄色砖红壤最低，分别为4.68 mg/kg和5.63 mg/kg。

表 9-24　海南农垦橡胶研究所片区不同土属有效磷含量状况

土属名称	含量范围（mg/kg）	平均值（mg/kg）	标准差	变异系数（%）
滨海林滩黄色砖红壤	48.8～102.2	75.50	37.76	50.10
冲积土	1.8～27.1	7.20	9.89	137.39
古海沉积物黄色砖红壤	2.8～70.7	27.39	18.52	67.59
花岗砂岩石黄色砖红壤	0.7～176.3	11.22	24.66	219.75
花岗岩黄色砖红壤	0.7～188.2	9.96	21.25	213.29
花岗岩石质土	2.8～5.5	4.68	1.27	27.13
黄赤土田	3.0～193.2	63.12	44.73	70.87
浅海沉积物黄色砖红壤	1.0～139.1	46.74	41.50	88.81
砂页岩黄色砖红壤	1.0～187.3	24.26	35.21	143.95
砂页岩浅海沉积物黄色砖红壤	5.7～78.0	28.48	33.45	117.47
砂页岩砖红壤	0.7～180.9	33.01	49.25	149.21
玄武岩黄色砖红壤	0.7～34.2	5.63	7.51	133.37
玄武岩砖红壤	0.7～88.4	7.27	14.49	199.36

3. 速效钾

海南农垦橡胶研究所片区耕层土壤速效钾的平均含量为 38.10 mg/kg，标准差为 7.98，变异系数为 21.92%；新中分场土壤速效钾含量最高，平均值为 45.01 mg/kg；海南农垦橡胶研究所最低，平均值为 21.50 mg/kg。该片区土壤有效钾含量主要分布在六级，占样品数的 56.07%，其次是五级和四级，分别占比 24.34%、15.62%；四级及以下共占 96.03%，速效钾比较缺乏（表 9-25）。

表 9-25　海南农垦橡胶研究所片区土壤速效钾分级状况

级别	含量（mg/kg）	样点（个）	频率（%）	平均值（mg/kg）
一级	≥200	1	0.06	201.00
二级	150（含）～200	10	0.61	168.68
三级	100（含）～150	54	3.30	120.71
四级	50（含）～100	256	15.62	66.03
五级	30（含）～50	399	24.34	38.06
六级	＜30	919	56.07	19.56

该片区不同土属速效钾含量比较见表 9-26，其中以砂页岩黄色砖红壤最高，平均值为 65.34 mg/kg；砂页岩浅海沉积物黄色砖红壤最低，平均值为 19.50 mg/kg；其他

各土属之间速效钾含量较近。

表 9-26　海南农垦橡胶研究所片区不同土属速效钾含量状况

土属名称	含量范围（mg/kg）	平均值（mg/kg）	标准差	变异系数（%）
滨海林滩黄色砖红壤	26～35	30.50	6.36	20.87
冲积土	15～101	34.67	32.70	94.32
古海沉积物黄色砖红壤	12～130	35.44	30.6	86.36
花岗砂岩石黄色砖红壤	10～200	33.10	23.21	70.12
花岗岩黄色砖红壤	20～140	58.24	27.84	47.81
花岗岩石质土	21～77	39.75	25.24	63.49
黄赤土田	10～180	44.25	28.42	64.23
浅海沉积物黄色砖红壤	5～89	37.59	25.50	67.83
砂页岩黄色砖红壤	9～190	65.34	40.67	62.24
砂页岩浅海沉积物黄色砖红壤	9～43	19.50	16.11	82.64
砂页岩砖红壤	4～65	24.15	22.09	91.44
玄武岩黄色砖红壤	6～73	24.24	16.32	67.34
玄武岩砖红壤	5～170	34.74	25.65	73.83

（三）中量元素

1. 有效钙

海南农垦橡胶研究所片区耕层土壤样品的有效钙含量差异较大。根据土壤养分分级标准，二级分布的样点有 20 个，占比 1.22%；达到三级的样点有 78 个，占比 4.76%；四级有 118 个，占比 7.20%；五级有 1 423 个，占比 86.82%；三级及以下共占比 98.78%，有效钙处于极为缺乏水平（表 9-27）。

表 9-27　海南农垦橡胶研究所片区土壤有效钙分级状况

级别	含量（mg/kg）	样点（个）	频率（%）	平均值（mg/kg）
一级	≥2 000	0	0.00	0.00
二级	1 000（含）～2 000	20	1.22	1 522.86
三级	400（含）～1 000	78	4.76	680.14
四级	200（含）～400	118	7.20	389.18
五级	＜200	1 423	86.82	110.19

2. 有效镁

海南农垦橡胶研究所片区耕层土壤样品的有效镁含量达一级和二级的样点数为 0

个；三级、四级的样点分别有 80 个、84 个，占比分别为 4. 94%、5. 18%；五级样点最多，共有 1 457 个，占比 89. 88%；三级及以下共占比 100. 00%，有效镁处于极为缺乏水平（表 9-28）。

表 9-28　海南农垦橡胶研究所片区土壤有效镁分级状况

级别	含量（mg/kg）	样点（个）	频率（%）	平均值（mg/kg）
一级	≥1 000	0	0. 00	0. 00
二级	300（含）～1 000	0	0. 00	0. 00
三级	100（含）～300	80	4. 94	175. 31
四级	50（含）～100	84	5. 18	70. 31
五级	＜50	1 457	89. 88	34. 24

（四）微量元素

1. 硼元素

海南农垦橡胶研究所片区本次土壤有效硼调查的样点数共有 595 个。分析结果表明，该片区耕地土壤有效硼含量没有达到一级、二级标准，四级中的样品数量最多，共有 470 个，占比 78. 99%；其次是三级样品 124 个，占比 20. 84%；三级及以下共占比 100. 00%，有效硼属于中下水平（表 9-29）。

表 9-29　海南农垦橡胶研究所片区土壤有效硼分级状况

级别	含量（mg/kg）	样点（个）	频率（%）	平均值（mg/kg）
一级	≥2. 0	0	0. 00	0. 00
二级	1. 0（含）～2. 0	0	0. 00	0. 00
三级	0. 5（含）～1. 0	124	20. 84	0. 57
四级	0. 2（含）～0. 5	470	78. 99	0. 32
五级	＜0. 2	1	0. 17	0. 01

2. 锌元素

海南农垦橡胶研究所片区本次土壤有效锌调查的样点数共有 1 622 个。分析结果表明，该片区耕地土壤有效锌含量达一级标准的样点仅有 34 个，占比 2. 10%；二级有 293 个，占比 18. 06%；三级有 592 个，占比 36. 50%；四级有 460 个，占比 28. 36%；五级有 243 个，占比 14. 98%；三级及以下共占比 79. 84%，有效锌属于中下水平（表 9-30）。

表 9-30　海南农垦橡胶研究所片区土壤有效锌分级状况

级别	含量（mg/kg）	样点（个）	频率（%）	平均值（mg/kg）
一级	≥3. 0	34	2. 10	6. 29

（续表）

级别	含量（mg/kg）	样点（个）	频率（%）	平均值（mg/kg）
二级	1.0（含）～3.0	293	18.06	1.54
三级	0.5（含）～1.0	592	36.50	0.67
四级	0.3（含）～0.5	460	28.36	0.39
五级	＜0.3	243	14.98	0.19

（五）土壤酸碱度

海南农垦橡胶研究所片区耕层土壤酸碱度为6.5～7.5的样点有38个，占比2.32%；酸碱度为5.5～6.5的样点有180个，占比10.98%；酸碱度为4.5～5.5的样点有1 270个，占比77.49%；酸碱度为0～4.5的样点有151个，占比9.21%；碱性的样品没有（表9-31）。可见海南农垦橡胶研究所片区耕地土壤大都属于酸性范围。

表9-31　海南农垦橡胶研究所片区土壤pH值分级状况

级别	pH值	样点（个）	频率（%）	平均值
一级（弱碱、碱性）	≥7.5	0	0.00	0.00
二级（中性）	6.5（含）～7.5	38	2.32	6.14
三级（弱酸）	5.5（含）～6.5	180	10.98	5.37
四级（酸性）	4.5（含）～5.5	1 270	77.49	4.36
五级（强酸）	＜4.5	151	9.21	3.99

二、土壤的物理性质

（一）质　地

海南农垦橡胶研究所片区耕地的土壤质地主要有砂壤、松砂、轻壤、中壤、重壤、重黏等类型，其中砂壤面积7 700.97 hm^2，占比为21.47%，还有小面积松砂251.53 hm^2，仅占比0.70%；轻壤面积10 305.57 hm^2，占比为28.73%；中壤面积11 866.81 hm^2，占比为33.09%；重壤面积3 307.80 hm^2，占比为9.22%；重黏土壤面积2 434.46 hm^2，占比为6.79%（表9-32）。

表9-32　海南农垦橡胶研究所片区土壤质地面积分布状况

质地类型	砂壤	松砂	轻壤	中壤	重壤	重黏
面积（hm^2）	7 700.97	251.53	10 305.57	11 866.81	3 307.80	2 434.46
占总耕地比例（%）	21.47	0.70	28.73	33.09	9.22	6.79

（二）耕层厚度

耕作层的深浅反映了土壤的熟化程度，它直接影响着土壤养分的含量，在养分百分含量相同的情况下，耕层 0～20 cm 与 20～40 cm 相比，水分和养分要少 30%，因此耕层深的土地不易脱肥和受旱。本次调查中海南农垦橡胶研究所片区有效土层平均厚度达到了 160 cm。

三、土壤的养分变化

本次调查与第二次土壤普查相比，海南农垦橡胶研究所片区土壤有机质含量在一级、二级、三级、六级的占比有所下降，其中二级下降幅度最大，为 21.46%，四级、五级的占比上升，其中四级上升了 42.07%。全氮在一级、二级、三级的占比有明显下降，其下降幅度分别为 3.76%、21.93%和 18.24%；四级、五级、六级有所上升，上升幅度分别为 15.89%、23.75%、4.29%。有效磷在一级、二级、五级、六级的占比有所上升；六级上升幅度最大，为 31.03%；三级、四级分别下降了 34.64%、19.43%。速效钾在一级、二级、三级、四级的占比变化不大，五级下降了 24.55%，六级上升了 27.58%（表 9-33）。总体上，海南农垦橡胶研究所片区在一级、二级的比例除有效磷有所上升外，土壤有机质、全氮和速效钾均呈下降趋势。可见，多年来该片区耕地土壤养分总体上在下降，而速效钾更缺乏。

表 9-33　本次调查与第二次土壤普查土壤养分含量各等级占比对照　（单位：%）

级别	有机质		全氮		有效磷		速效钾	
	本次调查	第二次普查	本次调查	第二次普查	本次调查	第二次普查	本次调查	第二次普查
一级	0.08	7.77	0.19	3.95	12.56	2.78	0.06	1.05
二级	5.04	26.50	4.22	26.15	8.53	7.43	0.61	0.86
三级	26.48	40.85	24.08	42.32	8.66	43.30	3.30	2.11
四级	63.18	21.11	30.17	14.28	16.83	36.26	15.62	18.60
五级	4.55	1.67	34.14	10.39	19.88	7.72	24.34	48.89
六级	0.67	2.10	7.20	2.91	33.54	2.51	56.07	28.49

第四节　耕地资源合理利用的对策与建议

一、耕地利用现状与特点

海南农垦橡胶研究所片区位于海南省万宁市和文昌市境内，水热条件优越，土层较厚，较适宜橡胶等热带作物的生长。片区多为丘陵山地，风力较大，且有台风经过。土壤多为玄武岩发育而成的黄色砖红壤，土壤存在一些不利因素，如土壤肥力中等，但磷、钾较缺乏，保水保肥性能较差；水稻土中潜育型地下水位过高或长久积水，土壤通气不良，不利于水稻生长发育。

随着农垦改革不断深入，农场经营体制、耕作制度、种植结构、种植规模都发生了根本性的变化，改变了过去以种植橡胶为主的耕作方式，大力发展热带水果、热带经济作物、反季节瓜菜生产，提高了作物复种指数，职工收入增加幅度快，生活改善明显。近年来，该片区在稳定橡胶生产和粮食生产的基础上，充分利用土地和环境优势，结合农业结构调整，积极发展热带经济作物的生产，在旱地较多种植橡胶、胡椒、槟榔等热带经济作物以及香蕉、龙眼、荔枝等热带水果，在水田以种植水稻、瓜菜为主。

二、合理规划产业布局

（一）改善种植结构，调整作物布局

海南农垦橡胶研究所片区应根据耕地特性，考虑当地的自然和经济技术条件，调整作物布局，趋利避害，合理地安排种植最适宜或比较适宜的农作物。该片区水稻土很大一部分为潜育型水稻田，不利于水稻的生长发育，应实行水旱轮作，如以水稻为主与甘薯、花生、蔬菜及冬季作物等进行轮作，组成各种年内或年间水旱作物换茬轮种。因地制宜，实现因土种植，因土管理，宜粮则粮，宜果则果，宜菜则菜，坚持用地与养地相结合。

（二）充分利用土地资源，发展多种产业

海南农垦橡胶研究所片区气候环境条件良好，土壤条件适宜种植热带作物。目前橡胶种植面积较大，但单产较低，其他热带作物种植却很少，可利用橡胶林的时间及空间生态位，在橡胶园或果园内种植耐阴的矮秆经济作物，充分利用林下土地资源。该片区易受台风袭击，造林可防风和保持水土，片区有一部分荒地未开垦，发展林业潜力大，特别是沿海地区，利用沙滩地营造薪炭林，减小台风影响，有利于扩大生产，增加职工收入。同时需要开发后备土地资源进行农业生产，但在开垦利用荒地土地资源时，要注意保护环境。对于现有的耕地出现了水土流失、地力退化等一系列的问题，应该采取针对性对其进行改良，保护现有耕地，提高耕地质量。

第五节　耕地质量管理与科学施肥

一、耕地质量管理

（一）统一规划，用养结合

树立全局观念和生态观点，改掠夺性土地经营为集约性经营，统一规划，用养结合，提高土壤资源的生产潜力。海南农垦橡胶研究所片区土壤潜在养分含量不高，若再进行掠夺性种植，土壤将会越种越贫瘠，因此，应严禁破坏性刀耕火种。坡度大于 25° 的陡坡地和沿海风沙地应种植林木或放牧，并且要保护好原有次生林，不能重走盲目扩大耕地的老路。开垦种植作物时，应统一规划成梯田，种肥盖草，丘陵下段宜种耐肥

作物。

（二）改善农田基础设施建设

海南农垦橡胶研究所片区降水量集中，强降雨容易造成土壤冲刷，如不采取水土保持的措施，耕地土壤便会遭到严重破坏，土地肥力衰退。所以，在林地开垦时，必须重视水土保持工作，除了尽快种植覆盖作物，避免地面裸露外，还应尽快修筑梯田、环山行等水土保持工程，才能有效地防止水土流失。该片区内水稻田土壤包括潴育型、渗育型和潜育型三种类型水稻土，渗育型和潜育型水稻田是片区的低产土壤，这类土壤的主要问题是水分状况不良，应针对性进行改良。渗育型水稻土的改良主要是挖环山沟和修建田间排水沟，降低地下水位。潜育型水稻土改良措施主要是深挖排水沟，降低地下水位，改善土壤特性，促进养分良性循环。

（三）加强橡胶园基础建设

1. 林地开垦

橡胶树宜林地的开垦是橡胶园农田基础建设中极其重要的环节，林地开垦质量的好坏直接影响橡胶树的生长、产量、林地抚育管理工效和采胶工作等。林地开垦的质量要求：①尽量保留和充分利用表土，为新植橡胶树和其他作物创造良好的土壤环境；②将地面树头、树根、石头等障碍物以及一些能诱发橡胶树病虫害的杂草、杂木等清除干净；③坡地的水土保持工程、梯田或环山行等的等高水平、宽度、内倾斜角要符合要求，以保证水土保持工程的质量；④按规划设计要求，布置林间小道、排水系统及防牛设施等，严格控制种植橡胶树的株行距和密度，充分利用土地；⑤保留有利用价值的杂树、杂木，并加以处理利用。

2. 修筑水土保持工程

海南农垦橡胶研究所片区年降水量大且集中，强大的降雨造成土壤冲刷，使植胶地肥力衰退，橡胶树根系裸露，橡胶树经济寿命缩短，生长和产胶均会受到严重影响。所以，在林地开垦时，必须重视水土保持工作，除了尽快种植覆盖作物，避免地面裸露外，还应尽快修筑水土保持工程，才能有效地防止水土流失。

3. 防护林的建设

该片区是台风频繁登陆的区域，常年台风较多，强度较大，为避免台风造成橡胶的损失，在建设橡胶园的同时应该做好防护林的建设。

二、科学指导合理施肥

（一）大力推广测土配方施肥技术，做到科学施肥

化肥是农业生产肥料施用中必不可少的一类肥料，不仅能够迅速提供给作物所需的有效营养元素，还弥补了有机肥的不足，与有机质配合施肥起到了相得益彰的作用。本次调查结果表明，农垦橡胶所片区耕地土壤缺乏磷、钾元素，而且钙镁含量较低，农场传统的施肥方法存在某些不合理。针对该片区土壤养分现状和化肥施用状况，应通过测土配方施肥技术，做到增施磷肥和钾肥、适施氮肥，尽量施用复合肥，逐步淘汰低含量的单一肥料。一是通过定量施用化肥，有效控制滥用化肥对土壤造成的养分失衡和理化性状变劣的趋势；二是通过有机与无机相结合的施肥方式，在满足作物营养需求的同

时，最大限度地做到改良土壤、培肥地力；三是大量元素的施用和作物产量的提高，必然引起土壤中微量元素的耗竭，在平衡施肥中必须考虑中微量元素肥料的补充作用。

（二）广辟肥源，增施有机肥

根据本次土壤调查，发现农垦橡胶研究所片区耕地土壤有机质含量不高，因此要增施有机肥，培肥地力，改善耕地土壤质量。因地制宜，多形式，多途径增加有机肥料的投入。一方面，该片区非常适合野生绿肥的生长，也可在橡胶等作物林下种植绿肥，绿肥是不仅增加有机氮源，也是富集土壤中磷、钾及微量元素的有效途径，可以增加土壤有机质含量，改善土壤结构，增加地面覆盖，防止水土流失；另一方面，从实际出发推广沼气设施建设，搞好人、畜、禽粪便的发酵利用，坚持塘泥上地。

第十章　南海片区耕地地力评价

第一节　自然与农业生产概况

一、地理位置与行政区划

南海片区位于海南省中东部的屯昌县和定安县境内，地理位置为北纬 19°11′35″～19°40′3″，东经 109°47′10″～110°33′27″，自然条件优越，有着丰富的生物和土壤资源，水热条件优越，适合各种热带作物的生长。南海片区西与澄迈县接壤，南与琼海市相连，东与文昌市毗邻，北与定安县定城镇相邻。片区南北纵贯 53 km，东西横跨 80 km。

南海片区土地面积 973.02 km^2，约占全垦区土地面积的 11.38%。南海片区由 5 个农场组成：南海农场（包括南海农场和定安热作所）、中建农场（包括广青分场、南吕分场和中建分场）、中坤农场（包括晨星分场、黄岭分场和中坤分场）、金鸡岭农场和中瑞农场，包括 405 个农业基层单位，其中农业生产队 328 个。

二、自然气候和水文地质

（一）自然气候

南海片区气候温和，阳光充足，四季常绿，草木常青，植被繁茂，雨水充沛。年平均气温大于 23.4℃；月平均气温最高的 6—7 月为 27.8℃，最低的 1 月为 17.5℃；极端高温 41.1℃，极端低温-0.7℃，1955 年、1974 年两次出现过较严重的寒害。年降水量为 1 800～2 500 mm，4—10 月为雨季，各月降水量在 100 mm 以上，降水量占全年的 90%以上；旱季为 11 月至翌年 3 月。南吕分场和中坤分场常是琼海、万宁一带登陆台风穿经的“走廊”，受台风影响很大，风力较大；其他地区台风中心较少掠过，多是外围波及，最大风力一般在 10 级以下。

（二）地形及母质

南海片区东北低、西南高，多为丘陵地形，局部地区分布有阶地、台地、盆地及谷地。西部地区起伏强烈，山岭密集，沟壑交错，地面破碎，坡度多为 15°～25°；东部地区则起伏较缓，坡度一般在 8°以下。海拔一般为 50～300 m，南吕分场的黄竹岭海拔最高，为 609 m。母质是土壤形成的物质基础，不仅土壤的矿物质起源于母质，土壤有机质中的矿质养分也主要来源于母质。南海片区自然土以砖红壤和黄色砖红壤为主，多为砾质黏壤。成土母质以花岗岩占比最大，其次是玄武岩、变质岩、砂页岩、石英岩、河流冲积物及浅海沉积物。

(三) 水 文

南海片区内没有太大的河流，但是溪沟较多，分布均匀，水源丰富，源远流长，终年流水不断。主要水系为土龙河、加训溪、牛头溪、卜文溪、龙州河、加握河、来朝溪、龙州河、南丽湖、龙舟河、青梯河、南坤溪、封浩河（文曲江上游）、青湾河（龙州河支流）和白蜡沟等。各河流、溪沟以及农场和地方修建的水库等交错贯穿片区，为全片区的生产和生活提供了丰富的水源，便于灌溉。

(四) 自然植被

南海片区垦前植被大部分是杂木林、次生杂木林、稀树灌木林以及岗松、芒箕等杂草构成的各种多层次群落。

三、农业生产情况

南海片区是一个橡胶和热带作物生产大区，有着 60 多年的植胶历史。建场以来，大面积主要种植作物是橡胶，同时种植有胡椒、荔枝、茶、水稻、橙、槟榔及其他热带作物。2008 年，全片区土地总面积 79 561.8 hm^2，已开垦利用土地面积 49 283.4 hm^2，耕地总面积 39 557.2 hm^2。天然橡胶种植面积 25 048.4 hm^2，农作物总播种面积 6 119.9 hm^2，热带作物面积 3 559.0 hm^2，水果面积 1 666.5 hm^2，林地面积 8 856.5 hm^2。

四、第二次土壤普查类型

第二次土壤普查中南海片区的主要土壤类型名称如表 10-1 所示。

表 10-1　南海片区土壤类型

土类	亚类	土属	土种
潮砂泥土	潮砂泥土	冲积物潮砂泥土	冲积物厚层潮砂泥土
粗骨土	硅铝质粗骨土	花岗岩变质岩粗骨土	花岗岩变质岩重砾石薄厚层粗骨土
		花岗岩粗骨土	花岗岩厚薄层砾石土粗骨土
			花岗岩砾石土粗骨土
			花岗岩中砾石厚薄层粗骨土
		砂页岩粗骨土	砂页岩中厚层粗骨土
			砂页岩砾石中厚层粗骨土
		石头地粗骨土	石头地粗骨土
		云母片岩粗骨土	云母片岩中中层粗骨土
	铝质粗骨土	砂页岩粗骨土	砂页岩铁子中厚层粗骨土
	铁铝质粗骨土	玄武岩粗骨土	玄武岩砾质中薄层粗骨土
			玄武岩铁质薄厚层粗骨土

（续表）

土类	亚类	土属	土种
水稻土	潜育型水稻土	低青泥田	白底青泥田
			潮低青泥田
			赤低青泥田
			红低青泥田
			砂泥青泥格田
		烂浒田	烂浒田
			深浒田
		乌泥底田	乌泥底田
	渗育型水稻土	砂漏田	红砂漏田
	淹育型水稻土	浅脚白赤土田	浅脚白半砂坜土田
			浅脚白坜土田
			浅脚红砂泥田
		生赤土田	生赤土田
		生泥田	生红赤土田
	潴育型水稻土	白赤土田	白砂泥土田
			白砂土田
			砂土田
		潮砂泥田	潮砂泥田
			潮砂出
		潮砂田	砂田
		赤土田	赤砂泥田
			赤土田
		河砂泥田	河砂质田
		红赤土田	红砂土田
			红土田
砖红壤	黄色砖红壤	变质岩黄色砖红壤	变质岩厚厚层黄色砖红壤
			变质岩中砾石厚厚层黄色砖红壤
			变质岩中砾石厚中层黄色砖红壤
			变质岩中砾石中厚层黄色砖红壤
			变质岩重砾石厚中层黄色砖红壤

（续表）

土类	亚类	土属	土种
砖红壤	黄色砖红壤	变质岩黄色砖红壤	变质岩重砾石中厚层黄色砖红壤
			变质岩厚层石砾土黄色砖红壤
			变质岩轻砾石厚厚层黄色砖红壤
			变质岩轻砾石中厚层黄色砖红壤
			变质岩中砾石薄厚层黄色砖红壤
			变质岩重砾石厚薄层黄色砖红壤
			变质岩重砾石厚厚层黄色砖红壤
			变质岩重砾石中中层黄色砖红壤
		冲积物黄色砖红壤	冲积物中砾石中中层黄色砖红壤
		河流冲积物黄色砖红壤	河流冲积物轻砾石厚厚层黄色砖红壤
			河流冲积物轻砾石中厚层黄色砖红壤
			河流冲积物轻砾石中中层黄色砖红壤
			河流冲积物中厚层黄色砖红壤
			河流冲积物中砾石厚厚层黄色砖红壤
		花岗岩变质岩黄色砖红壤	花岗岩变质岩厚层砾石土黄色砖红壤
			花岗岩变质岩中砾石厚厚层黄色砖红壤
			花岗岩变质岩中中层砾石土黄色砖红壤
			花岗岩变质岩厚层黄色砖红壤
			花岗岩变质岩轻砾石厚厚层黄色砖红壤
			花岗岩变质岩轻砾石中厚层黄色砖红壤
			花岗岩变质岩中砾石中厚层黄色砖红壤
			花岗岩变质岩重砾石厚厚层黄色砖红壤
			花岗岩变质岩重砾石中厚层黄色砖红壤
			花岗岩变质岩重砾石中中层黄色砖红壤
		花岗岩黄色砖红壤	花岗岩厚厚层黄色砖红壤
			花岗岩厚层砾石土黄色砖红壤
			花岗岩厚中层砾石土黄色砖红壤
			花岗岩轻砾石厚厚层黄色砖红壤
			花岗岩轻砾石中厚层黄色砖红壤
			花岗岩轻砾石中中层黄色砖红壤

（续表）

土类	亚类	土属	土种
砖红壤	黄色砖红壤	花岗岩黄色砖红壤	花岗岩中厚层砾石土黄色砖红壤
			花岗岩中砾石厚厚层黄色砖红壤
			花岗岩中砾石厚中层黄色砖红壤
			花岗岩中砾石中厚层黄色砖红壤
			花岗岩重砾石厚厚层黄色砖红壤
			花岗岩重砾石厚中层黄色砖红壤
			花岗岩重砾石中厚层黄色砖红壤
			花岗岩重砾石中中层黄色砖红壤
			花岗岩厚薄层黄色砖红壤
			花岗岩厚层黄色砖红壤
			花岗岩轻砾石厚中层黄色砖红壤
			花岗岩中厚层黄色砖红壤
			花岗岩中砾石薄厚层黄色砖红壤
			花岗岩中砾石中中层黄色砖红壤
			花岗岩重砾石薄厚层黄色砖红壤
		花岗岩中黄色砖红壤	花岗岩中中层石砾土黄色砖红壤
		砂页岩黄色砖红壤	砂页岩厚层黄色砖红壤
			砂页岩厚层石砾土黄色砖红壤
			砂页岩轻砾石厚厚层黄色砖红壤
			砂页岩轻砾石厚中层黄色砖红壤
			砂页岩轻砾石中厚层黄色砖红壤
			砂页岩中砾石厚薄层黄色砖红壤
			砂页岩中砾石厚厚层黄色砖红壤
			砂页岩中砾石厚中层黄色砖红壤
			砂页岩中砾石中厚层黄色砖红壤
			砂页岩中砾石中中层黄色砖红壤
			砂页岩中铁子厚中层黄色砖红壤
			砂页岩中中层黄色砖红壤
			砂页岩重砾石厚厚层黄色砖红壤
			砂页岩重砾石厚中层黄色砖红壤
			砂页岩重砾石中厚层黄色砖红壤

（续表）

土类	亚类	土属	土种
砖红壤	黄色砖红壤	石英岩黄色砖红壤	石英岩中砾石厚厚层黄色砖红壤
			石英岩轻砾石中厚层黄色砖红壤
			石英岩中厚层黄色砖红壤
			石英岩中砾石中厚层黄色砖红壤
			石英岩中砾石中中层黄色砖红壤
			石英岩重砾石厚厚层黄色砖红壤
			石英岩重砾石中中层黄色砖红壤
		玄武岩黄色砖红壤	玄武岩重砾石厚厚层黄色砖红壤
			玄武岩重砾石中厚层黄色砖红壤
			玄武岩厚层砾石土黄色砖红壤
			玄武岩重砾石厚厚层黄色砖红壤
			玄武岩重砾石中厚层黄色砖红壤
		云母片岩黄色砖红壤	云母片岩中砾石中厚层黄色砖红壤
			云母片岩重砾石厚厚层黄色砖红壤
			云母片岩厚层黄色砖红壤
			云母片岩轻砾石厚厚层黄色砖红壤
			云母片岩轻砾石厚中层黄色砖红壤
			云母片岩中厚层石砾土黄色砖红壤
			云母片岩中砾石薄厚层黄色砖红壤
			云母片岩中砾石厚厚层黄色砖红壤
			云母片岩中砾石中厚层黄色砖红壤
			云母片岩重砾石厚厚层黄色砖红壤
			云母片岩重砾石厚中层黄色砖红壤
			云母片岩重砾石中厚层黄色砖红壤
	砖红壤	变质岩砖红壤	变质岩薄厚层砖红壤
			变质岩重砾石中厚层砖红壤
			变质岩砾石土砖红壤
			变质岩中砾石厚厚层砖红壤
			变质岩重砾石厚厚层砖红壤
			变质岩重砾石厚中层砖红壤

（续表）

土类	亚类	土属	土种
砖红壤	砖红壤	河流冲积物砖红壤	河流冲积物中砾石中中层砖红壤
			河流冲积物中表厚层砖红壤
		花岗岩砖红壤	花岗岩厚层石砾土砖红壤
			花岗岩轻砾石厚厚层砖红壤
			花岗岩轻砾石厚中层砖红壤
			花岗岩中砾石厚厚层砖红壤
			花岗岩中砾石厚中层砖红壤
			花岗岩中砾石中厚层砖红壤
			花岗岩中砾石中中层砖红壤
			花岗岩重砾石厚厚层砖红壤
			花岗岩厚层石砾土砖红壤
		砂页岩砖红壤	砂页岩轻砾石厚厚层砖红壤
			砂页岩厚薄层砖红壤
			砂页岩厚层砖红壤
			砂页岩厚中层砖红壤
			砂页岩轻铁子厚中层砖红壤
			砂页岩石砾土砖红壤
			砂页岩中厚层砖红壤
			砂页岩中砾石厚厚层砖红壤
			砂页岩中砾石中厚层砖红壤
			砂页岩中砾石中中层砖红壤
			砂页岩中铁子薄厚层砖红壤
			砂页岩中铁子厚厚层砖红壤
			砂页岩中铁子厚中层砖红壤
			砂页岩中铁子中厚层砖红壤
			砂页岩中中层砖红壤
			砂页岩重砾石厚厚层砖红壤
			砂页岩重砾石中厚层砖红壤
			砂页岩重砾石中中层砖红壤

（续表）

土类	亚类	土属	土种
砖红壤	砖红壤	玄武岩水化砖红壤	玄武岩薄厚层水化砖红壤
			玄武岩厚薄层水化砖红壤
			玄武岩厚层水化砖红壤
			玄武岩厚中层水化砖红壤
			玄武岩轻铁子厚厚层水化砖红壤
			玄武岩轻铁子厚中层水化砖红壤
			玄武岩中厚层水化砖红壤
			玄武岩中铁子厚厚层水化砖红壤
			玄武岩中铁子中厚层水化砖红壤
			玄武岩中铁子中中层水化砖红壤
			玄武岩中中层水化砖红壤
			玄武岩重铁子中厚层水化砖红壤
		玄武岩砖红壤	玄武岩厚薄层砖红壤
			玄武岩厚层砖红壤
			玄武岩厚中层砖红壤
			玄武岩轻砾石中厚层砖红壤
			玄武岩轻铁子薄厚层砖红壤
			玄武岩轻铁子厚薄层砖红壤
			玄武岩铁子土砖红壤
			玄武岩中厚层砖红壤
			玄武岩中砾石厚中层砖红壤
			玄武岩中中层砖红壤
		云母片岩砖红壤	云母片岩中厚层砖红壤

第二节　耕地地力评价

本次耕地地力评价选取对南海片区内耕地地力影响比较大、区域内变异明显、在时间序列上具有相对稳定性、与农业生产有密切关系的 12 个因素，建立评价指标体系。以 1∶5 万土壤图、土地利用现状图（提取了水田、旱地、橡胶园、茶园、果园及其他热带经济作物园）、南海片区行政区划图 3 种图件叠加形成的图斑为评价单元。应用

"县域耕地资源管理信息系统"和模糊数学评价、层次分析法等数学理论，对南海片区耕地进行地力评价。

一、评价指标体系建立

（一）评价指标确定

海南农垦南海片区耕地地力评价体系以全国评价指标体系作为依据，聘请海南省知名土壤肥料专家和各农场生产主要技术人员进行座谈商讨，根据重要性、差异性、稳定性、易获性、精简性和必要性等指标选取原则，选取了有机质、有效磷、速效钾、交换性镁、pH 值、容重、质地、成土母质、坡度、有效土层厚度、梯化程度和年降水量共计 12 个指标作为耕地地力评价的因子，具体指标及归类如表 10-2 所示。

表 10-2　南海片区耕地地力评价指标体系

目标层（A）	准则层（B）	指标层（C）
耕地地力	耕层理化性状	质地
		pH 值
		容重
	耕层养分状况	有机质
		有效磷
		速效钾
		交换性镁
	立地条件	成土母质
		坡度
		年降水量
	土壤管理	梯化程度
	剖面性状	有效土层厚度

（二）评价指标的量化处理

获取的评价资料可以分为定量和定性资料两大部分。耕地地力评价指标类型分为数值型和概念型，数值型指标是定量的，与耕地生产能力有一定的线性关系，如土壤有机质、全氮、pH 值等。概念型指标是确定性的、综合性的，与耕地生产能力之间是一种非线性的关系，如地貌类型、土壤剖面构型、质地等。数值型和概念型评价指标的实测值量纲不同，取值范围各异，因此，地力评价时必须对各评价指标的原始数据进行标准化处理，数值型数据可通过建立隶属函数，把各评价指标转化为 0～1 的标准化数据；概念型数据可直接通过德尔菲法和专家打分法进行定量化。

1. 定性因素的量化处理

定性因素是概念型指标如质地，坡度、剖面构型等，与耕地生产能力之间是一种非线性的关系，采用德尔菲法直接给出隶属度，各评价因素及其隶属度如表 10-3 至表 10-7 所示。

表 10-3　南海片区成土母质隶属度

描述	玄武岩	变质岩	砂页岩	石英岩	浅海沉积物	河流冲积物	花岗岩
隶属度	0.68	0.74	0.87	0.58	0.48	0.92	0.80

表 10-4　南海片区有效土层厚度（cm）隶属度

描述	<30	30（含）～50	50（含）～70	70（含）～90	90（含）～110	110（含）～130	130（含）～150	≥150
隶属度	0.09	0.18	0.30	0.46	0.66	0.86	0.95	1.00

表 10-5　南海片区质地隶属度

描述	松砂	紧砂	砂壤	轻壤	中壤	重壤	轻黏	中黏	重黏
隶属度	0.42	0.55	0.78	0.90	0.96	0.82	0.71	0.65	0.49

表 10-6　南海片区坡度隶属度

描述	<3°	3°（含）～7°	7°（含）～15°	15°（含）～20°	20°（含）～25°	25°（含）～30°	30°（含）～35°	≥35°
隶属度	1.00	0.96	0.85	0.69	0.55	0.30	0.17	0.08

表 10-7　南海片区梯化程度隶属度

描述	坡度小于 3°	反坡梯化	平坡梯化	顺坡梯化	无梯化
隶属度	0.99	0.90	0.70	0.50	0.10

2. 定量化指标的隶属函数

对于定量化的指标，采取德尔菲法和专家打分法确定指标的隶属函数。经过归纳、反馈、集中，产生的隶属函数如表 10-8 所示。

表 10-8　南海片区耕地地力评价指标隶属函数

序号	函数类型	项目	隶属函数	c	u_t
1	戒上型	降水量（mm）	$y=1/[1+2.86\times10^{-6}\times(u-c)^2]$	1 907	1 200
2	戒上型	有效磷（mg/kg）	$y=1/[1+0.0013\times(u-c)^2]$	34.77	3
3	戒上型	有机质（g/kg）	$y=1/[1+0.0024\times(u-c)^2]$	33.34	6
4	戒上型	速效钾（mg/kg）	$y=1/[1+0.000071\times(u-c)^2]$	187.57	20

（续表）

序号	函数类型	项目	隶属函数	c	u_t
5	戒上型	交换性镁（mg/kg）	$y=1/[1+0.000\,042\times(u-c)^2]$	246.82	5
6	戒下型	容重（g/cm^3）	$y=1/[1+7.678\,5\times(u-c)^2]$	1.19	1.6
7	峰型	pH 值	$y=1/[1+0.379\,3\times(u-c)^2]$	5.15	$u_{t1}=3.5$ $u_{t2}=7.5$

（三）评价指标的权重确定

评价指标的权重通过层次分析法确定。首先，根据南海片区耕地地力指标各个指标间的关系构造耕地要素层次结构图。然后，请专家比较同一层次各因素对上一层次的相对重要性，打分给出数量化的评价，构造判断矩阵；根据判断矩阵计算出矩阵的最大特征根和特征向量，并进行一致检验。最后，进行层次总排序一致性检验，如通过一致性检验，便可求得各评价指标的组合权重，即为评价指标的实际权重（表 10-9）。

表 10-9　南海片区耕地地力评价指标权重

指标层	准则层					
	耕层理化性状 B1	立地条件 B2	剖面性状 B3	土壤管理 B4	耕层养分状况 B5	组合权重
	0.217 4	0.261 2	0.087 0	0.043 6	0.390 9	$\sum CiBi$
质地 C1	0.623 1					0.135 5
pH 值 C2	0.096 3					0.020 9
容重 C3	0.280 5					0.061 0
成土母质 C4		0.490 3				0.128 1
年降水量 C5		0.201 3				0.052 5
坡度 C6		0.308 4				0.080 5
有效土层厚度 C7			1.000 0			0.087 0
梯化程度 C8				1.000 0		0.043 6
有机质 C9					0.628 6	0.245 7
有效磷 C10					0.189 5	0.074 1
速效钾 C11					0.120 1	0.046 9
交换性镁 C12					0.061 8	0.024 2

二、耕地地力等级划分

根据南海片区耕地地力综合指数结果，运用等距法制定本片区耕地地力综合指数分级方案，并将全区耕地等级共划分为 6 个等级（表 10-10）。

表 10-10　南海片区耕地地力评价等级划分

等级	综合指数	等级	综合指数
一等地	0.70（含）~0.73	四等地	0.63（含）~0.65
二等地	0.68（含）~0.70	五等地	0.60（含）~0.63
三等地	0.65（含）~0.68	六等地	0.52（含）~0.60

三、耕地地力等级分布

（一）耕地地力等级面积统计

南海片区耕地地力调查的耕地总面积为 39 557.21 hm^2，其中橡胶园面积为 25 048.44 hm^2。一等地 1 171.75 hm^2，占耕地总面积的 2.96%；二等地 5 022.07 hm^2，占耕地总面积的 12.70%；三等地 19 001.86 hm^2，占耕地总面积的 48.04%；四等地 10 625.87 hm^2，占耕地总面积的 26.86%；五等地 3 402.05 hm^2，占耕地总面积的 8.60%；六等地 333.61 hm^2，占总面积的 0.84%（表 10-11）。

表 10-11　南海片区耕地不同地力等级面积统计

等级	一等地	二等地	三等地	四等地	五等地	六等地	总计
面积（hm^2）	1 171.75	5 022.07	19 001.86	10 625.87	3 402.05	333.61	39 557.21
占比（%）	2.96	12.70	48.04	26.86	8.60	0.84	100.00

（二）耕地地力等级评价

1. 一等地

（1）面积与分布

一等地总面积 1 171.75 hm^2，占全片区耕地总面积的 2.96%。一等地集中分布在片区南部的南吕分场和中建分场、中瑞农场，东部的南海农场，以及西北部的晨星分场。其中分布面积最大的是中建分场，达 552.23 hm^2，其次为中瑞农场，面积为 354.63 hm^2（表 10-12）。

表 10-12　南海片区一等耕地面积空间分布

农场	分场	面积（hm^2）	占本分场耕地面积的比例（%）	占片区耕地面积的比例（%）
南海	南海	104.00	1.30	0.26
金鸡岭	金鸡岭	0.00	0.00	0.00

（续表）

农场	分场	面积（hm^2）	占本分场耕地面积的比例（%）	占片区耕地面积的比例（%）
中建	广青	4.06	0.20	0.01
	南吕	53.80	2.70	0.14
	中建	552.23	9.70	1.40
中坤	晨星	95.17	2.60	0.24
	黄岭	0.00	0.00	0.00
	中坤	7.86	0.10	0.02
中瑞	中瑞	354.63	8.20	0.90
合计		1 171.75		2.96

（2）主要属性分析

一等地主要位于比较平坦的东部低丘陵台地和中南部小平原及阶地，地势开阔，温光水资源相对丰富，交通方便，农场道路通至连队，四通八达，形成网络。成土母质主要以花岗岩、变质岩和砂页岩为主，土壤类型以砖红壤为主，还包括部分水稻土，土质较好。土壤养分含量相对较高，有机质含量 12.14～29.29 g/kg，平均值 17.84 g/kg；全氮含量 0.71～1.22 g/kg，平均值 0.91 g/kg；有效磷含量 5.80～49.91 mg/kg，平均值 32.06 mg/kg；速效钾含量 19～71 mg/kg，平均值 40.05 mg/kg；pH 值范围为 4.11～5.20，平均值 4.70。

总体上，该等地属于高产稳产耕地，肥力最高，除了速效钾，有机质、全氮和有效磷等主要养分均为高水平。土地平整，水、肥、气、热协调，土壤肥水保蓄能力强，土地利用基本没有限制。对各类热带作物园地的管理，要注意用养结合，做好冬管工作，压青盖草培肥，间作绿肥等。

2. 二等地

（1）面积与分布

二等地总面积 5 022.07 hm^2，占耕地总面积的 12.70%。全片区各农场均有二等地分布，面积最大的是中建分场，为 1 479.77 hm^2，占片区耕地总面积的 3.74%；其次为晨星分场、中瑞农场和南海农场，面积分别为 1 139.04 hm^2、931.07 hm^2 和 531.19 hm^2，分别占耕地总面积的 2.88%、2.35%和 1.34%（表 10-13）。

表 10-13　南海片区二等耕地面积空间分布

农场	分场	面积（hm^2）	占本分场耕地面积的比例（%）	占片区耕地面积的比例（%）
南海	南海	531.19	6.90	1.34
金鸡岭	金鸡岭	38.91	1.50	0.10

（续表）

农场	分场	面积（hm^2）	占本分场耕地面积的比例（%）	占片区耕地面积的比例（%）
中建	广青	232.54	10.90	0.59
	南吕	228.07	11.40	0.58
	中建	1 479.77	26.10	3.74
中坤	晨星	1 139.04	30.60	2.88
	黄岭	123.84	4.00	0.31
	中坤	317.63	3.90	0.80
中瑞	中瑞	931.07	21.60	2.35
合计		5 022.07		12.70

（2）主要属性分析

二等地分布区域内地势以缓坡为主，光热丰富，水源较好，各河流、溪沟、水库等交错贯穿，为热作抗旱高产提供丰富水源。成土母质以花岗岩、砂页岩、玄武岩及变质岩为主，土壤类型以砂页岩砖红壤、花岗岩砖红壤、玄武岩砖红壤和水稻土为主。质地以轻壤、中壤为主，黏砂适度，土壤保肥性较好。土体深厚，耕作层较为疏松，宜于机耕生产作业。土壤有机质含量 12.05～29.20 g/kg，平均值 17.85 g/kg；全氮含量 0.64～1.24 g/kg，平均值 0.90 g/kg；有效磷含量 0.20～51.60 mg/kg，平均值 27.66 mg/kg；速效钾含量 190～73 mg/kg，平均值 39.05 mg/kg；pH 值为 4.10～5.20；土壤矿质养分含量较丰富。

总体上该等地肥力较高，土地基本平整，能排能灌，气、热环境较好，宜种性较好。应积极改良利用该类耕地，挖掘其增产潜力，使其成为南海片区一等地的后备中坚力量，逐渐发展成为南海片区重要的高产稳产橡胶生产基地。

3. 三等地

（1）面积与分布

三等地总面积 19 001.86 hm^2，占耕地总面积的 48.04%，是全片区面积最广的耕地。全片区各农场均有三等地分布，面积最大的是南海农场，达 3 426.53 hm^2，占片区耕地总面积的 8.66%；其次为中坤分场、中建分场、晨星分场和中瑞农场，分别为 3 346.59 hm^2、2 712.53 hm^2、2 373.05 hm^2和 2 169.85 hm^2，占耕地总面积的 8.46%、6.86%、6.00%和 5.49%（表 10-14）。

表 10-14　南海片区三等耕地面积空间分布

农场	分场	面积（hm^2）	占本分场耕地面积的比例（%）	占片区耕地面积的比例（%）
南海	南海	3 426.53	44.40	8.66
金鸡岭	金鸡岭	1 022.75	38.90	2.59

（续表）

农场	分场	面积（hm^2）	占本分场耕地面积的比例（%）	占片区耕地面积的比例（%）
中建	广青	970.71	45.60	2.45
	南吕	1 267.00	63.20	3.20
	中建	2 712.53	47.80	6.86
中坤	晨星	2 373.05	63.70	6.00
	黄岭	1 712.85	54.70	4.33
	中坤	3 346.59	40.60	8.46
中瑞	中瑞	2 169.85	50.30	5.49
合计		19 001.86		48.04

（2）主要属性分析

三等地分布较广，与一等地和二等地相比坡度较大，田间坡度以缓坡（<8°）为主。成土母质以花岗岩、变质岩和玄武岩为主，类型以花岗岩砖红壤、变质岩砖红壤和玄武岩砖红壤为主。土壤质地以轻壤、中壤和重壤为主，土壤保肥性能较好，是南海片区橡胶、热带水果的主要种植用地。大部分土体深厚，但有明显障碍层，障碍类型主要是砂砾和铁子，土体含有砂砾，土内水、热、气不协调，作物不易扎根。土壤养分相对含量较低，有机质含量 12.16～31.07 g/kg，平均值 18.28 g/kg；全氮含量 0.58～1.24 g/kg，平均值 0.88 g/kg；有效磷含量 0.10～50.50 mg/kg，平均值 18.84 mg/kg；速效钾含量 12～72 mg/kg，平均值 35.31 mg/kg；pH 值 4.1～5.2。

总体上该等地肥力中等，养分不协调，土壤物理性能差，种植条件一般，可耕性略差，光、热、水源条件受到一定限制。应实行精耕细作、增施有机肥和氮磷钾肥、扩种绿肥等措施，以提高土壤的整体生产能力。

4. 四等地

（1）面积与分布

四等地总面积 10 625.87 hm^2，占耕地总面积的 26.90%。全片区各农场中均有四等地分布，面积最大的是中坤分场，达 3 627.16 hm^2，占片区耕地总面积的 9.17%；其次是南海农场、金鸡岭农场和黄岭分场，面积分别为 2 117.41 hm^2、1 373.26 hm^2 和 1 006.55 hm^2，分别占耕地总面积的 5.35%、3.47%和 2.54%（表 10-15）。

表 10-15　南海片区四等耕地面积空间分布

农场	分场	面积（hm^2）	占本分场耕地面积的比例（%）	占片区耕地面积的比例（%）
南海	南海	2 117.41	27.40	5.35
金鸡岭	金鸡岭	1 373.26	52.30	3.47

（续表）

农场	分场	面积（hm^2）	占本分场耕地面积的比例（%）	占片区耕地面积的比例（%）
中建	广青	662.65	31.10	1.68
	南吕	333.03	16.60	0.84
	中建	750.50	13.20	1.90
中坤	晨星	113.22	3.00	0.29
	黄岭	1 006.55	32.20	2.54
	中坤	3 627.16	44.00	9.17
中瑞	中瑞	642.09	14.90	1.62
合计		10 625.87		26.90

（2）主要属性分析

四等地主要受地形、土壤和水分限制，大部分耕地坡度稍大、海拔高，对机耕生产作业和胶园日常管理有一定影响。成土母质主要为花岗岩和玄武岩，土壤类型以花岗岩砖红壤和玄武岩砖红壤为主。质地以中壤为主，其次为黏壤和重壤。土层欠深厚，土壤结构松散，有明显障碍层，障碍层类型主要是砂砾，耕层砂粒多，土壤保水保肥性能较差，作物生长受限。土壤养分含量较低，有机质含量 11.92～31.01 g/kg，平均值 19.06 g/kg；全氮含量 0.59～1.19 g/kg，平均值 0.87 g/kg；有效磷含量 0.10～48.30 mg/kg，平均值 11.85 mg/kg；速效钾含量 12～69 mg/kg，平均值 32.22 mg/kg；pH 值为 4.10～5.12。

总体上该等地肥力偏低，养分不协调，土壤物理性能差，保肥性较差，可耕性差，种植条件一般。应实行精耕细作，增施有机肥和氮磷钾肥，施肥应分少量多次施和扩种绿肥等措施，以提高橡胶园土壤的整体生产能力。对此等热带作物园地的管理，应根据其土壤特性因地制宜、有针对性地进行改良利用。

5. 五等地

（1）面积与分布

五等地总面积 3 402.05 hm^2，占耕地总面积的 8.60%。片区各农场均有五等地分布，面积最大的是南海农场，达 1 363.11 hm^2，占片区耕地总面积的 3.45%；其次是中坤分场和广青分场，面积分别为 926.23 hm^2 和 258.23 hm^2，分别占耕地总面积的 2.34%和 0.65%；晨星分场分布最少，仅为 3.79 hm^2，占耕地总面积的 0.01%（表 10-16）。

表 10-16　南海片区五等耕地面积空间分布

农场	分场	面积（hm^2）	占本分场耕地面积的比例（%）	占片区耕地面积的比例（%）
南海	南海	1 363.11	17.70	3.45

（续表）

农场	分场	面积（hm^2）	占本分场耕地面积的比例（%）	占片区耕地面积的比例（%）
金鸡岭	金鸡岭	185.71	7.10	0.47
中建	广青	258.23	12.10	0.65
	南吕	110.21	5.50	0.28
	中建	174.37	3.10	0.44
中坤	晨星	3.79	0.10	0.01
	黄岭	172.45	5.50	0.44
	中坤	926.23	11.20	2.34
中瑞	中瑞	207.95	4.80	0.53
合计		3 402.05		8.60

（2）主要属性分析

五等地是片区内比较差的土地，多在坡度较高的低丘陵区或者是多年不合理耕作利用的区域。成土母质主要为花岗岩和玄武岩，土壤类型以花岗岩砖红壤和玄武岩砖红壤为主。质地以中壤、黏壤、中黏和重黏为主。大部分土体有明显障碍层，土质较差，土壤结构性差，土壤保水保肥性能差，作物生长受限。土壤养分含量低，有机质含量11.65～30.85 g/kg，平均值20.47 g/kg；全氮含量0.60～1.18 g/kg，平均值0.87 g/kg；有效磷含量0.20～37.20 mg/kg，平均值10.05 mg/kg；速效钾含量13～69 mg/kg，平均值32.14 mg/kg；pH值为4.20～5.04。总体上，该等地养分含量不高，土质差，土壤结构性差，持水保肥能力差，管理粗放。应注意水土保持，合理施肥，增加有机肥投入，改良土壤理化性状，协调土壤养分状况。

6. 六等地

（1）面积与分布

六等地总面积333.61 hm^2，占耕地总面积的0.84%。除了晨星分场没有分布外，其他各农场均有零星分布。其中，面积最大的是南海农场，达177.10 hm^2，占片区耕地总面积的0.45%；其次是黄岭分场，面积为114.73 hm^2，占比为0.29%；其他各农场面积极小（表10-17）。

表10-17　南海片区六等耕地面积空间分布

农场	分场	面积（hm^2）	占本分场耕地面积的比例（%）	占片区耕地面积的比例（%）
南海	南海	177.10	2.30	0.45
金鸡岭	金鸡岭	6.73	0.30	0.02

（续表）

农场	分场	面积（hm^2）	占本分场耕地面积的比例（%）	占片区耕地面积的比例（%）
中建	广青	0.95	0.00	0.00
	南吕	13.79	0.70	0.03
	中建	0.50	0.00	0.00
中坤	晨星	0.00	0.00	0.00
	黄岭	114.73	3.70	0.29
	中坤	13.79	0.20	0.03
中瑞	中瑞	6.02	0.10	0.02
合计		333.61		0.84

（2）主要属性分析

六等地是该片区耕地等级中最差的耕地，田间坡度大，多在坡度较高的低丘陵区或长年不合理耕作的区域，主要零星分布于南海农场、黄岭分场，其他农场分布较少。成土母质以花岗岩、玄武岩和变质岩为主，土壤类型主要有花岗岩砖红壤、玄武岩砖红壤和变质岩砖红壤。质地以紧砂为主，其次为重黏、轻壤、轻黏。土层较薄，大部分土体有明显的障碍层，土壤结构性差，土壤保水保肥性能差。土壤养分含量低，有机质含量12.36～29.78 g/kg，平均值19.52 g/kg；全氮含量0.66～1.08 g/kg，平均值0.87 g/kg；有效磷含量0.10～31.80 mg/kg，平均值8.94 mg/kg；速效钾含量14～58 mg/kg，平均值32.34 mg/kg；pH值4.20～4.91。

总体上该等地养分含量不高，养分极不均衡，土质较差，持水保肥能力差，多数有障碍层存在，可耕性差，梯化程度弱，管理粗放。土壤改良应注意水土保持，增加有机肥投入，改良土壤理化性状，提高耕地整体地力，合理施肥，协调土壤养分状况。

第三节　耕地土壤属性

一、土壤的化学性质

（一）有机质

南海片区本次耕地地力调查土样3 410个，土壤有机质平均含量为18.59 g/kg，变化范围为11.65～31.07 g/kg，74.83%的耕地有机质含量集中在10～20 g/kg。该片区土壤有机质含量主要分布在三级、四级，其分别占耕地总面积的24.57%、74.83%；四级及以下共占74.83%，有机质属于中下水平（表10-18）。

表 10-18　南海片区土壤有机质分级及面积

项目	一级	二级	三级	四级	五级	六级	总计
有机质含量（g/kg）	≥40	30（含）～40	20（含）～30	10（含）～20	6（含）～10	<6	
面积（hm^2）	0.00	237.41	9 717.94	29 601.86	0.00	0.00	39 557.21
比例（%）	0.00	0.60	24.57	74.83	0.00	0.00	100.00

该片区不同土属有机质含量比较见表 10-19，其中以生赤土田最高，平均值为 27.42 g/kg，生泥田最低，平均值为 12.87 g/kg。

表 10-19　南海片区不同土属有机质含量状况

土属名称	平均值（g/kg）	最大值（g/kg）	最小值（g/kg）	标准差	变异系数（%）
冲积物潮砂泥土	17.56	20.33	13.25	1.71	9.70
花岗岩变质岩粗骨土	15.32	16.95	13.38	1.37	9.00
花岗岩粗骨土	16.11	16.82	15.64	0.25	1.52
砂页岩粗骨土	16.54	16.57	16.52	0.03	0.22
石头地粗骨土	21.65	22.55	20.16	0.83	3.93
云母片岩粗骨土	17.09	17.83	16.43	0.43	2.50
玄武岩粗骨土	21.77	22.36	20.94	0.44	2.02
低青泥田	19.66	30.39	13.73	5.00	25.50
乌泥底田	24.99	30.70	14.66	4.88	19.50
砂漏田	16.33	19.04	12.39	1.35	8.30
浅脚白赤土田	22.65	23.60	12.97	2.30	10.20
浅脚红赤土田	13.25	13.28	13.22	0.04	0.30
生赤土田	27.42	28.00	26.46	0.57	2.13
生泥田	12.87	13.84	12.25	0.49	3.80
烂湴田	18.81	30.45	15.37	4.30	22.81
白赤土田	17.58	23.23	14.42	3.25	18.50
白砂土田	13.47	14.33	12.46	0.64	4.80
潮砂田	14.80	15.84	14.05	0.32	2.20
赤土田	24.01	28.58	19.84	2.69	11.22
河砂泥田	16.66	18.24	15.06	0.88	5.30
红赤土田	17.05	28.50	12.42	3.22	18.90

（续表）

土属名称	平均值（g/kg）	最大值（g/kg）	最小值（g/kg）	标准差	变异系数（%）
变质岩黄色砖红壤	17.77	21.49	13.53	1.83	10.33
河流冲积物黄色砖红壤	20.23	20.61	20.00	0.21	1.02
花岗岩变质岩黄色砖红壤	15.67	20.12	12.80	1.80	11.51
花岗岩黄色砖红壤	16.26	29.62	11.92	2.17	13.32
花岗岩中黄色砖红壤	15.48	16.36	14.45	0.53	3.40
砂页岩黄色砖红壤	17.85	23.17	12.05	3.30	18.51
石英岩黄色砖红壤	17.58	21.11	14.84	1.46	8.31
玄武岩黄色砖红壤	17.87	19.23	16.52	0.74	4.20
云母片岩黄色砖红壤	17.15	21.49	13.33	1.67	9.78
变质岩砖红壤	19.25	20.62	16.91	0.62	3.21
河流冲积物砖红壤	15.02	16.72	13.68	0.91	6.11
花岗岩砖红壤	16.89	17.69	15.93	0.48	2.81
砂页岩砖红壤	21.93	25.75	16.26	2.04	9.35
玄武岩水化砖红壤	27.04	31.07	20.52	2.64	9.70
玄武岩砖红壤	23.24	28.48	15.80	2.55	11.01

（二）大量元素

1. 全　氮

南海片区耕层土壤全氮平均含量为 0.88 g/kg，最高为 1.24 g/kg，最低为 0.58 g/kg，全氮含量为 0.75～1.0 g/kg 的耕地占 72.45%。该片区土壤全氮含量主要集中在四级，占比为 72.45%，其次是三级和五级，分别占耕地总面积的 14.76% 和 12.79%；四级及以下共占 85.24%，全氮属于中下水平（表 10-20）。

表 10-20　南海片区土壤全氮分级及面积

项目	一级	二级	三级	四级	五级	六级	总计
全氮含量（g/kg）	≥2.0	1.5（含）～2.0	1.0（含）～1.5	0.75（含）～1.0	0.5（含）～0.75	<0.5	
面积（hm^2）	0.00	0.00	5 836.40	28 660.88	5 059.93	0.00	39 557.21
比例（%）	0.00	0.00	14.76	72.45	12.79	0.00	100.00

该片区不同土属全氮含量比较见表 10-21，其中以变质岩黄色砖红壤最高，平均值为 1.01 g/kg；砂页岩粗骨土最低，平均值为 0.68 g/kg。

表 10-21　南海片区不同土属全氮含量状况

土属名称	平均值（g/kg）	最大值（g/kg）	最小值（g/kg）	标准差	变异系数（%）
冲积物潮砂泥土	0.88	1.02	0.78	0.07	7.90
花岗岩变质岩粗骨土	0.89	0.97	0.78	0.07	7.90
花岗岩粗骨土	0.82	0.85	0.76	0.02	2.50
砂页岩粗骨土	0.68	0.78	0.66	0.03	3.70
石头地粗骨土	0.71	0.75	0.67	0.03	4.10
云母片岩非粗骨土	0.89	0.91	0.87	0.01	1.40
玄武岩粗骨土	0.74	0.76	0.72	0.01	1.90
低青泥田	0.87	1.11	0.72	0.08	9.60
乌泥底田	0.94	1.15	0.82	0.09	9.50
砂漏田	0.89	1.00	0.71	0.07	8.00
浅脚白赤土田	0.76	0.80	0.71	0.02	2.50
浅脚红赤土田	0.74	0.74	0.74	0.00	0.30
生赤土田	0.97	1.05	0.92	0.04	4.30
生泥田	0.71	0.74	0.69	0.01	1.70
烂湴田	0.86	1.13	0.74	0.07	8.10
白赤土田	0.81	0.98	0.67	0.08	9.40
白砂土田	0.83	0.87	0.81	0.02	1.90
潮砂田	0.89	0.92	0.86	0.01	1.60
赤土田	0.84	0.99	0.70	0.08	8.90
河砂泥田	0.83	0.89	0.73	0.05	6.00
红赤土田	0.85	1.02	0.66	0.06	7.30
变质岩黄色砖红壤	1.01	1.24	0.64	0.13	13.10
河流冲积物黄色砖红壤	0.71	0.73	0.68	0.02	2.10
花岗岩变质岩黄色砖红壤	0.87	1.07	0.63	0.10	11.40
花岗岩黄色砖红壤	0.85	1.11	0.59	0.10	11.30
花岗岩中黄色砖红壤	0.98	1.05	0.92	0.03	3.20
砂页岩黄色砖红壤	0.84	1.05	0.64	0.11	13.10
石英岩黄色砖红壤	0.88	1.04	0.72	0.07	8.00
玄武岩黄色砖红壤	0.92	0.98	0.83	0.04	4.60
云母片岩黄色砖红壤	0.90	1.07	0.78	0.05	5.70

（续表）

土属名称	平均值（g/kg）	最大值（g/kg）	最小值（g/kg）	标准差	变异系数（%）
变质岩砖红壤	0.90	0.96	0.85	0.02	2.10
河流冲积物砖红壤	0.85	0.90	0.80	0.02	2.70
花岗岩砖红壤	0.89	0.93	0.85	0.02	2.10
砂页岩砖红壤	0.80	1.00	0.66	0.08	10.60
玄武岩水化砖红壤	0.97	1.20	0.71	0.12	12.00
玄武岩砖红壤	0.97	1.12	0.75	0.07	7.20

2. 有效磷

南海片区耕层土壤有效磷平均含量为18.02 mg/kg，最高为51.62 mg/kg，最低为0.09 mg/kg，一般分布在5～40 mg/kg；南海农场有效磷含量较低，大部分为3～20 mg/kg。该片区土壤有效磷在各等级中均有分布，面积分布较大的为二级、三级和四级，分别占耕地面积的32.30%、35.44%和23.37%，其次是一级和五级有少量分布，占比分别为2.34%和6.52%；三级以上占70.08%，有效磷属于中上水平（表10-22）。

表10-22 南海片区土壤有效磷分级及面积

项目	一级	二级	三级	四级	五级	六级	总计
有效磷含量（mg/kg）	≥40	20（含）～40	10（含）～20	5（含）～10	3（含）～5	<3	
面积（hm^2）	924.29	12 777.11	14 019.13	9 243.81	2 581.50	11.37	39 557.21
比例（%）	2.34	32.30	35.44	23.37	6.52	0.03	100.00

该片区不同土属有效磷含量比较见表10-23，其中以浅玄武岩砖红壤最高，平均值为36.64 mg/kg；生赤土田最低，平均值为5.42 mg/kg。

表10-23 南海片区不同土属有效磷含量状况

土属名称	平均值（mg/kg）	最大值（mg/kg）	最小值（mg/kg）	标准差	变异系数（%）
冲积物潮砂泥土	23.99	37.20	11.60	5.79	24.11
花岗岩变质岩粗骨土	10.96	19.10	5.00	3.45	31.40
花岗岩粗骨土	22.36	27.10	0.60	4.02	18.05
砂页岩粗骨土	9.59	13.40	8.80	0.94	9.81
石头地粗骨土	10.08	10.80	9.10	0.36	3.65
云母片岩粗骨土	35.56	39.10	32.90	2.04	5.72

（续表）

土属名称	平均值（mg/kg）	最大值（mg/kg）	最小值（mg/kg）	标准差	变异系数（%）
玄武岩粗骨土	9.21	9.80	8.60	0.43	4.70
低青泥田	15.91	39.50	0.30	9.25	58.10
乌泥底田	10.07	32.40	0.20	7.75	77.00
砂漏田	18.71	33.40	3.40	8.45	45.21
浅脚白赤土田	13.13	14.80	9.90	1.54	11.72
浅脚红赤土田	9.50	10.10	8.90	0.85	8.90
生赤土田	5.42	6.60	4.30	0.82	15.10
生泥田	11.23	15.30	9.30	1.70	15.20
烂湴田	20.58	32.00	4.30	7.74	37.60
白赤土田	8.17	14.80	2.90	3.29	40.23
白砂土田	29.83	34.40	22.20	4.49	15.05
潮砂田	31.35	36.20	24.50	2.94	9.40
赤土田	9.48	13.70	4.90	2.23	23.51
河砂泥田	28.53	39.90	17.60	7.13	25.05
红赤土田	22.83	47.00	0.30	11.18	49.00
变质岩黄色砖红壤	22.03	51.20	0.10	9.11	41.41
河流冲积物黄色砖红壤	10.78	11.50	10.20	0.34	3.10
花岗岩变质岩黄色砖红壤	25.75	48.70	0.70	9.38	36.43
花岗岩黄色砖红壤	19.12	51.60	0.20	10.55	55.22
花岗岩中黄色砖红壤	35.01	44.00	27.90	3.84	11.02
砂页岩黄色砖红壤	22.38	48.90	0.50	12.01	53.75
石英岩黄色砖红壤	31.71	45.20	0.90	5.26	16.63
玄武岩黄色砖红壤	28.26	30.90	25.10	1.41	5.02
云母片岩黄色砖红壤	25.60	44.50	0.10	11.84	46.30
变质岩砖红壤	29.46	37.90	19.10	4.04	13.70
河流冲积物砖红壤	18.52	21.10	15.10	1.97	10.70
花岗岩砖红壤	15.62	39.00	0.20	10.36	66.31
砂页岩砖红壤	10.40	19.50	5.30	2.21	21.28
玄武岩水化砖红壤	7.31	15.30	0.10	3.55	48.60
玄武岩砖红壤	36.64	42.10	33.10	2.39	6.50

3. 速效钾

南海片区耕层土壤速效钾平均含量为35.0 mg/kg，变化范围为12.0～73.0 mg/kg，大部分分布在30～50 mg/kg。该片区土壤速效钾含量主要集中在四级、五级、六级，占比最大的是五级，为63.18%，其次是六级，占28.87%，四级占7.95%；四级及以下共占100.00%，速效钾较为缺乏（表10-24）。

表10-24 南海片区土壤速效钾分级及面积

项目	一级	二级	三级	四级	五级	六级	总计
速效钾含量（mg/kg）	≥200	150（含）～200	100（含）～150	50（含）～100	30（含）～50	<30	
面积（hm^2）	0.00	0.00	0.00	3 147.22	24 991.39	11 418.60	39 557.21
比例（%）	0.00	0.00	0.00	7.95	63.18	28.87	100.00

该片区不同土属速效钾含量比较见表10-25，其中以花岗岩中黄色砖红壤最高，平均值为63.0 mg/kg；玄武岩砖红壤最低，平均值为18.9 mg/kg。

表10-25 南海片区不同土属速效钾含量状况

土属名称	平均值（mg/kg）	最大值（mg/kg）	最小值（mg/kg）	标准差	变异系数（%）
冲积物潮砂泥土	33.1	43.0	28.0	3.5	10.5
花岗岩变质岩粗骨土	36.2	42.0	28.0	5.4	15.2
花岗岩粗骨土	29.4	32.0	28.0	0.9	2.9
砂页岩粗骨土	25.0	27.0	23.0	1.4	5.5
石头地粗骨土	26.4	29.0	24.0	2.4	9.1
云母片岩非粗骨土	38.1	43.0	35.0	2.6	6.9
玄武岩粗骨土	29.9	30.0	28.0	0.6	2.1
低青泥田	35.3	56.0	17.0	9.8	28.4
乌泥底田	29.4	59.0	17.0	8.9	30.8
砂漏田	41.2	48.0	31.0	4.0	9.7
浅脚白赤土田	25.5	34.0	24.0	2.1	8.4
浅脚红赤土田	34.2	34.0	34.0	0.0	0.0
生赤土田	30.9	34.0	26.0	2.4	7.8
生泥田	36.3	49.0	30.0	6.9	19.0

（续表）

土属名称	平均值（mg/kg）	最大值（mg/kg）	最小值（mg/kg）	标准差	变异系数（%）
烂湴田	44.2	61.0	26.0	7.8	17.8
白赤土田	31.1	39.0	23.0	4.6	15.1
白砂土田	43.0	58.0	32.0	9.9	23.2
潮砂田	38.8	40.0	34.0	1.8	4.8
赤土田	27.8	32.0	24.0	1.7	6.5
河砂泥田	39.3	43.0	35.0	2.2	5.7
红赤土田	38.0	51.0	23.0	5.8	15.4
变质岩黄色砖红壤	37.0	65.0	24.0	7.0	18.8
河流冲积物黄色砖红壤	28.2	28.0	27.0	0.2	0.6
花岗岩变质岩黄色砖红壤	41.2	61.0	29.0	6.8	16.6
花岗岩黄色砖红壤	40.6	73.0	18.0	8.2	20.5
花岗岩中黄色砖红壤	63.0	69.0	51.0	4.2	6.6
砂页岩黄色砖红壤	40.0	71.0	18.0	15.0	37.6
石英岩黄色砖红壤	39.2	47.0	30.0	3.7	9.6
玄武岩黄色砖红壤	40.7	42.0	38.0	0.7	1.9
云母片岩黄色砖红壤	37.3	48.0	19.0	5.1	13.8
变质岩砖红壤	21.5	25.0	18.0	1.5	7.3
河流冲积物砖红壤	36.2	38.0	33.0	1.4	3.9
花岗岩砖红壤	28.0	36.0	22.0	3.6	13.0
砂页岩砖红壤	25.6	30.0	17.0	3.1	12.3
玄武岩水化砖红壤	29.4	41.0	16.0	5.6	19.5
玄武岩砖红壤	18.9	31.0	12.0	3.8	21.3

（三）中量元素

1. 有效钙

南海片区耕地土壤有效钙含量为8.45～2 596.30 mg/kg，平均值186.79 mg/kg，标准差为216.50，变异系数为86.30%，由此可见，不同土壤有效钙含量差异较大。该片区土壤有效钙含量主要集中在四级、五级，其占比分别为17.64%、72.69%，一级和二级分布较少，三级占比为 8.21%；三级及以下占 98.54%，有效钙极度缺乏（表 10-26）。

表 10-26　南海片区土壤有效钙分级状况

级别	含量（mg/kg）	样点（个）	频率（%）	平均值（mg/kg）
一级	≥2 000	2	0.12	2 828.75
二级	1 000（含）～2 000	22	1.34	1 284.07
三级	400（含）～1 000	135	8.21	577.26
四级	200（含）～400	290	17.64	273.62
五级	＜200	1 195	72.69	97.29

2. 有效镁

南海片区耕地土壤有效镁含量范围为 1.00～273.60 mg/kg，平均值 18.80 mg/kg，标准差为 18.80，变异系数为 80.60%，由此可见，不同土壤有效镁含量差异较大。该片区土壤有效镁含量主要集中在五级，占比达 92.86%，其次在四级、三级有少量分布，有效镁极度缺乏（表 10-27）。

表 10-27　南海片区土壤有效镁分级状况

级别	含量（mg/kg）	样点（个）	频率（%）	平均值（mg/kg）
一级	≥1 000	0	0.00	0.00
二级	300（含）～1 000	0	0.00	0.00
三级	100（含）～300	28	1.71	140.53
四级	50（含）～100	89	5.43	68.50
五级	＜50	1 521	92.86	14.69

（四）微量元素

1. 铜元素

南海片区耕地土壤有效铜含量为 0.15～6.99 mg/kg，平均值 0.70 mg/kg，标准差为 0.51，变异系数为 138.60%。该片区土壤有效铜含量主要集中在三级，占比为 73.81%，其次是二级，占比为 16.92%，一级、四级和五级中也有少量分布；三级及以上占比为 93.86%，有效铜属于中上水平（表 10-28）。

表 10-28　南海片区土壤有效铜分级状况

级别	含量（mg/kg）	样点（个）	频率（%）	平均值（mg/kg）
一级	≥1.8	52	3.13	2.46
二级	1.0（含）～1.8	281	16.92	1.31

（续表）

级别	含量（mg/kg）	样点（个）	频率（%）	平均值（mg/kg）
三级	0.2（含）～1.0	1 226	73.81	0.54
四级	0.1（含）～0.2	81	4.88	0.16
五级	＜0.1	21	1.26	0.06

2. 锰元素

南海片区耕地土壤有效锰含量为0.43～12.61 mg/kg，平均值12.20 mg/kg，标准差为15.20，变异系数为80.3%，由此可见，不同土壤有效锰含量差异较大。该片区土壤有效锰含量主要集中在二级、三级和四级，其占比分别为15.00%、45.80%和29.40%，一级、五级有少量分布；三级及以下占比为77.00%，有效锰属于中下水平（表10-29）。

表10-29　南海片区土壤有效锰分级状况

级别	含量（mg/kg）	样点（个）	频率（%）	平均值（mg/kg）
一级	≥30	131	8.00	50.62
二级	15（含）～30	253	15.00	20.69
三级	5.0（含）～15	749	45.80	8.91
四级	1.0（含）～5.0	481	29.40	3.09
五级	＜1.0	29	1.80	0.75

3. 铁元素

南海片区耕地土壤有效铁含量为2.20～181.63 mg/kg，平均值48.12 mg/kg，标准差为35.67，变异系数为89.20%。该片区土壤有效铁含量主要分布在一级，占比为81.75%，其次为二级、三级，分别占10.34%、7.36%，四级、五级分布极少；三级及以上占比为99.45%，说明该区土壤有效铁含量相当丰富（表10-30）。

表10-30　南海片区土壤有效铁分级状况

级别	含量（mg/kg）	样点（个）	频率（%）	平均值（mg/kg）
一级	≥20	1 344	81.75	50.19
二级	10（含）～20	170	10.34	15.78
三级	4.5（含）～10	121	7.36	7.28
四级	2.5（含）～4.5	8	0.49	3.92
五级	＜2.5	1	0.06	2.20

4. 锌元素

南海片区耕地土壤有效锌含量为0.02～8.10 mg/kg，平均值0.77 mg/kg，标准差为0.55，变异系数为140.04%，由此可见，不同土壤有效锌含量差异很大。该片区土壤有效锌含量主要分布在三级、四级、五级，其占比分别为37.04%、35.77%、16.91%；一级、二级的占比分别为2.86%、7.42%；三级及以下共占89.72%，有效铁属于中下水平（表10-31）。

表10-31　南海片区土壤有效锌分级状况

级别	含量（mg/kg）	样点（个）	频率（%）	平均值（mg/kg）
一级	≥3.0	47	2.86	4.64
二级	1.0（含）～3.0	122	7.42	1.39
三级	0.5（含）～1.0	609	37.04	0.71
四级	0.3（含）～0.5	588	35.77	0.41
五级	<0.3	278	16.91	0.23

（五）土壤酸碱度

南海片区耕地土壤酸碱度pH值范围为4.08～5.19，平均值4.57，根据酸碱度的分级标准，该片区土壤pH值全部在酸性和强酸性范围内，其中酸性占耕地总面积的56.35%，强酸性占耕地总面积的43.65%，可见南海片区耕地土壤过酸（表10-32）。

表10-32　南海片区土壤pH值分级状况

项目	一级（碱性、弱碱）	二级（中性）	三级（弱酸）	四级（酸性）	五级（强酸）	总计
pH值	≥7.5	6.5（含）～7.5	5.5（含）～6.5	4.5（含）～5.5	<4.5	
面积（hm^2）	0.00	0.00	0.00	22 291.93	17 265.28	39 557.21
比例（%）	0.00	0.00	0.00	56.35	43.65	100.00

二、土壤的物理性质

（一）质　地

南海片区耕地土壤质地主要有紧砂、轻壤、砂壤、中壤、重壤、黏壤、轻黏、中黏、重黏等，其中，中壤面积最大，占耕地总面积的51.86%，其次是轻壤、重壤和黏壤，占比分别为17.39%、12.88%和12.00%（表10-33）。

表 10-33　南海片区土壤质地面积分布状况

质地类型	紧砂	轻壤	砂壤	中壤	重壤	黏壤	轻黏	中黏	重黏	合计
面积（hm^2）	239.51	6 878.83	658.51	20 514.89	5 096.89	4 747.78	49.23	493.81	877.76	39 557.21
占总耕地比例（%）	0.61	17.39	1.67	51.86	12.88	12.00	0.12	1.25	2.22	100.00

（二）容　重

土壤容重数值的大小受质地、结构和松紧度等的影响而变化，土壤容重与土壤孔隙度成相反。它们反映土壤的松紧程度和土壤结构的好坏。本次调查中南海片区耕层土壤容重平均为 1.40 g/cm^3，变化范围为 1.03～1.89 g/cm^3。

三、土壤养分变化

本次调查与第二次土壤普查资料相比，南海片区土壤有机质含量普遍降低，四级土壤所占比例上升幅度较大，其他等级均下降。全氮在一级、二级、三级、六级的比例下降幅度很大，四级有所上升。有效磷绝大多数分布在二级、三级、四级，有效磷与第二次土壤普查相比普遍提升，但还是相对较缺乏。速效钾含量与第二次土壤普查相比也明显降低，并且极其缺乏，除少数农场有一定面积的四级分布外，绝大多数分布在五级和六级。土壤 pH 值普遍偏酸，说明在近几十年来连续耕作使土壤酸化越来越严重。

第四节　耕地资源合理利用的对策与建议

一、耕地利用现状与特点

南海片区位于海南省东北部，地形较复杂，地貌类型以花岗岩缓坡地、缓坡丘陵为主，坡度多在 8°以下，土壤类型较多，多为花岗岩、玄武岩、砂页岩、变质岩所发育，土层较厚，较适宜于橡胶树等热带作物的生长。

近年来，该片区在稳定橡胶生产的基础上，结合农业结构调整，积极发展热带经济作物的生产，因地制宜，合理调整作物布局，宜农则农，宜林则林，宜牧则牧，宜果则果，宜菜则菜，适当调整农业结构，在灌溉条件好、土质较好的平坦地区主要种植水稻和反季节瓜菜；在旱坡地主要种植橡胶、胡椒、荔枝等热带作物，甘蔗、茶等经济作物以及菠萝蜜等热带水果，此外，还有槟榔等药用植物。目前，全片区耕地利用主要表现为以种植橡胶为主，荔枝、胡椒、茶叶、槟榔等其他经济作物为辅，发展多种经营。

二、合理规划产业布局

（一）充分利用土地资源，实现农业多元化发展

橡胶生产是南海片区农业经济的支柱产业，橡胶增产是胶农增收的主要途径之一。

对于现有橡胶种植，要着重提高单产，同时对现有荒地进行合理的开垦，扩大橡胶种植面积。南海片区地处热带雨林、季雨林，气候条件好，比较适宜橡胶、茶、热带水果及热带经济作物的生长。在大力发展橡胶的同时，还可以种植胡椒、槟榔、瓜菜、椰子、荔枝、菠萝蜜、香蕉、柑橘橙柚等热带作物。为了充分利用土地资源，可以采用间套作相结合，在橡胶园或果园内种植耐阴的矮秆作物，利用林下低层空间发展非胶经济。

（二）发展农业循环经济，实现最大的经济社会效益

南海片区土地资源丰富，且耕地类型多样，要提高耕地地力，增产增收，就要合理配置已有的耕地资源，发展多样性种植结构，园、农、林有机结合，发展立体农业循环经济。充分利用南海片区林间土地，根据土壤、肥力、水源等条件选择种植各种林下经济作物，形成长中短期经济作物相结合，也可以在已荫蔽的橡胶林、果园中种植喜阴植物、食用菌、南药等，作物收成后可增加职工收入，作物秸秆、枝叶等可以成为牛羊饲料，有的还可以就地作为橡胶园及果园保水保肥的覆盖材料。因此，就形成了“橡胶（果树）—农作物（经济作物）—农产品—饲料（肥料）—橡胶（果树）”的循环经济模式，既充分利用了土地资源，又提高了单位面积经济效益，且增加了管理者的经济收入。

第五节　耕地质量管理与科学施肥

一、耕地质量管理

（一）统一规划，用养结合

南海片区土壤为砖红壤，其特点是富铝化作用强烈，土壤偏酸性，潜在养分含量很低，且热带土壤有机质分解快、积累少，养分淋失严重，若再进行掠夺性种植，土壤将会越来越贫瘠。因此，要禁止破坏性的刀耕火种，按坡度的大小重新规划作物布局结构；同时，保护好原有次生林，不能重走盲目扩大耕地面积的老路。在开垦种植作物时，应统一规划成梯田化，同时考虑养分的空间差异特点，种植绿肥，丘陵下段宜种耐肥作物，注意补充养分。

（二）加强橡胶园地基础建设

橡胶树宜林地的开垦是橡胶园农田基础建设中极其重要的环节，林地开垦质量的好坏直接影响橡胶树的生长、产量、林地抚育管理工效和采胶工作等。林地开垦的质量要求：①尽量保留和充分利用表土，为新植橡胶树和其他作物创造良好的土壤环境；②将地面树头、树根、石头等障碍物以及一些能诱发橡胶树病虫害的杂草、杂木等清除干净；③坡地的水土保持工程、梯田或环山行等的等高水平、宽度、内倾斜角要符合要求，以保证水土保持工程的质量；④按规划设计要求，布置林间小道、排水系统及防牛设施等，严格控制种植橡胶树的株行距和密度，充分利用土地；⑤保留有利用价值的杂树、杂木，并加以处理利用。

在林地开垦时，必须重视水土保持工作，除了尽快种植覆盖作物，避免地面裸露外，还应尽快修筑水土保持工程，才能有效地防止水土流失。南海片区台风较多，为避免台风造成橡胶的损失，在建设橡胶园的同时应该做好防护林的建设。

二、科学指导合理施肥

（一）大力推广施用有机肥

针对南海片区现有有机肥施用状况和耕地土壤有机质水平，在平衡施用有机肥方面注意以下问题：一是增加有机肥的品种；二是适当加大有机肥的施用量，南海片区有机肥的施用量偏低，导致达不到培肥和补充土壤有机质的效果；三是发展绿肥种植，实行绿肥间作，做到用地作物和养地作物种植相结合；四是与化肥配合施用，平衡施用有机肥，必须以施用化肥为重要补充。

（二）发展有机肥源，增加土壤有机质含量

有机质对土壤肥力起着重要的作用，对土壤的理化性质有很大的影响，增加土壤有机质是提高土壤质量的重要手段。南海片区气候属于热带，自然土本身有机质含量低，而且开垦后有机肥的使用量少，所以土壤有机质含量很低。

1. 充分利用野生绿肥资源

南海片区气候非常合适野生绿肥的生长，如果农场能利用野生绿肥作为有机肥使用，不但可以增加土壤有机质含量，还可以改善土壤结构，增加橡胶园地面覆盖，防止水土流失。

2. 合理利用人畜粪尿

人畜粪尿可以直接堆沤腐熟，是很好的有机肥。此外，人畜粪尿回收到沼气池发酵，不仅能净化生活环境、提供有机肥料，还能供给农场能源。

3. 发展绿肥生产

橡胶园中可以种植葛藤、毛蔓豆、蟛蜞菊等绿肥。绿肥的培肥效果很明显，而且这些绿肥生长条件要求较低，生长量大，豆科绿肥有固氮作用，可以增加肥效。绿肥的种植还可以增加地面覆盖，防止水土流失。

（三）大力推广测土配方施肥技术，科学施肥

化肥是农业生产中必不可少的一类肥料，对作物产量和品质、土壤养分管理、环境生态平衡等起着重大促进作用。它能弥补有机肥的不足，与有机质配合施用起到了相得益彰的作用。针对南海片区土壤养分现状和化肥施用状况，该片区平衡施肥的关键是做到氮、磷、钾大量元素和中微量元素肥料的平衡施用。对于橡胶树要增施氮肥和钾肥、适施磷肥，尽量施用含氮和钾比例高的复合肥；针对果树等其他热带作物，根据营养需求，合理配合使用中微量化肥，提高作物的产量和品质。

第十一章　乌石片区耕地地力评价

第一节　自然与农业生产概况

一、地理位置与行政区划

乌石片区位于海南省中部的白沙县和琼中黎族苗族自治县（以下简称琼中县）境内，即北纬 18°44′45.6″～19°25′33.6″，东经 109°34′12″～110°9′43.2″。片区地处海南岛中部，地形以丘陵为主，海榆中线公路横贯全境，公路网呈辐射状向四周展开，交通运输较为便利。乌石片区北部与儋州蓝洋农场相接壤，南至陵水县吊罗山下，西与白沙县鹦哥岭毗连，东与万宁市牛路岭水库接壤。片区南北纵贯 45 km，东西横跨 68 km。

全片区土地面积 1 081.49 km^2（即 108 149.33 hm^2），约占全垦区土地面积的 12.66%，乌石片区由 4 个农场组成：长征农场、阳江农场、加钗农场、乌石农场。每个农场下设有分场：长征农场包括长征分场、乘坡分场和太平分场；阳江农场包括阳江分场、新进分场、大丰分场；加钗农场包括加钗分场、新伟分场；乌石农场包括乌石分场、岭头分场、南方分场。片区内有 385 个农业基层单位，其中农业生产队 309 个。

二、自然气候和水文地质

（一）自然气候

乌石片区多属于低纬度热带雨林、季雨林气候，具有高温、高湿、多雨和较静风的气候特点。冬春少雨，夏秋多雨，气候温和，阳光充足，四季皆绿，草木常青。年平均气温为 23.5℃，在冬季偶有低温、霜冻霜害的影响。年降水量约 2 400 mm，且分布不均匀，干湿季明显；雨季一般在 5—10 月，旱季时间较长，一般在 11 月至翌年 3—4 月。片区内常风较小，风力一般为 1.2～1.7 m/s，仅少部分地区达到 2.7 m/s；8—10 月有 8 级以上台风影响。

（二）地形及母质

乌石片区地形起伏较大，各种地形分布其间。地势总体上由西南向东北倾斜，形成南高北低的地势，但大丰分场地势平缓，而乘坡分场形成四面环山中间低的盆地。片区海拔一般为 100～1 000 m，地貌类型主要为以花岗岩、砂页岩、砂页岩为主发育的高、中、低山丘陵和盆地丘陵，坡度为 5°～30°，大部分地区适宜机械作业。片区自然土以砖红壤为主，成土母质以花岗岩发育为主，其次是砂页岩、变质岩、运积物。

（三）水　文

乌石片区是南渡江、万泉河的发源地，主要有辉草河、罗担河、五指山河、南利河、腰子河、大边河、乘坡河和什运河等。从全片区来看，地面河流较为发达，水资源丰富，水质优良。水资源是发展工农业生产、人民生活、生态环境极为重要的资源，乌石片区的水资源无论是在蕴藏量还是在利用循环方面都具有很大的潜力。

（四）自然植被

乌石片区垦前植被大部分是杂木林、次生杂木林、稀树灌木林、草类群落、灌木草类群落、稀树灌草群落、稀树草地、白茅矮草荒地、刺竹丛等。

三、农业生产情况

乌石片区是一个橡胶生产大区，有着60余年的植胶历史。建场以来，大面积主要种植作物是橡胶，同时种植有茶叶、胡椒、咖啡、水果、水稻及其他热带作物。2008年，全片区土地总面积108 149.3 hm^2，已开垦利用的土地面积80 419.8 hm^2，耕地面积65 275.7 hm^2，其中，天然橡胶种植面积33 984.9 hm^2，农作物总播种面积3 264.7 hm^2，热带作物面积1 050.7 hm^2，水果面积1 401.9 hm^2，林地面积25 217.1 hm^2。

四、第二次土壤普查类型

第二次土壤普查中乌石片区的主要土壤类型如表11-1所示。

表11-1　乌石片区土壤类型

土类	亚类	土属	土种
砖红壤	砖红壤	花岗岩砖红壤	灰麻赤泥土
			灰麻赤砂泥土
			中有机质层麻赤土
	黄色砖红壤	花岗岩黄色砖红壤	灰麻黄赤泥土
			灰麻黄赤砂土
			有机质层麻黄赤土
			中有机质层麻黄赤土
			中有机质层中麻黄赤土
		砂页岩黄色砖红壤	灰页黄泥土
			灰页黄砂土
			厚有机质层页黄赤土
			中有机质层页黄赤土
			中有机质层页黄赤土
			中有机质层中页黄赤土

（续表）

土类	亚类	土属	土种
赤红壤	赤红壤	花岗岩赤红壤	灰麻赤红土
			有机质层麻赤红土
			中有机质层麻赤红土
		砂页岩赤红壤	灰页赤红土
	黄色赤红壤	花岗岩黄色赤红壤	灰麻黄赤红土
			有机质层麻黄赤红土
		花岗岩黄色砖红壤	中有机质层麻黄赤红土
黄壤	黄壤	花岗岩黄壤	中有机质层麻黄土
			有机质层麻黄土
紫色土	酸性紫色土	酸性紫色土	灰紫色土
			紫色土
			中紫色土
石质土	酸性石质土	花岗岩石质土	麻石质土
新积土	冲积土	冲积土	潮砂泥土
沼泽土	沼泽土	沼泽土	沼泽土
水稻土	潜育型水稻	冷底田	铁锈水田
		青泥格田	页青泥格田
	潴育型水稻	泥肉田	麻泥肉田

第二节　耕地地力评价

乌石片区耕地地力评价对象为片区内所有耕地，包括橡胶园、水田、菜地、旱地和热带作物园地等，其中橡胶园面积 32 951.49 hm^2，占耕地总面积的 88.77%；其次是旱地和热带作物园地，占耕地总面积的 5.26% 和 5.88%；此外，有少量望天田、灌溉水田和菜地。

本次耕地地力评价选取对乌石片区耕地地力影响比较大、区域内变异明显、在时间序列上具有相对稳定性、与农业生产有密切关系的 11 个因素，建立评价指标体系。以 1∶5 万土壤图、土地利用现状图、乌石片区行政区划图 3 种图件叠加形成的图斑为评价单元。应用“县域耕地资源管理信息系统”和模糊数学评价、层次分析法等数学理论，对乌石片区耕地进行地力评价。

一、评价指标体系建立

（一）评价指标确定

海南农垦乌石片区耕地地力评价体系以全国评价指标体系作为依据，聘请海南省知名土壤肥料专家和各农场生产主要技术人员进行座谈商讨，根据重要性、差异性、稳定性、易获性、精简性和必要性等指标选取原则，选取了有机质、有效磷、速效钾、交换性镁、pH 值、质地、成土母质、坡度、坡向、有效土层厚度和年降水量共计 11 个指标作为耕地地力评价的因子，具体指标及归类如表 11-2 所示。

表 11-2　乌石片区耕地地力评价指标体系

目标层（A）	准则层（B）	指标层（C）
耕地地力	耕层理化性状	pH 值
		质地
	耕层养分状况	有机质
		有效磷
		速效钾
		交换性镁
	立地条件	年降水量
		成土母质
		坡度
		坡向
	剖面性状	有效土层厚度

（二）评价指标的量化处理

获取的评价资料可以分为定量和定性资料两大部分。耕地地力评价指标类型分为数值型和概念型，数值型指标是定量的，与耕地生产能力有一定的线性关系，如土壤有机质、全氮和 pH 值等。概念型指标是确定性、综合性的，与耕地生产能力之间是一种非线性的关系，如地貌类型、土壤剖面构型、质地等。数值型和概念型评价指标的实测值量纲不同，取值范围各异，因此，地力评价时必须对各评价指标的原始数据进行标准化处理，数值型数据可通过建立隶属函数，把各评价指标转化为 0～1 的标准化数据；概念型数据可直接通过德尔菲法和专家打分法进行定量化。

1. 定性因素的量化处理

定性因素是概念型指标如质地，坡度和剖面构型等，与耕地生产能力之间是一种非线性的关系，采用德尔菲法直接给出隶属度，各评价因素及其隶属度如表 11-3 至表 11-8 所示。

表 11-3　乌石片区成土母质隶属度

描述	河流冲积物	砂页岩	花岗岩	变质岩	玄武岩
隶属度	0.92	0.86	0.82	0.75	0.63

表 11-4　乌石片区有效土层厚度（cm）隶属度

描述	<30	30（含）~50	50（含）~70	70（含）~90	90（含）~110	110（含）~130	130（含）~150	150（含）~200	≥200
隶属度	0.09	0.18	0.33	0.47	0.67	0.85	0.94	1.00	1.00

表 11-5　乌石片区质地隶属度

描述	重壤	中壤	轻黏	中黏	重黏	轻壤	砂壤	紧砂	松砂
隶属度	0.73	0.96	0.71	0.65	0.50	0.90	0.78	0.56	0.41

表 11-6　乌石片区坡度隶属度

描述	<3°	3°（含）~7°	7°（含）~15°	15°（含）~20°	20°（含）~25°	25°（含）~30°	30°（含）~35°	≥35°
隶属度	1.00	0.95	0.89	0.78	0.62	0.36	0.18	0.08

表 11-7　乌石片区坡向隶属度

描述	正南	东南	正东	西南	东北	正西	西北	正北
隶属度	0.97	0.93	0.75	0.74	0.65	0.52	0.49	0.46

表 11-8　乌石片区交换性镁（mg/kg）隶属度

描述	<10	10（含）~30	30（含）~50	50（含）~70	70（含）~90	90（含）~110	110（含）~130	≥130
隶属度	0.45	0.69	0.89	0.96	0.91	0.79	0.70	0.58

2. 定量化指标的隶属函数

对于定量化的指标，采取德尔菲法和专家打分法确定指标的隶属函数。经过归纳、反馈和集中，产生指标的隶属函数如表 11-9 所示。

表 11-9　乌石片区耕地地力评价指标隶属函数

序号	函数类型	项目	隶属函数	c	u_t
1	戒上型	降水量（mm）	$y=1/[1+2.83\times10^{-6}\times(u-c)^2]$	18 910	1 200
2	戒上型	有效磷（mg/kg）	$y=1/[1+0.0013\times(u-c)^2]$	34.83	3

（续表）

序号	函数类型	项目	隶属函数	c	u_t
3	戒上型	有机质（g/kg）	$y=1/[1+0.0021\times(u-c)^2]$	33.65	6
4	戒上型	速效钾（mg/kg）	$y=1/[1+6.82\times(u-c)^2]$	183.34	20
5	峰型	pH 值	$y=1/[1+0.3342\times(u-c)^2]$	5.25	$u_{t1}=3.5$ $u_{t2}=7.5$

（三）评价指标的权重确定

评价指标的权重通过层次分析法确定。首先，根据乌石片区耕地地力指标各个指标间的关系构造耕地要素层次结构图。然后，请专家比较同一层次各因素对上一层次的相对重要性，打分给出数量化的评价，构造判断矩阵；根据判断矩阵计算出矩阵的最大特征根和特征向量，并进行一致检验。最后，进行层次总排序一致性检验，如通过一致性检验，便可求得各评价指标的组合权重，即为评价指标的实际权重（表 11-10）。

表 11-10　乌石片区耕地地力评价指标权重表

指标层	准则层				
	耕层理化性质 B1	立地条件 B2	剖面性状 B3	耕层养分状况 B4	组合权重
	0.179 9	0.206 3	0.184 1	0.429 7	$\sum CiBi$
pH 值 C1	0.520 8				0.093 7
质地 C2	0.479 2				0.086 2
年降水量 C3		0.344 7			0.071 1
成土母质 C4		0.341 4			0.070 4
坡度 C5		0.183 2			0.037 8
坡向 C6		0.130 7			0.027 0
有效土层厚度 C7			1.000 0		0.184 1
有机质 C8				0.449 7	0.193 2
速效钾 C9				0.172 4	0.074 1
有效磷 C10				0.217 9	0.093 6
交换性镁 C11				0.160 0	0.068 8

二、耕地地力等级划分

根据乌石片区耕地地力综合指数结果，结合本地区的实际情况，运用等距法制定本片区耕地地力综合指数分级方案，并将全区耕地等级共划分为 5 个等级（表 11-11）。

表 11-11 乌石片区耕地地力评价等级划分

等级	综合指数	等级	综合指数
一等地	0.65（含）～0.72	四等地	0.57（含）～0.60
二等地	0.62（含）～0.65	五等地	0.52（含）～0.57
三等地	0.60（含）～0.62		

三、耕地地力等级分布

（一）耕地地力等级面积统计

乌石片区耕地地力评价调查的耕地总面积为 37 544.61 hm^2，其中一等地 2 808.56 hm^2，占总面积的 7.48%；二等地 10 858.10 hm^2，占总面积的 28.92%；三等地 11 836.67 hm^2，占总面积的 31.53%；四等地 7 460.24 hm^2，占总面积的 19.87%；五等地 4 581.04 hm^2，占总面积的 12.20%（表 11-12）。乌石片区不同地类各地力等级面积见表 11-13。

表 11-12 乌石片区耕地不同地力等级面积统计

等级	一等地	二等地	三等地	四等地	五等地	总计
面积（hm^2）	2 808.56	10 858.10	11 836.67	7 460.24	4 581.04	37 544.61
占比（%）	7.48	28.92	31.53	19.87	12.20	100.00

表 11-13 乌石片区不同地类各地力等级面积统计

类型	一等地		二等地		三等地		四等地		五等地	
	面积（hm^2）	占比（%）	面积（hm^2）	占比（%）	面积（hm^2）	占比（%）	面积（hm^2）	占比（%）	面积（hm^2）	占比（%）
灌溉水田	12.03	4.68	127.23	49.43	81.84	31.79	28.72	11.16	7.59	2.95
望天田	0.14	0.28	20.47	42.90	13.61	28.54	5.21	10.90	8.31	17.39
菜地	37.63	35.44	16.40	15.45	37.04	34.88	15.12	14.24	0.00	0.00
旱地	178.18	9.03	465.76	23.60	737.09	37.34	400.06	20.27	192.88	9.77
热作园	343.35	15.55	782.97	35.46	564.13	25.55	367.53	16.65	149.85	6.79
橡胶园	2 237.23	6.79	9 445.28	28.66	10 402.96	31.57	6 643.60	20.16	4 222.41	12.81
合计	2 808.56		10 858.11		11 836.67		7 460.24		4 581.04	

（二）耕地地力等级评价

1. 一等地

（1）面积与分布

乌石片区一等地总面积 2 808.56 hm^2，占全片区耕地总面积的 7.48%。主要分布在新伟分场和加钗分场，零星分布在乌石分场和新进分场等地区。分布面积最大的是新伟分场，达 1 545.54 hm^2，其次为加钗分场，占地面积为 587.27 hm^2。

乌石片区橡胶园一等地总面积为 2 237.23 hm^2，占全片区橡胶园面积的 6.79%，主要分布在新伟分场和加钗分场。面积最大的是新伟分场，为 1 128.38 hm^2，其次为加钗分场，占地面积 543.63 hm^2（表 11-14）。

表 11-14　乌石片区一等耕地和一等橡胶园面积空间分布

农场	分场	耕地			橡胶园		
		面积（hm^2）	占本场耕地面积的比例（%）	占片区耕地面积的比例（%）	面积（hm^2）	占本场橡胶园面积的比例（%）	占片区橡胶园面积的比例（%）
乌石	乌石	131.41	1.24	0.35	75.04	0.81	0.23
	岭头	52.76	0.50	0.15	51.40	0.56	0.16
	南方	63.95	0.60	0.17	60.43	0.65	0.18
长征	长征	0.00	0.00	0.00	0.00	0.00	0.00
	乘坡	0.00	0.00	0.00	0.00	0.00	0.00
	太平	106.49	1.22	0.28	102.34	1.24	0.31
加钗	加钗	587.27	11.51	1.56	543.63	13.35	1.65
	新伟	1 545.54	30.28	4.12	1 128.38	27.70	3.42
阳江	阳江	117.53	0.90	0.31	108.71	0.96	0.33
	大丰	0.00	0.00	0.00	0.00	0.00	0.00
	新进	203.61	1.56	0.54	167.30	1.48	0.51
合计		2 808.56		7.48	2 237.23		6.79

（2）主要属性分析

一等地主要分布于低坡度丘陵区，成土母质以花岗岩和砂页岩为主。该等地坡度较小，地势平坦，质地优良，以轻壤为主，土壤保肥性能比较好，土层深厚（>100 cm）。土壤养分水平较高，有机质含量 11.10～22.70 g/kg，平均值 18.05 g/kg；全氮含量 0.73～1.29 g/kg，平均值 0.95 g/kg；有效磷含量 3.50～49.41 mg/kg，平均值 25.98 mg/kg；速效钾含量 20～75 mg/kg，平均值 49.02 mg/kg；pH 值 4.10～5.12，平均值 4.70。总体上，该等地土壤肥力较高，土地平整，可耕性好，水、肥、气、热协调，土地利用基本没有限制，作物基本上都能高产。建议后期增施有机肥，配合氮肥、磷肥和钾肥，防止地力下降。

2. 二等地

（1）面积与分布

乌石片区二等地耕地总面积 10 858.10 hm^2，占全片区耕地总面积的 28.92%，主要分布在乌石分场、阳江分场、加钗分场和新进分场，零星分布在岭头分场、南方分场、长征分场和太平分场。分布面积最大的是乌石农场，占地面积达 2 313.02 hm^2，其次为阳江分场，占地面积为 2 077.24 hm^2。

乌石片区橡胶园二等地总面积为 9 445.28 hm^2，占全片区橡胶园面积的 28.66%，主要分布在乌石分场、阳江分场、新进分场和加钗分场。分布面积最大的是乌石分场，面积达 1 972.07 hm^2，其次为阳江分场，面积为 1 856.63 hm^2（表 11-15）。

表 11-15　乌石片区二等耕地和二等橡胶园面积空间分布

农场	分场	耕地			橡胶园		
		面积（hm^2）	占本分场耕地面积的比例（%）	占片区耕地面积的比例（%）	面积（hm^2）	占本分场橡胶园面积的比例（%）	占片区橡胶园面积的比例（%）
乌石	乌石	2 313.02	21.77	6.16	1 972.07	21.31	5.98
	岭头	1 041.04	9.80	2.77	833.12	9.00	2.53
	南方	836.27	7.87	2.23	739.69	7.99	2.24
长征	长征	817.73	9.33	2.18	769.95	9.30	2.34
	乘坡	0.00	0.00	0.00	0.00	0.00	0.00
	太平	995.78	11.37	2.65	982.61	11.86	2.98
加钗	加钗	1 318.94	25.84	3.51	1 054.33	25.88	3.20
	新伟	167.54	3.28	0.45	156.56	3.84	0.48
阳江	阳江	2 077.24	15.91	5.53	1 856.63	16.37	5.63
	大丰	5.89	0.05	0.02	5.89	0.05	0.02
	新进	1 284.65	9.84	3.42	1 074.43	9.47	3.26
合计		10 858.10		28.92	9 445.28		28.66

（2）主要属性分析

二等地主要分布在乌石片区北面的平地和中部的低丘陵区，成土母质以砂页岩和花岗岩为主。该等地质地优良，大部分为砂壤、中壤、轻壤，土壤保肥性能比较好，土层深厚，无明显障碍层。土壤养分水平较高，有机质含量 9.90～23.50 g/kg，平均值 17.74 g/kg；全氮含量 0.45～1.15 g/kg，平均值 0.75 g/kg；有效磷含量 3.3～37.90 mg/kg，平均值 10.55 mg/kg；速效钾含量 19.00～71.00 mg/kg，平均值 42.88 mg/kg；pH 值 4.14～5.10，平均值 4.40。总体上该等地肥力中等，土地基本平整，能排能灌，气、热环境较好，宜种性较好，养分含量较高，应合理施肥。

3. 三等地

（1）面积与分布

乌石片区三等地总面积 11 836.67 hm^2，占全片区耕地总面积的 31.53%，主要分布在乌石分场、新进分场和阳江分场，零星分布在长征分场、加钗分场、南方分场和岭头分场。分布面积最大的是乌石分场，占地面积达 2 457.18 hm^2，其次为新进农场和阳江分场，占地面积分别为 2 436.44 hm^2 和 1 771.01 hm^2。

乌石片区橡胶园三等地总面积为 10 402.96 hm^2，占全片区橡胶园面积的 31.57%，主要分布在乌石分场和新进分场。分布面积最大的是乌石分场，占地面积达 2 210.20 hm^2，其次为新进分场，占地面积为 2 012.71 hm^2（表 11-16）。

表 11-16　乌石片区三等耕地和三等橡胶园面积空间分布

农场	分场	耕地			橡胶园		
		面积（hm^2）	占本分场耕地面积的比例（%）	占片区耕地面积的比例（%）	面积（hm^2）	占本分场橡胶园面积的比例（%）	占片区橡胶园面积的比例（%）
乌石	乌石	2 457.18	23.13	6.54	2 210.20	23.88	6.71
	岭头	1 002.45	9.44	2.67	788.58	8.52	2.39
	南方	905.56	8.52	2.41	832.51	9.00	2.53
长征	长征	1 173.95	13.40	3.13	1 104.84	13.34	3.35
	乘坡	360.83	4.12	0.96	342.50	4.13	1.04
	太平	563.90	6.44	1.50	558.36	6.74	1.69
加钗	加钗	1 032.06	20.22	2.75	876.63	21.52	2.66
	新伟	34.76	0.68	0.09	31.46	0.77	0.10
阳江	阳江	1 771.01	13.57	4.72	1 551.21	13.68	4.71
	大丰	98.54	0.75	0.26	93.95	0.83	0.29
	新进	2 436.44	18.66	6.49	2 012.71	17.75	6.11
合计		11 836.67		31.53	10 402.96		31.57

（2）主要属性分析

三等地主要分布在乌石分场低丘陵区，部分分布在新进分场的平地地区，成土母质以花岗岩和砂页岩为主。该等地质地主要是紧砂、轻黏，部分为砂壤和中壤，土壤保肥性一般，土层深厚，无明显障碍层。土壤养分水平中等，有机质含量 9.70～23.30 g/kg，平均值 16.13 g/kg；全氮含量 0.43～1.05 g/kg，平均值 0.67 g/kg；有效磷含量 3.10～35.80 mg/kg，平均值 8.38 mg/kg；速效钾含量 19～65 mg/kg，平均值 36.36 mg/kg；pH 值 4.05～4.91，平均值 4.44。总体上该等地肥力一般，养分不协调，土壤结构不良，土壤物理性能差，可耕性略差，种植条件一般。应实施精耕细作、增施有机肥和氮磷钾肥、扩种绿肥等措施，以提高土壤的整体生产能力。同时，加强胶园覆盖作物的种植，以增加土壤养分，改良土壤理化性质，减少水分蒸发和土壤流失。

4. 四等地

（1）面积与分布

乌石片区四等地总面积 7 460.24 hm^2，占全片区耕地总面积的 19.87%。主要分布在乘坡分场、阳江分场、南方分场和长征分场，零星分布在乌石分场、太平分场、加钗分场和新进分场等地区。分布面积最大的是乘坡分场，占地面积达 1 914. 88 hm^2，其次为阳江分场，占地面积 1 210. 13 hm^2。

乌石片区橡胶园四等地总面积为 6 643. 60 hm^2，占全片区橡胶园面积的 20. 16%，主要分布在乘坡分场、南方分场和阳江分场。分布面积最大的是乘坡分场，占地面积达 1 787. 13 hm^2，其次为南方分场和阳江分场，占地面积分别为 1 048. 82 hm^2 和 980. 13 hm^2（表 11-17）。

表 11-17　乌石片区四等耕地和四等橡胶园面积空间分布

农场	分场	耕地			橡胶园		
		面积（hm^2）	占本分场耕地面积的比例（%）	占片区耕地面积的比例（%）	面积（hm^2）	占本分场橡胶园面积的比例（%）	占片区橡胶园面积的比例（%）
乌石	乌石	412. 43	3. 88	1. 10	375. 67	4. 06	1. 14
	岭头	46. 51	0. 44	0. 12	26. 84	0. 29	0. 08
	南方	1 115. 81	10. 50	2. 97	1 048. 82	11. 33	3. 18
长征	长征	1 015. 20	11. 59	2. 70	931. 73	11. 25	2. 83
	乘坡	1 914. 88	21. 86	5. 10	1 787. 13	21. 58	5. 42
	太平	422. 62	4. 82	1. 13	404. 15	4. 88	1. 23
加钗	加钗	418. 26	8. 19	1. 11	282. 25	6. 93	0. 86
	新伟	0. 00	0. 00	0. 00	0. 00	0. 00	0. 00
阳江	阳江	1 210. 13	9. 27	3. 23	980. 13	8. 64	2. 97
	大丰	279. 90	2. 14	0. 75	254. 70	2. 25	0. 77
	新进	624. 50	4. 78	1. 66	552. 18	4. 87	1. 68
合计		7 460. 24		19. 87	6 643. 60		20. 16

（2）主要属性分析

四等地主要分布在坡度较高的低丘陵区和高丘陵区，成土母质以花岗岩和砂页岩为主。该等地质地主要紧砂、重黏，部分为砂壤、轻壤、中黏，土层较薄，有明显的砂砾、铁子等障碍层。土壤养分含量较低，有机质含量 9. 00～20. 80 g/kg，平均值 14. 60 g/kg；全氮含量 0. 35～1. 02 g/kg，平均值 0. 60 g/kg；有效磷含量 3. 00～23. 70 mg/kg，平均值 8. 03 mg/kg；速效钾含量 19. 00～58. 00 mg/kg，平均值 33. 86 mg/kg；pH 值 3. 94～4. 70，平均值 4. 32。总体上该等地是片区内较差的土地，肥力偏低，养分不协调，土壤结构不良，土壤物理性能差，可耕性差，光热水条件差，种植条件一般。应实施精耕细作、增施有机肥和氮磷钾肥、施肥少量多次和扩种绿肥等措施，以提高土壤整体生产能力。

5. 五等地

（1）面积与分布

乌石片区五等地总面积 4 581. 04 hm^2，占全片区耕地总面积的 12. 20%，主要分布在大丰分场、乘坡分场和阳江分场。分布面积最大的是大丰分场，占地面积达 2 066.78 hm^2，其次为乘坡分场和阳江分场，占地面积分别为 1 363.30 hm^2 和 878.51 hm^2。

乌石片区橡胶园五等地总面积为 4 222.41 hm^2，占全片区橡胶园面积的 12.81%，分布在大丰分场、乘坡分场和阳江分场。分布面积最大的是大丰分场，占地面积达 1 923.39 hm^2，其次为乘坡分场和阳江分场，占地面积分别为 1 272.65 hm^2 和 759.97 hm^2（表 11-18）。

表 11-18　乌石片区五等耕地和五等橡胶园面积空间分布

农场	分场	耕地			橡胶园		
		面积（hm^2）	占本分场耕地面积的比例（%）	占片区耕地面积的比例（%）	面积（hm^2）	占本分场橡胶园面积的比例（%）	占片区橡胶园面积的比例（%）
乌石	乌石	29.58	0.28	0.08	29.58	0.32	0.09
	岭头	0.00	0.00	0.00	0.00	0.00	0.00
	南方	215.98	2.03	0.58	209.95	2.27	0.63
长征	长征	9.71	0.11	0.03	9.71	0.12	0.03
	乘坡	1 363.31	15.56	3.63	1 272.65	15.36	3.86
	太平	17.17	0.20	0.05	17.16	0.21	0.05
加钗	加钗	0.00	0.00	0.00	0.00	0.00	0.00
	新伟	0.00	0.00	0.00	0.00	0.00	0.00
阳江	阳江	878.51	6.73	2.34	759.97	6.70	2.31
	大丰	2 066.78	15.83	5.50	1 923.39	16.96	5.84
	新进	0.00	0.00	0.00	0.00	0.00	0.00
合计		4 581.04		12.20	4 222.41		12.81

（2）主要属性分析

五等地主要分布在土壤砂性较强的地区，成土母质以砂页岩、花岗岩为主。该等地质地主要为紧砂、重壤，土层较薄，有明显的砂砾、铁子等障碍层。土壤养分含量较低，有机质含量 8.70～18.80 g/kg，平均值 12.44 g/kg；全氮含量 0.37～1.04 g/kg，平均值 0.55 g/kg；有效磷含量 2.90～18.40 mg/kg，平均值 6.86 mg/kg；速效钾含量 18～54 mg/kg，平均值 30 mg/kg；pH 值 3.88～4.72，平均值 4.31。总体上，该等地是片区内最差的土地，肥力偏低，养分不协调，光热水条件差，质地较砂或较黏等，保肥性较差，种植条件一般。应实施精耕细作、增施有机肥和氮磷钾肥、施肥少量多次和扩种绿肥等措施，以提高土壤整体生产能力。

第三节　耕地土壤属性

一、土壤的化学性质

（一）有机质

乌石片区本次耕地地力调查橡胶园土样 1 442 个，土壤有机质平均含量为 15.68 g/kg，变化范围为 1.67～30.35 g/kg；热带作物园土样 55 个，土壤有机质平均含量为 17.44 g/kg，变化范围为 5.51～32.12 g/kg。该片区土壤有机质含量主要集中在四级，占 70.27%，其次是三级，占 18.44%；四级及以下共占 81.36%，有机质含量中下水平（表 11-19）。

表 11-19　乌石片区土壤有机质分级状况

级别	含量（g/kg）	样点（个）	频率（%）	平均值（g/kg）
一级	≥40	0	0.00	0.00
二级	30（含）～40	3	0.20	30.95
三级	20（含）～30	276	18.44	22.76
四级	10（含）～20	1 052	70.27	14.95
五级	6（含）～10	135	9.02	8.25
六级	＜6	31	2.07	5.03

该片区不同土属有机质含量比较见表 11-20，其中以花岗岩黄壤最高，平均值为 22.12 g/kg，砂页岩黄色砖红壤最低，平均值为 13.35 g/kg。

表 11-20　乌石片区不同土属有机质含量状况

土属名称	含量范围（g/kg）	平均值（g/kg）	标准差	变异系数（%）
潮砂泥土	14.60～18.00	16.30	2.40	14.72
花岗岩赤红壤	1.67～25.90	16.68	6.47	38.79
花岗岩黄壤	17.80～27.70	22.12	3.12	14.10
花岗岩黄色赤红壤	8.66～23.90	17.68	4.05	22.91
花岗岩黄色砖红壤	1.26～32.10	15.31	4.85	31.68
花岗岩石质土	8.73～21.79	14.87	4.14	27.84
花岗岩砖红壤	4.02～29.10	16.92	4.71	27.84
砂页岩赤红壤	11.90～27.80	16.94	3.79	22.37

（续表）

土属名称	含量范围（g/kg）	平均值（g/kg）	标准差	变异系数（%）
砂页岩黄色砖红壤	4.82～22.50	13.35	4.87	36.48
砂页岩砖红壤	13.50～24.40	17.98	3.86	21.47
酸性紫色土	9.38～23.22	15.00	3.54	23.60

（二）大量元素

1. 全　氮

乌石片区本次耕地地力调查橡胶园土样 1 443 个，土壤全氮平均含量为 0.78 g/kg，变化范围为 0.21～1.49 g/kg；热带作物园土样 54 个，土壤全氮平均含量为 0.84 g/kg，变化范围为 0.47～1.35 g/kg。该片区土壤全氮含量主要集中于四级和五级，分别占 40.41%和 40.21%，四级及以下共占 85.17%，全氮含量属于中下水平（表 11-21）。

表 11-21　乌石片区土壤全氮分级状况

级别	含量（g/kg）	样点（个）	频率（%）	平均值（g/kg）
一级	≥2.0	0	0.00	0.00
二级	1.5（含）～2.0	0	0.00	0.00
三级	1.0（含）～1.5	222	14.83	1.13
四级	0.75（含）～1.0	605	40.41	0.87
五级	0.5（含）～0.75	602	40.21	0.63
六级	＜0.5	68	4.55	0.46

该片区不同土属全氮含量比较见表 11-22，其中以花岗岩黄壤最高，平均值为 0.99 g/kg，酸性紫色土最低，平均值为 0.71 g/kg。

表 11-22　乌石片区不同土属全氮含量状况

土属名称	含量范围（g/kg）	平均值（g/kg）	标准差	变异系数（%）
潮砂泥土	0.70～0.76	0.73	0.04	5.81
花岗岩赤红壤	0.34～1.22	0.78	0.25	31.84
花岗岩黄壤	0.75～1.22	0.99	0.15	15.05
花岗岩黄色赤红壤	0.51～1.34	0.90	0.23	25.65
花岗岩黄色砖红壤	0.21～1.35	0.77	0.19	24.92
花岗岩石质土	0.42～1.05	0.74	0.18	24.25
花岗岩砖红壤	0.36～1.34	0.80	0.19	23.08
砂页岩赤红壤	0.61～1.37	0.90	0.22	25.11

（续表）

土属名称	含量范围（g/kg）	平均值（g/kg）	标准差	变异系数（%）
砂页岩黄色砖红壤	0.50～1.03	0.73	0.14	19.00
砂页岩砖红壤	0.57～0.81	0.72	0.09	13.20
酸性紫色土	0.42～1.08	0.71	0.16	22.36

2. 有效磷

乌石片区本次耕地地力调查橡胶园土样 1 443 个，土壤有效磷平均含量为 10.18 mg/kg，变化范围为 0.10～121.80 mg/kg；热带作物园土样 54 个，土壤有效磷平均含量为 10.64 mg/kg，变化范围为 0.10～72.60 mg/kg。该片区土壤有效磷在各等级中都有分布，六级占比最大，为 46.03%，其次是四级和五级，分别为 13.96% 和 17.77%；一级、二级和三级的比例相当，分别占 6.08%、7.28% 和 8.88%；四级及以下共占 77.76%，有效磷含量属于中下水平（表 11-23）。

表 11-23　乌石片区土壤有效磷分级状况

级别	含量（mg/kg）	样点（个）	频率（%）	平均值（mg/kg）
一级	≥40	91	6.08	66.55
二级	20（含）～40	109	7.28	27.62
三级	10（含）～20	133	8.88	15.49
四级	5（含）～10	209	13.96	6.73
五级	3（含）～5	266	17.77	3.85
六级	<3	689	46.03	1.68

该片区不同土属有效磷含量比较见表 11-24，其中，以砂页岩赤红壤最高，平均值为 29.33 mg/kg，花岗岩石质土最低，平均值为 4.96 mg/kg。

表 11-24　乌石片区不同土属有效磷含量状况

土属名称	含量范围（mg/kg）	平均值（mg/kg）	标准差	变异系数（%）
潮砂泥土	1.40～2.00	1.70	0.42	24.96
花岗岩赤红壤	0.60～49.70	10.12	10.79	106.63
花岗岩黄壤	0.60～61.50	8.98	17.20	191.52
花岗岩黄色赤红壤	0.70～119.90	22.38	35.14	157.00
花岗岩黄色砖红壤	0.10～121.82	9.98	19.50	195.48
花岗岩石质土	1.10～14.20	4.96	3.78	76.25
花岗岩砖红壤	0.40～106.92	6.53	11.97	183.35

（续表）

土属名称	含量范围（mg/kg）	平均值（mg/kg）	标准差	变异系数（%）
砂页岩赤红壤	1.20～102.30	29.33	30.05	102.44
砂页岩黄色砖红壤	1.10～59.10	15.68	14.67	93.60
砂页岩砖红壤	0.51～110.01	19.50	44.34	227.39
酸性紫色土	1.59～62.16	6.08	10.74	176.74

3. 速效钾

乌石片区本次耕地地力调查橡胶园土样 1 442 个，土壤速效钾平均含量为 36.19 mg/kg，变化范围为 2.01～120.06 mg/kg；热带作物园土样 55 个，土壤速效钾平均含量为 46.71 mg/kg，变化范围为 14.00～104.05 mg/kg。该片区土壤速效钾含量主要分布在四级、五级和六级，其占比分别为 18.84%、36.34%、43.55%；四级及以下共占 98.73%，速效钾含量属于低下水平（表 11-25）。

表 11-25　乌石片区土壤速效钾分级状况

级别	含量（mg/kg）	样点（个）	频率（%）	平均值（mg/kg）
一级	≥200	0	0.00	0.00
二级	150（含）～200	0	0.00	0.00
三级	100（含）～150	19	1.27	106.12
四级	50（含）～100	282	18.84	64.78
五级	30（含）～50	544	36.34	39.62
六级	＜30	652	43.55	21.34

该片区不同土属速效钾含量比较见表 11-26，其中以花岗岩黄色赤红壤最高，平均值为 57.41 mg/kg，砂页岩砖红壤最低，平均值为 24.00 mg/kg。

表 11-26　乌石片区不同土属速效钾含量状况

土属名称	含量范围（mg/kg）	平均值（mg/kg）	标准差	变异系数（%）
花岗岩赤红壤	6.02～82.00	31.50	20.42	24.90
花岗岩黄壤	16.20～84.00	36.42	22.60	26.91
花岗岩黄色赤红壤	18.03～108.15	57.41	23.65	21.90
花岗岩黄色砖红壤	4.41～120.00	37.10	19.92	16.60
花岗岩石质土	4.52～77.03	36.96	22.23	28.67
花岗岩砖红壤	11.10～88.04	30.66	13.17	14.96
砂页岩赤红壤	20.20～103.00	40.53	21.18	20.56

（续表）

土属名称	含量范围（mg/kg）	平均值（mg/kg）	标准差	变异系数（%）
砂页岩黄色砖红壤	10.40～112.00	38.85	24.72	22.07
砂页岩砖红壤	15.30～47.00	24.00	11.73	24.96
酸性紫色土	22.07～72.15	44.56	12.50	17.32

（三）中量元素

1. 有效钙

本次耕地地力调查橡胶园土样 1 338 个，土壤有效钙含量平均值为 169.51 mg/kg，变化范围为 0.30～ 1 140.50 mg/kg；热带作物园土样 54 个，土壤有效钙含量平均值为 256.95 mg/kg，变化范围为 7.80～13 395.40 mg/kg，由此可见，乌石片区不同土壤有效钙含量差异较大。该片区土壤有效钙含量主要分布在三级、四级和五级，其中五级占比最大，为 73.71%，其次是四级，占比 17.46%；三级及以下共占 98.93%，有效钙含量处于缺乏水平（表 11-27）。

表 11-27　乌石片区土壤有效钙分级状况

级别	含量（mg/kg）	样点（个）	频率（%）	平均值（mg/kg）
一级	≥2 000	0	0.00	0.00
二级	1 000（含）～2 000	15	1.07	1 204.99
三级	400（含）～1 000	108	7.76	648.49
四级	200（含）～400	243	17.46	283.27
五级	＜200	1 026	73.71	97.21

该片区不同土属有效钙含量比较见表 11-28，其中以砂页岩黄色砖红壤最高，平均值为 473.43 mg/kg，花岗岩石质土最低，平均值为 51.44 mg/kg。

表 11-28　乌石片区不同土属有效钙含量状况

土属名称	含量范围（mg/kg）	平均值（mg/kg）	标准差	变异系数（%）
潮砂泥土	131.61～153.00	142.30	15.13	10.63
花岗岩赤红壤	3.90～268.40	86.24	79.34	92.00
花岗岩黄壤	41.66～441.20	167.17	134.93	80.72
花岗岩黄色赤红壤	0.54～1 272.12	296.61	332.81	112.20
花岗岩黄色砖红壤	0.30～1 395.40	176.42	189.57	107.45
花岗岩石质土	3.20～177.41	51.44	52.78	102.61
花岗岩砖红壤	1.65～754.40	119.14	103.25	86.67

（续表）

土属名称	含量范围（mg/kg）	平均值（mg/kg）	标准差	变异系数（%）
砂页岩赤红壤	45.22～1 111.35	346.66	379.79	109.56
砂页岩黄色砖红壤	8.51～1 140.51	473.43	399.95	84.48
砂页岩砖红壤	77.40～255.70	136.70	62.96	46.05

2. 有效镁

本次耕地地力调查橡胶园土样 1 332 个，土壤有效镁含量平均值为 18.89 mg/kg，变化范围为 0.10～129.70 mg/kg；热带作物园土样 53 个，土壤有效镁含量平均值为 32.68 mg/kg，变化范围为 2.10～166.00 mg/kg，可见乌石片区不同土壤有效镁含量差异较大。该片区土壤有效镁主要集中在五级，占比为 89.53%，三级和四级有少量分布，有效镁极度缺乏（表 11-29）。

表 11-29　乌石片区土壤有效镁分级状况

级别	含量（mg/kg）	样点（个）	频率（%）	平均值（mg/kg）
一级	≥1 000	0	0.00	0.00
二级	300（含）～1 000	0	0.00	0.00
三级	100（含）～300	37	2.67	119.56
四级	50（含）～100	108	7.80	70.94
五级	＜50	1 240	89.53	15.80

该片区不同土属有效镁含量比较见表 11-30，其中以砂页岩黄色砖红壤最高，平均值为 65.36 mg/kg，花岗岩石质土最低，平均值为 6.45 mg/kg。

表 11-30　乌石片区不同土属有效镁含量状况

土属名称	含量范围（mg/kg）	平均值（mg/kg）	标准差	变异系数（%）
潮砂泥土	1.01～1.40	11.20	0.28	23.57
花岗岩赤红壤	0.90～42.20	15.84	10.90	68.84
花岗岩黄壤	2.42～72.80	21.15	2.41	120.15
花岗岩黄色赤红壤	6.31～127.30	41.33	31.15	76.25
花岗岩黄色砖红壤	0.12～166.00	19.86	23.30	117.34
花岗岩石质土	2.20～14.80	6.45	4.28	66.36
花岗岩砖红壤	0.11～120.40	8.98	15.74	175.31
砂页岩赤红壤	4.13～121.61	44.01	48.30	109.76
砂页岩黄色砖红壤	1.02～129.70	65.36	49.59	75.88
砂页岩砖红壤	0.88～42.62	11.55	15.80	136.80

(四) 微量元素

1. 铜元素

乌石片区本次耕地地力调查橡胶园土样 1 351 个，土壤有效铜含量平均值为 0.62 mg/kg，变化范围为 0.01～1.82 mg/kg；热带作物园土样 54 个，土壤有效铜含量平均值为 0.85 mg/kg，变化范围为 0.32～2.26 mg/kg，由此可见，乌石片区不同土壤有效铜含量差异较大。该片区土壤有效铜主要集中在三级水平，所占比例为 84.34%，其次是二级占 11.60%，四级和五级有少量分布；三级及以下共占 88.12%，有效铜属于中等水平（表 11-31）。

表 11-31　乌石片区土壤有效铜分级状况

级别	含量（mg/kg）	样点（个）	频率（%）	平均值（mg/kg）
一级	≥1.8	4	0.28	2.01
二级	1.0（含）～1.8	163	11.60	1.35
三级	0.2（含）～1.0	1 185	84.34	0.58
四级	0.1（含）～0.2	32	2.28	0.07
五级	<0.1	21	1.50	0.03

该片区不同土属有效铜含量比较见表 11-32，其中以砂页岩赤红壤最高，平均值为 0.86 mg/kg，花岗岩石质土最低，平均值为 0.49 mg/kg。

表 11-32　乌石片区不同土属有效铜含量状况

土属名称	含量范围（mg/kg）	平均值（mg/kg）	标准差	变异系数（%）
潮砂泥土	0.55～0.58	0.57	0.02	3.75
花岗岩赤红壤	0.24～1.17	0.51	0.29	57.16
花岗岩黄壤	0.30～1.22	0.67	0.25	38.08
花岗岩黄色赤红壤	0.34～1.73	0.81	0.42	52.04
花岗岩黄色砖红壤	0.03～2.26	0.62	0.30	48.06
花岗岩石质土	0.08～1.14	0.49	0.28	58.04
花岗岩砖红壤	0.01～1.50	0.54	0.28	51.79
砂页岩赤红壤	0.28～1.64	0.86	0.44	50.85
砂页岩黄色砖红壤	0.22～1.63	0.85	0.38	43.94
砂页岩砖红壤	0.40～1.26	0.67	0.30	45.08

2. 锰元素

本次耕地地力调查橡胶园土样 1 348 个，土壤有效锰含量平均值为 5.04 mg/kg，变化范围为 0.23～27.54 mg/kg；热带作物园土样 54 个，土壤有效锰含量平均值为

5.76 mg/kg，变化范围为0.34～20.27 mg/kg，由此可见，乌石片区不同土壤有效锰含量差异较大。该片区土壤有效锰主要分布在三级和四级，其占比分别为29.25%和56.70%，二级和五级有少量分布，三级及以下共占94.65%，有效锰属于中下水平（表11-33）。

表11-33　乌石片区土壤有效锰分级状况

级别	含量（mg/kg）	样点（个）	频率（%）	平均值（mg/kg）
一级	≥30	0	0.00	0.00
二级	15（含）～30	75	5.35	19.36
三级	5.0（含）～15	410	29.25	8.60
四级	1.0（含）～5.0	795	56.70	2.59
五级	＜1.0	122	8.70	0.67

该片区不同土属有效锰含量比较见表11-34，其中以潮砂泥土最高，平均值为13.69 mg/kg，花岗岩石质土最低，平均值为1.84 mg/kg。

表11-34　乌石片区不同土属有效锰含量状况

土属名称	含量范围（mg/kg）	平均值（mg/kg）	标准差	变异系数（%）
潮砂泥土	11.53～15.84	13.69	3.05	22.27
花岗岩赤红壤	0.29～9.14	3.30	2.65	80.14
花岗岩黄壤	1.64～15.01	5.27	4.57	85.58
花岗岩黄色赤红壤	0.34～20.27	6.55	6.38	82.14
花岗岩黄色砖红壤	0.23～27.51	4.84	4.71	97.31
花岗岩石质土	0.46～3.67	1.84	1.27	69.22
花岗岩砖红壤	0.28～27.54	4.97	3.93	79.15
砂页岩赤红壤	0.58～21.54	8.76	8.01	91.41
砂页岩黄色砖红壤	1.03～26.77	10.32	7.02	67.96
砂页岩砖红壤	3.12～6.42	4.41	1.13	25.63

3. 铁元素

本次耕地地力调查橡胶园土样1 344个，土壤有效铁含量平均值为47.15 mg/kg，变化范围为1.27～128.56 mg/kg；热带作物园土样55个，土壤有效铁含量平均值为59.50 mg/kg，变化范围为14.66～125.53 mg/kg，由此可见，乌石片区不同土壤有效铁含量差异较大。该片区有效铁含量主要分布在一级，占比达90.14%，其次为二级，比例为8.22%，其他等级有极少分布；三级及以上占99.79%，有效铁含量相当丰富（表11-35）。

表 11-35　乌石片区土壤有效铁分级状况

级别	含量（mg/kg）	样点（个）	频率（%）	平均值（mg/kg）
一级	≥20	1 261	90.14	56.84
二级	10（含）～20	115	8.22	15.99
三级	4.5（含）～10	20	1.43	4.11
四级	2.5（含）～4.5	2	0.14	3.01
五级	<2.5	1	0.07	1.27

该片区不同土属有效铁含量比较见表 11-36，其中以花岗岩黄壤最高，平均值为 64.14 mg/kg，潮砂泥土最低，平均值为 24.48 mg/kg。

表 11-36　乌石片区不同土属有效铁含量状况

土属名称	含量范围（mg/kg）	平均值（mg/kg）	标准差	变异系数（%）
潮砂泥土	20.71～28.25	24.48	5.33	21.78
花岗岩赤红壤	8.04～76.67	33.38	20.60	61.72
花岗岩黄壤	31.38～133.42	64.14	30.98	48.31
花岗岩黄色赤红壤	16.62～101.67	58.48	24.97	42.70
花岗岩黄色砖红壤	1.27～138.32	47.38	24.11	50.88
花岗岩石质土	20.52～74.46	43.91	16.45	37.47
花岗岩砖红壤	9.26～135.14	47.49	23.46	49.41
砂页岩赤红壤	11.17～128.69	60.30	31.01	51.42
砂页岩黄色砖红壤	8.88～119.76	58.51	29.48	50.38
砂页岩砖红壤	18.26～59.79	35.89	15.07	42.00

4. 锌元素

本次耕地地力调查橡胶园土样 1 357 个，土壤有效锌含量平均值为 0.76 mg/kg，变化范围为 0.06～4.00 mg/kg；热带作物园土样 54 个，土壤有效锌含量平均值为 0.83 mg/kg，变化范围为 0.15～3.47 mg/kg，由此可见，乌石片区不同土壤有效锌含量差异较大。该片区有效锌在各等级中均有分布，其中四级占比最大，为 43.66%，其次是二级，比例为 31.64%，五级占比 14.55%，一级和三级分布较少；三级及以下共占 66.70%，有效锌含量等级分布差异较大（表 11-37）。

表 11-37　乌石片区土壤有效锌分级状况

级别	含量（mg/kg）	样点（个）	频率（%）	平均值（mg/kg）
一级	≥3.0	15	1.66	3.31

（续表）

级别	含量（mg/kg）	样点（个）	频率（%）	平均值（mg/kg）
二级	1.0（含）～3.0	287	31.64	1.47
三级	0.5（含）～1.0	77	8.49	0.71
四级	0.3（含）～0.5	396	43.66	0.41
五级	＜0.3	132	14.55	0.23

该片区不同土属有效锌含量比较见表 11－38，其中以潮砂泥土最高，平均值为 1.79 mg/kg，花岗岩石质土最低，平均值为 0.50 mg/kg。

表 11－38　乌石片区不同土属有效锌含量状况

土属名称	含量范围（mg/kg）	平均值（mg/kg）	标准差	变异系数（%）
潮砂泥土	0.29～3.29	1.79	2.12	118.51
花岗岩赤红壤	0.14～1.28	0.53	0.30	57.42
花岗岩黄壤	0.45～1.91	0.72	0.40	55.25
花岗岩黄色赤红壤	0.19～2.09	1.01	0.53	2.74
花岗岩黄色砖红壤	0.06～4.00	0.72	0.52	72.62
花岗岩石质土	0.20～0.92	0.50	0.18	36.78
花岗岩砖红壤	0.16～3.23	0.84	0.53	63.09
砂页岩赤红壤	0.12～3.18	1.21	0.93	76.63
砂页岩黄色砖红壤	0.27～3.59	1.12	0.84	75.05
砂页岩砖红壤	0.66～1.45	1.04	0.35	34.05

（五）土壤酸碱度

本次耕地地力调查中乌石片区橡胶园土样 1 430 个，土壤 pH 值平均为 4.36，变化范围为 3.30～5.60；热带作物园土样 55 个，土壤 pH 值平均为 4.72，变化范围为 3.41～6.93。四级（酸性）有 439 个样点，占比为 29.56%；五级（强酸）有 1 033 个样点，占比为 69.57%。可见该片区耕地土壤大都属于酸性范围（表 11－39）。

表 11－39　乌石片区土壤 pH 值分级状况

级别	pH 值	样点（个）	频率（%）	平均值
一级（弱碱、碱性）	≥7.5	0	0.00	0.00
二级（中性）	6.5（含）～7.5	4	0.27	3.40
三级（弱酸）	5.5（含）～6.5	9	0.60	5.68

（续表）

级别	pH 值	样点（个）	频率（%）	平均值
四级（酸性）	4.5（含）～5.5	439	29.56	4.80
五级（强酸）	＜4.5	1 033	69.57	3.82

二、土壤的养分变化

本次调查与第二次土壤普查相比，乌石片区土壤有机质在第一级、二级和三级的占比有所下降，其中三级下降幅度最大，为 43.81%，而四级占比则上升了 52.60%。全氮在四级和五级的占比有所上升，分别上升了 13.99%和 15.52%；一级、二级、三级和六级的占比有所下降，平均下降了 7.37%。有效磷在一级、二级和六级的占比有所上升，其中六级上升幅度最大，为 30.05%；三级、四级和五级的占比均下降，平均下降幅度为 11.41%。速效钾在一级、二级、三级和四级的占比下降，其中三级下降幅度最大，为 20.54%；五级和六级的占比有所上升，平均上升幅度为 24.25%。可见近几十年来，乌石片区土壤养分含量水平整体有所下降（表 11-40）。

表 11-40　本次调查与第二次土壤普查土壤养分含量等级占比对照　（单位：%）

级别	有机质		全氮		有效磷		速效钾	
	本次调查	第二次普查	本次调查	第二次普查	本次调查	第二次普查	本次调查	第二次普查
一级	0.00	2.83	0.00	3.89	6.08	3.69	0.00	3.66
二级	0.20	16.45	0.00	12.74	7.28	5.48	0.00	15.07
三级	18.44	62.25	14.83	26.30	8.88	17.46	1.27	21.81
四级	70.27	17.67	40.41	26.42	13.96	27.13	18.84	28.07
五级	9.02	0.60	40.21	24.69	17.77	30.26	36.34	13.02
六级	2.07	0.20	4.55	5.96	46.03	15.98	43.55	18.37

第四节　土壤改良利用与管理

本次耕地地力评价按照地貌和海拔将乌石片区内耕地的分布现状加以分析，并从立地条件和土壤养分状况等方面分析耕地障碍因素。

一、立地条件分析

（一）地貌类型

乌石片区耕地主要分布于台地、低丘陵、高丘陵和低山四种地貌类型，其中绝大部分分布在低丘陵地，面积为 22 628.52 hm^2，占全片区耕地总面积的 60.27%，其次为高丘陵地，面积为 14 416.78 hm^2，占全片区耕地总面积的 38.40%，其他地貌面积较小，仅占 1.33%（表 11-41）。

表 11-41　乌石片区地貌类型面积分布统计

地貌类型	面积（hm^2）	比例（%）
台地	360.97	0.96
低丘陵	22 628.52	60.27
高丘陵	14 416.78	38.40
低山	138.34	0.37
合计	37 544.61	100.00

（二）海　拔

乌石片区地势是由北向南升高、由外向内逐渐升高。耕地主要分布于海拔 200～400 m 地区，面积为 20 786.18 hm^2，占全片区耕地面积的 55.36%；其次是 100～200 m 地区，面积为 14 792.14 hm^2，占全片区耕地面积的 39.40%；其余耕地分别分布在 50～100 m 的面积为 349.78 hm^2，大于 400 m 地区内的面积为 1 616.50 hm^2，分别占全片区耕地总面积的 0.93%和 4.31%（表 11-42）。

表 11-42　乌石片区海拔面积分布统计

海拔（m）	面积（hm^2）	比例（%）
＜50	0.00	0.00
50（含）～100	349.78	0.93
100（含）～200	14 792.14	39.40
200（含）～400	20 786.18	55.36
≥400	1 616.50	4.31
合计	37 544.61	100.00

二、障碍因素分析

乌石片区耕地目前主要存在以下几项障碍因素，分述如下。

（一）质　地

乌石片区耕地土壤质地类型主要为轻壤和砂壤，面积分别为 13 967.46 hm^2 和 11 006.78 hm^2，分别占全片区耕地面积的 37.20%和 29.32%；其次为中壤，面积为 8 339.84 hm^2，占全片区耕地面积的 22.21%；而黏土和重壤最少，面积分别为 1 980.80 hm^2和 2 249.72 hm^2，分别占全片区耕地面积的 5.28%和 5.99%（表 11-43）。

表 11-43 乌石片区土壤质地面积分布统计

质地类型	面积（hm^2）	比例（%）
轻壤	13 967.46	37.20
砂壤	11 006.78	29.32
黏土	1 980.80	5.28
中壤	8 339.84	22.21
重壤	2 249.72	5.99
合计	37 544.61	100.00

（二）土壤障碍类型

本片区耕地土壤较好、少有障碍层，土层无障碍面积为 27 749.00 hm^2，占全片区耕地面积的 73.91%，有砂砾障碍面积仅有 9 795.61 hm^2，占全片区耕地面积的 26.09%（表 11-44）。

表 11-44 乌石片区土壤障碍类型面积分布统计

障碍类型	面积（hm^2）	比例（%）
砂砾	9 795.61	26.09
无障碍	27 749.00	73.91
合计	37 544.61	100.00

（三）坡　度

本片区耕地绝大多数地处 6°～15°的坡度地带，面积达 19 025.31 hm^2，占全片区耕地面积的 50.67%，其次是 6°以下坡度的平缓坡地带，面积为 15 877.49 hm^2，占比为 42.29%，其余少量分布于 15°～25°和 25°以上坡度的地带，占比为 7.04%（表 11-45）。

表 11-45 乌石片区坡度面积分布统计

坡度	面积（hm^2）	比例（%）
<2°	1 256.66	3.35
2°（含）～6°	14 620.83	38.94
6°（含）～15°	19 025.31	50.67
15°（含）～25°	2 597.42	6.92
≥25°	44.38	0.12
合计	37 544.61	100.00

（四）土壤养分水平

乌石片区土壤有机质和全氮含量在四级以下的耕地分别占耕地总面积的 81.36%和

85.16%，有效磷含量在四级以下占77.76%，速效钾在五级以下占79.98%，由此可看出，乌石片区土壤有机质和大量元素含量整体水平较低，缺氮缺钾现象突出（表11-46）。

表11-46　乌石片区土壤有机质和大量元素含量等级分布状况

级别	有机质		全氮		有效磷		速效钾	
	含量（g/kg）	占比（%）	含量（g/kg）	占比（%）	含量（mg/kg）	占比（%）	含量（mg/kg）	占比（%）
一级	≥40	0.00	≥2.0	0.00	≥40	6.08	≥200	0.00
二级	30（含）～40	0.20	1.5（含）～2.0	0.00	20（含）～40	7.28	150（含）～200	0.00
三级	20（含）～30	18.44	1.0（含）～1.5	14.83	10（含）～20	8.88	100（含）～150	1.27
四级	10（含）～20	70.27	0.75（含）～1.0	40.41	5（含）～10	13.96	50（含）～100	18.84
五级	6（含）～10	9.02	0.5（含）～0.75	40.21	3（含）～5	17.77	30（含）～50	36.34
六级	＜6	2.07	＜0.5	4.54	＜3	46.03	＜30	43.55

三、土壤改良利用

根据乌石片区耕地地力评价结果，结合耕地资源性状和养分利用特点，可以将全片区橡胶园资源划分为七大改良利用管理区，即低丘紫色土区、低丘砖红壤区、低丘黄色砖红壤区、高丘黄色砖红壤区、高丘赤红壤区、低山黄色赤红壤区和中山黄壤区。

（一）低丘紫色土区

该区主要分布在阳江分场内紫色砂页岩发育的低丘陵地区，橡胶园面积为2 080.27 hm^2，占全区橡胶园面积的5.54%。主要特点：地势平坦，坡度以6°以上为主，海拔一般为100～150 m；土壤物理性质好，保水保肥能力好，以轻壤和砂壤质地为主，土层较为深厚，大多数大于100 cm，有部分砂砾障碍层；土壤有效养分较好，有机质平均含量15.33 g/kg，全氮平均含量0.80 g/kg，有效磷平均含量6.50 mg/kg，速效钾平均含量44.73 mg/kg。

利用改良意见：一是重施有机肥，施用农家肥、牛栏肥，利用林段豆科覆盖植物和萌生植物压青以及胶头盖草等增加有机质的有效方法。二是合理施用氮磷钾肥，该区全氮、速效钾和有效磷均介于橡胶正常生长指标值范围内。三是做好橡胶园水土保持，以高标准完成“三保一护”工程。四是间作绿肥，增加有机质。

（二）低丘砖红壤区

该区主要分布在新进分场和大丰分场内砂页岩、花岗岩发育的低丘陵地区，橡胶园面积为8 795.68 hm^2，占全区橡胶园面积的23.43%。主要特点：地势较陡，坡度以6°～10°为主；质地主要以轻壤和中壤为主，土壤保肥保水性较好，土层深厚，有较多砂砾障碍层；土壤养分较好，有机质、全氮、速效钾和有效磷含量分别为16.31 g/kg、0.80 g/kg、38.24 mg/kg和6.50 mg/kg。

利用改良意见：一是增施有机肥、氮肥和钾肥，合理施用磷肥，大力推广测土配方施肥技术，本着“以有机肥为主，缺什么肥施什么肥”的原则，因土施肥，做到精准施肥。二是加强胶园基础建设，在低丘陵缓坡区，要注重水土保持，坡度小的橡胶园可筑小埂，并在橡胶园四周挖沟，防止园外水冲刷；坡度大的橡胶园要修筑环山行、保留林下萌生带杂草或小灌木，缓冲水流冲刷，并在此工作的基础上，加强橡胶园覆盖作物的种植，以增加土壤养分，改良土壤的理化性质，减少水分蒸发和土壤的流失。三是间作豆科绿肥作物，如爪哇葛藤、兰花毛蔓豆和无刺含羞草等，增加有机质，以培肥土壤。

（三）高丘黄色砖红壤区

该区主要分布在乌石分场北部、岭头分场南部、新伟农场、加钗分场、长征分场和太平分场内砂页岩、花岗岩发育的丘陵地区，橡胶园面积为 11 806.36 hm^2，占全片区橡胶园面积的 31.45%。主要特点：乌石分场胶园坡度以 6°以上为主，地势微陡，土壤物理性质较好，可耕性好，质地以砂壤和轻壤为主，土层较为深厚，有部分砂砾障碍层，土壤有效养分较好；加钗分场胶园以 6°～10°为主，地势较陡，质地砂壤，有砂砾障碍层，土壤养分一般；长征分场和太平分场高丘地区，胶园坡度以 8°～15°，地势较陡，土层较薄，有砂砾障碍层，养分较差。

利用改良意见：一是增施有机肥、氮肥，合理施用磷钾肥，大力推广测土配方施肥技术，本着“以有机肥为主，缺什么肥施什么肥”的原则，因土施肥，做到精准施肥。二是搞好水土保持，种好覆盖作物，高标准完成“三保一护”工程，种植橡胶园豆科覆盖植物，以增加土壤养分，改良土壤理化性质，减少水分蒸发和土壤的流失。三是在加钗分场、长征分场坡度较大的丘陵地区，发展人工林、热带果园、橡胶园相结合的农林产业模式，既可发展经济，又可防止橡胶园遭受风害。

（四）低丘黄色砖红壤土区

该区主要分布在乌石分场西部、岭头分场、南方分场和乘坡分场的低丘陵区，橡胶园面积为 8 912 hm^2，占全片区橡胶园面积的 23.74%。主要特点：地势较陡，坡度以 5°～10°为主；质地为砂壤—轻壤—重壤，以轻壤和砂壤为主，土壤保肥保水性较好；土层深厚，有明显的砂砾障碍层；土壤养分水平较差，有机质、全氮、速效钾和有效磷平均含量分别为 14.93 g/kg、0.78 g/kg、34.60 mg/kg 和 8.50 mg/kg。

利用改良意见：一是增施有机肥、氮肥，合理施用磷钾肥，大力推广测土配方平衡施肥技术，因土施肥，做到精准施肥，另外，对于质地呈砂性的地区，要尽量坚持“少量多次施肥”原则。二是加强橡胶园基础建设，在丘陵缓坡区，要注重水土保持，坡度小的橡胶园可筑小埂，并在橡胶园四周挖沟，防止园外水冲刷；坡度大的橡胶园要修筑环山行、保留林下萌生带杂草或小灌木，缓冲水流冲刷，并在此工作的基础上，加强橡胶园覆盖作物的种植，以增加土壤养分，改良土壤理化性质，减少水分蒸发和土壤流失。三是在植胶开垦时必须挖深穴、大穴，挖穿砾质层或半风化母质层，使橡胶树根系能充分利用底层水分和养分，为橡胶树生长创造一个较好的土壤条件。四是间作豆科绿肥作物，如爪哇葛藤、兰花毛蔓豆和无刺含羞草等，增加有机质，以培肥土壤。

（五）中山黄壤土区

该区主要分布在新伟分场和加钗分场山地区，种植橡胶园面积较小，占全片区橡胶园面积不到1%。主要特点：地势较陡，坡度以8°～15°为主，质地以砂壤为主，土层较薄，有明显的砂砾障碍层，土壤养分一般。

利用改良意见：一是增施有机肥，合理施用氮磷钾肥。二是加强橡胶园基础建设，在坡度高区域，要注重水土保持，要修筑环山行，保留林下萌生带杂草或小灌木，增加地表覆盖，缓冲水流冲刷。三是大力发展人工造林，防止橡胶园遭受风害。

（六）低山黄色赤红壤区

该区主要分布在新伟分场的高山地区，橡胶园面积为59.03 hm^2，仅占全片区橡胶园面积的0.16%，不是橡胶的主要种植区。主要特点：地势较陡，坡度以8°～15°为主，质地主要以砂壤为主，土层较薄且有石砂砾障碍层，土壤养分一般。

利用改良意见：一是增施有机肥、氮肥，合理施用磷钾肥。二是加强胶园基础建设，要注重水土保持，增加地表覆盖，防止水土流失。三是发展多种经营，农林结合，因地制宜。

（七）高丘赤红壤土区

该区主要分布在南方分场南部的丘陵区，橡胶园面积为1 057.46 hm^2，仅占全片区橡胶园面积的2.82%，不是橡胶的主要种植区。主要特点：地势较陡，坡度以8°～15°为主；质地主要以砂壤为主，土层较薄，且有石砂砾障碍层；土壤养分一般，有机质、全氮、有效磷和速效钾平均含量分别为14.90 g/kg、0.76 g/kg、27.30 mg/kg和11.30 mg/kg。

利用改良意见：一是增施有机肥、氮肥和钾肥，合理施用磷肥。二是加强橡胶园基础建设，要注重水土保持，增加地表覆盖，防止水土流失。三是发展多种经营，农林结合，因地制宜。

第五节　耕地资源合理配置与农业结构调整

一、耕地利用现状与特点

乌石片区降水丰富，台风较少，风害轻微，气候环境较好。地形较复杂，起伏较大、海拔较高、坡度较陡，坡度为3°～30°，部分地区适宜机耕作业。地貌类型以丘陵、台地、坡地和盆地为主，土壤类型较多，粮食产量不高。

全片区耕地利用特点主要表现为以种植橡胶为主，其他经济作物为辅，发展多种经营等。近年来，在稳定橡胶生产和粮食生产的基础上，结合农业结构调整，积极发展热带经济作物生产，在旱坡主要种植橡胶等经济作物，柑橘、菠萝等热带水果，以及槟榔等药用植物。

二、合理规划产业布局

乌石片区土地资源丰富，且耕地类型多样，要提高耕地地力，增产增收，就要合理配置已有的耕地资源，发展多样性种植结构，林、农、牧结合。

（一）充分利用土地资源、合理规划布局

橡胶生产已经是乌石片区农业经济的支柱产业，也是胶农增收的主要途径之一。近些年，该区的热作种植面积也在逐渐扩大，要在稳定橡胶生产和粮食生产的基础上，因地制宜，合理调整作物布局，积极发展热带非胶经济，做好热带果树和橡胶产业的协同发展，才能更好地加快胶农致富的步伐。乌石片区的主要作物是橡胶，其生长周期长，植株高，所以低层的可利用空间多，可以在橡胶园或果园内种植耐阴的矮秆作物，这样不仅能充分利用空间，低层作物也能起到保水的作用，而且使得胶农能获得多方面的经济收入。为了适应农业的发展需求，还需要开发后备土地资源进行农业生产。

（二）多种经营、全面发展

坚持遵循自然规律、经济规律和社会需要的原则，发展多种经营，实行全面发展。乌石片区地处热带雨林、季雨林和常绿阔叶林带，气候条件良好，适宜种植橡胶、水稻、绿橙等多种热带经济作物和热带水果。目前，乌石片区的橡胶种植面积最大，在非胶农业上，乌石分场扩大非胶农业绿橙种植生产，打造了“五指山”橡胶、“乌石红”海南绿橙、“富乐尔”优质林木等品牌。为了推广生态农业发展和提高区域农业经济活力，片区应充分利用优势资源，形成以绿橙种植为龙头、以茶叶、荔枝、龙眼种植为重点，种养结合、多业并举，迈向规模化、产业化和基地化的发展格局。在抓好常规农业的同时，要充分利用水面，发展养殖业，形成以畜牧业、渔业和种植业为中心的农业综合经营体制。

第六节　耕地质量管理与科学施肥

一、耕地质量管理

（一）统一规划，用养结合

乌石片区地形复杂，以丘陵为主，橡胶园坡度大，水土保持能力差，土壤肥力较差，因此必须坚持改造和利用相结合的方式。改良利用途径可以是先营造防护林带，林间种植绿肥覆盖植物，大力发展“三保一护”水土工程，改良土壤，并且养牛积肥；培肥土壤后，再种植绿橙、香蕉和热带水果等经济价值较高的作物。该区潜在养分含量很低，要禁止破坏性的掠夺性种植，按坡度的大小重新规划作物的布局结构，同时保护好原有次生林。针对现有耕地出现的养分退化等一系列的问题，应该采取针对性对其进行改良，保护现有耕地，提高耕地质量。

（二）加强橡胶园地基础建设

橡胶树宜林地的开垦是橡胶园农田基础建设中极其重要的环节，林地开垦质量的好坏直接影响橡胶树的生长、产量、林地抚育管理工效和采胶工作等。林地开垦的质量要求：①尽量保留和充分利用表土，为新植橡胶树和其他作物创造良好的土壤环境；②将地面树头、树根和石头等障碍物以及一些能诱发橡胶树病虫害的杂草、杂木等清除干净；③坡地的水土保持工程、梯田或环山行等的等高水平、宽度、内倾斜角要符合要求，以保证水土保持工程的质量；④按规划设计要求，布置林间小道、排水系统及防牛设施等，严格控制种植橡胶树的株行距和密度，充分利用土地；⑤保留有利用价值的杂树和杂木，并加以处理利用。在林地开垦时，必须重视水土保持工作，除了尽快种植覆盖作物，避免地面裸露外，应尽快修筑水土保持工程，有效地防止水土流失。为避免台风造成橡胶的损失，在建设橡胶园的同时应该做好防护林的建设。

二、科学指导合理施肥

（一）增施有机肥，扩大有机肥来源，提高地力

乌石片区有机肥源丰富，要因地制宜，多形式多途径增加有机肥料的投入，在橡胶的生产中，有机肥的大量施用是重要的环节。应在橡胶园中间种各类绿肥作物，有利于提高地力。

（二）大力推广测土配方施肥技术，科学施肥

充分利用调查成果，推广作物平衡施肥，应针对乌石片区土壤养分状况，根据橡胶树的需肥规律和肥料增产效应，在施足有机肥的基础上，确定氮、磷、钾、中微量元素的适宜用量和比例。本次调查结果表明，乌石片区土壤养分大体上处于较低水平，全氮和速效钾严重缺乏。因此，要结合实际情况使用肥料，提高肥料利用率，避免肥料不必要的浪费。

（三）中微量元素的平衡施用

大量元素的施用，会引起土壤中微量元素耗竭，其结果是导致橡胶胶乳质量和热带作物果实品质下降，所以在平衡施肥中必须考虑中微量元素肥料的补充。从调查的情况看，乌石片区土壤中量元素如有效钙、镁含量处于低下水平，微量元素如有效锰、铜、锌含量较低，而有效铁含量丰富。

（四）增施氮磷钾肥

从调查结果看，乌石片区土壤氮、磷处于低下水平，而速效钾严重缺乏，所以要提高土壤肥力和作物产量，就必须加大氮、磷、钾的施用量，最好是施用钾素比例较高的复合肥。

第十二章　红华片区耕地地力评价

第一节　自然与农业生产概况

一、地理位置与行政区划

红华片区位于海南省西北部的临高县和北部的澄迈县境内，即北纬19°23′04″～20°02′46″，东经109°31′02″～110°15′19″。红华片区北濒琼州海峡，南与屯昌县、琼中县接壤，西靠儋州市，东接海口市和定安县。片区南北纵贯70 km，东西横跨90 km。

全片区土地面积858.93 km^2（即85 835.93 hm^2），约占全垦区土地面积的11.28%。红华片区由5个农场组成：西达农场、金安农场、加来农场、红华农场和红光农场。西达农场下设和岭分场、红岗分场、昆仑分场和西达分场4个分场。片区内有482个农业基层单位，其中农业生产队458个。

二、自然气候和水文地质

（一）自然气候

红华片区除红光农场和红华农场属琼北微寒中风气候区，其他农场属热带季风气候区，干、湿季节各约占一半；冬春少雨，夏秋多雨，气候温和，阳光充足，草木常青。年平均气温大于23.5℃；月平均气温最高的6—7月为28℃，最低的1月为17.2℃；极端高温39.1 ℃，极端低温4.5 ℃。年降水量为1 500～2 800 mm；5—10月为雨季，降水量占全年的85%以上。常风较大，风力一般为2～3级。场区虽然距台风登陆处较远，但从海南岛琼海以北登陆的台风经常穿越本片区出海，不过风力已明显减弱，最大11级，一般为8～9级，或减弱为热带低压，风害轻微。

（二）地形及母质

红华片区地势总体上由西南向东北方向倾斜，南高北低，但金安农场地势北高南低。海拔一般为20～200 m，最高的大王岭海拔为512 m，最低处在美浪岗一带，海拔仅1 m。片区地貌类型北部以玄武岩台地、沉积物台地以及浅海或河成平原为主，南部以花岗岩和变质岩缓坡地、缓坡丘陵为主。坡度大多在8°以下，大部分地区适宜机械作业，少数突起的弧丘和连绵丘陵，坡度在15°左右。片区自然土以砖红壤为主，成土母质以花岗岩为主，其次是玄武岩（红华农场和红光农场内绝大部分地区）、河流冲积物和变质岩。

（三）水　文

红华片区较大的河流有南渡江和加来河，主要支流有禄现河、加命溪、东江河、池海河、宁贯河、道殿河和昆仑河等。片区内建有福山水库、潭牛水库、尧龙水库、跃进水库、美良水库、加潭水库、加巨水库、村内水库、大路东水库、南方水库和加乐潭水库。周边有兰马水库、松涛水库、美万水库、南扶水库和昌旺水库等。各河流、溪沟和水库等交错贯穿片区，环绕场界，为全片区的生产和生活提供了丰富的水源，便于灌溉。

（四）自然植被

红华片区垦前植被大部分是杂木林、次生杂木林、稀树灌木林、草类群落、灌木草类群落、稀树灌木草类群落、稀树草地、白茅矮草荒地和刺竹丛等。

三、农业生产情况

红华片区是一个橡胶生产大区，有60余年植胶历史。2009年，全片区土地总面积85 835.9 hm^2，已开垦利用土地面积61 268.0 hm^2，耕地面积（水田、旱地和菜地等）11 521.6 hm^2，天然橡胶种植面积29 937.0 hm^2，农作物总播种面积16 719.8 hm^2，热带作物面积1 075.0 hm^2，水果面积1 343.4 hm^2，林地面积10 192.7 hm^2。

四、第二次土壤普查类型

第二次土壤普查中红华片区的主要土壤类型如表12-1所示。

表12-1　红华片区土壤类型汇总

土类	亚类	土属	土种
赤红壤	赤红壤	花岗岩赤红壤	灰麻赤红土
			厚有机质麻赤红土
	黄色赤红壤	花岗岩黄色赤红壤	灰麻黄赤红土
			厚有机质麻黄赤红土
石质土	酸性石质土	花岗岩石质土	麻石质土
	中性石质土	玄武岩石质土	玄武岩石质土
水稻土	淹育型水稻土	浅脚赤土田	浅脚赤土田
			浅赤土田
		浅脚花岗岩赤土田	浅脚麻赤土田
		浅脚河流冲积物赤土田	浅脚河砂土田

（续表）

土类	亚类	土属	土种
水稻土	潴育型水稻土	砂页岩赤土田	页赤土田
		黄赤土田	黄赤砂泥田
			黄砂泥田
		赤土田	赤土田
			彩土田
		河砂泥田	河砂泥田
		潮砂泥田	潮砂泥田
		花岗岩赤土田	麻赤土田
		洪积黄泥田	洪积砂泥田
		炭质黑泥田	黑泥砂田
			黑泥底田
	潜育型水稻土	乌泥底田	乌泥底田
		青泥格田	河青泥格田
			页青泥格田
			赤青泥格田
		泥炭土田	泥炭土田
		烂湴田	烂湴田
	脱潜型水稻土	低青泥田	赤低青泥田
			青泥底田
			麻低青泥田
	渗育型水稻土	浅海沉积物赤土田	浅海赤土田
新积土	新积土	新积土	潮砂泥土
			灰潮砂泥土
砖红壤	黄色砖红壤	花岗岩黄色砖红壤	灰麻黄赤土
			厚有机质中麻黄赤土
			厚有机质麻黄赤土
			中有机质麻黄赤土
			中有机质中麻黄赤土
		玄武岩黄色砖红壤	灰黄赤土
			厚有机质黄赤土
		浅海黄色砖红壤	浅黄赤土

（续表）

土类	亚类	土属	土种
砖红壤	黄色砖红壤	浅海沉积物黄色砖红壤	灰浅黄赤土
			浅黄赤土
	砖红壤	花岗岩砖红壤	灰麻赤土
			厚有机质麻赤土
			中有机质薄麻赤土
			中有机质中麻赤土
			中有机质麻赤土
			薄有机质麻赤土
		玄武岩砖红壤	灰赤土
			厚有机质赤土
			中有机质赤土
			厚有机质中赤土
			薄有机质中赤土
		砂页岩砖红壤	厚有机质页赤土
			灰页赤土
			厚有机质页赤土
			中有机质页赤土
		浅海沉积物砖红壤	灰浅海赤土
			浅海赤土

第二节　耕地地力评价

红华片区耕地地力评价对象为片区内所有耕地，包括橡胶园、水田（灌溉水田和望天田）、菜地、旱地、茶园、果园和其他园地等，其中橡胶园面积26 295.96 hm^2，占耕地总面积的54.95%；其次是灌溉水田和旱地，占耕地总面积的19.75%和18.39%；有少量望天田、果园、其他园地、茶园和菜地分布。

本次耕地地力评价选取对红华片区耕地地力影响比较大、区域内变异明显、在时间序列上具有相对稳定性、与农业生产有密切关系的11个因素，建立评价指标体系。以1∶5万土壤图、土地利用现状图、红华片区行政区划图3种图件叠加形成的图斑作为评价单元。应用“县域耕地资源管理信息系统”和模糊数学评价、层次分析法等数学理论，对红华片区耕地进行地力评价。

一、评价指标体系建立

（一）评价指标确定

海南农垦红华片区耕地地力评价体系以全国评价指标体系作为依据，聘请海南省知名土壤肥料专家和各农场生产主要技术人员进行座谈商讨，根据重要性、差异性、稳定性、易获性、精简性和必要性等指标选取原则，选取了有机质、有效磷、速效钾、pH值、质地、成土母质、坡度、坡向、有效土层厚度、灌溉保证率和年降水量等共计11个指标作为耕地地力评价的因子，具体指标及归类如表12-2所示。

表12-2　红华片区耕地地力评价指标体系

目标层（A）	准则层（B）	指标层（C）
耕地地力	耕层理化性状	pH值
		质地
	立地条件	年降水量
		成土母质
		坡度
		坡向
	剖面性状	有效土层厚度
	耕层养分状况	有机质
		速效钾
		有效磷
	土壤管理	灌溉保证率

（二）评价指标的量化处理

获取的评价资料可以分为定量和定性资料两大部分。耕地地力评价指标类型分为数值型和概念型，数值型指标是定量的，与耕地生产能力有一定的线性关系，如土壤有机质、全氮、pH值等。概念型指标是确定性的、综合性的，与耕地生产能力之间是一种非线性的关系，如地貌类型、土壤剖面构型、质地等。数值型和概念型评价指标的实测值量纲不同，取值范围各异，因此，地力评价时必须对各评价指标的原始数据进行标准化处理，数值型数据可通过建立隶属函数，把各评价指标转化为0～1的标准化数据；概念型数据可直接通过德尔菲法和专家打分法进行定量化。

1. 定性因素的量化处理

定性因素是概念型指标如质地，坡度、剖面构型等，与耕地生产能力之间是一种非线性的关系，采用德尔菲法直接给出隶属度，各评价因素及其隶属度如表12-3至表12-8所示。

表 12-3　红华片区成土母质隶属度

描述	河流冲积物	砂页岩	花岗岩	变质岩	玄武岩
隶属度	0.92	0.87	0.80	0.74	0.68

表 12-4　红华片区有效土层厚度（cm）隶属度

描述	<30	30（含）~50	50（含）~70	70（含）~90	90（含）~110	110（含）~130	130（含）~150	150（含）~200	≥200
隶属度	0.09	0.18	0.30	0.46	0.66	0.86	0.95	1.00	1.00

表 12-5　红华片区质地隶属度

描述	重壤	中壤	轻黏	中黏	重黏	轻壤	砂壤	紧砂	松砂
隶属度	0.71	0.96	0.71	0.65	0.49	0.90	0.78	0.55	0.42

表 12-6　红华片区坡度隶属度

描述	<3°	3°（含）~7°	7°（含）~15°	15°（含）~20°	20°（含）~25°	25°（含）~30°	30°（含）~35°	≥35°
隶属度	1.00	0.96	0.89	0.78	0.62	0.35	0.17	0.08

表 12-7　红华片区坡向隶属度

描述	正南	东南	正东	西南	东北	正西	西北	正北
隶属度	0.97	0.93	0.75	0.74	0.65	0.52	0.49	0.46

表 12-8　红华片区灌溉保证率（%）隶属度

描述	<30	30（含）~40	40（含）~50	50（含）~60	60（含）~70	70（含）~80	80（含）~90	≥90
隶属度	0.21	0.37	0.51	0.61	0.71	0.81	0.91	1.00

2. 定量化指标的隶属函数

对于定量化的指标，采取德尔菲法和专家打分法确定指标的隶属函数。经过归纳、反馈、集中，产生指标的隶属函数如表 12-9 所示。

表 12-9　红华片区耕地地力评价指标隶属函数

序号	函数类型	项目	隶属函数	c	u_t
1	戒上型	降水量（mm）	$y=1/[1+2.86\times10^{-6}\times(u-c)^2]$	1 900	1 200
2	戒上型	有效磷（mg/kg）	$y=1/[1+0.0013\times(u-c)^2]$	34.77	3

（续表）

序号	函数类型	项目	隶属函数	c	u_t
3	戒上型	有机质（g/kg）	$y=1/[1+0.0024\times(u-c)^2]$	33.24	6
4	戒上型	速效钾（mg/kg）	$y=1/[1+0.0001\times(u-c)^2]$	200	20
5	峰型	pH 值	$y=1/[1+0.3793\times(u-c)^2]$	5.15	$u_{t1}=3.5$ $u_{t2}=7.5$

（三）评价指标的权重确定

评价指标的权重通过层次分析法确定。首先，根据红华片区耕地地力指标各个指标间的关系构造耕地要素层次结构图。然后，请专家比较同一层次各因素对上一层次的相对重要性，打分给出数量化的评价，构造判断矩阵；根据判断矩阵计算出矩阵的最大特征根和特征向量，并进行一致检验。最后，进行层次总排序一致性检验，如通过一致性检验，便可求得各评价指标的组合权重，即为评价指标的实际权重（表 12-10）。

表 12-10　红华片区耕地地力评价指标权重

指标层	准则层					
	耕层理化性状 B1	立地条件 B2	剖面性状 B3	耕层养分状况 B4	土壤管理 B5	组合权重
	0.242 5	0.160 3	0.106 0	0.430 3	0.060 9	$\sum CiBi$
pH 值 C1	0.325 7					0.079 0
质地 C2	0.674 3					0.163 5
年降水量 C3		0.121 0				0.019 4
成土母质 C4		0.481 4				0.077 2
坡度 C5		0.297 6				0.047 7
坡向 C6		0.100 0				0.016 0
有效土层厚度 C7			1.000 0			0.106 0
灌溉保证率 C8					1.000 0	0.060 9
有机质 C9				0.531 9		0.228 9
速效钾 C10				0.237 4		0.102 1
有效磷 C11				0.230 7		0.099 3

二、耕地地力等级划分

根据红华片区耕地地力综合指数结果，结合本地区的实际情况，运用等距法制定该片区耕地地力综合指数分级方案，并将全区耕地等级共划分为 5 个等级（表 12-11）。

表 12-11　红华片区耕地地力评价等级划分

等级	综合指数	等级	综合指数
一等地	0.73（含）~0.90	四等地	0.60（含）~0.64
二等地	0.68（含）~0.73	五等地	0.32（含）~0.60
三等地	0.64（含）~0.68		

三、耕地地力等级分布

(一) 耕地地力等级面积统计

红华片区耕地总面积为 47 855.25 hm^2，其中一等地 4 622.81 hm^2，占总面积的 9.66%；二等地 11 994.98 hm^2，占总面积的 25.06%；三等地 15 323.71 hm^2，占总面积的 32.02%；四等地 10 650.77 hm^2，占总面积的 22.26%；五等地 5 262.98 hm^2，占总面积的 11.00%（表 12-12）。红华片区不同地类各地力等级面积见表 12-13。

表 12-12　红华片区耕地不同地力等级面积统计

等级	一等地	二等地	三等地	四等地	五等地	总计
面积（hm^2）	4 622.81	11 994.98	15 323.71	10 650.77	5 262.98	47 855.25
占比（%）	9.66	25.06	32.02	22.26	11.00	100.00

表 12-13　红华片区不同地类各地力等级面积统计

类型	一等地		二等地		三等地		四等地		五等地	
	面积（hm^2）	占比（%）	面积（hm^2）	占比（%）	面积（hm^2）	占比（%）	面积（hm^2）	占比（%）	面积（hm^2）	占比（%）
菜地	0.00	0.00	3.14	0.01	0.00	0.00	6.41	0.01	0.00	0.00
茶园	0.00	0.00	0.00	0.00	0.81	0.00	1.66	0.00	0.00	0.00
灌溉水田	2 717.39	5.68	2 822.08	5.90	2 150.44	4.49	1 115.53	2.33	647.78	1.35
果园	68.99	0.14	391.26	0.82	629.21	1.31	209.63	0.44	133.99	0.28
旱地	783.68	1.64	2 240.58	4.68	2 618.61	5.47	2 051.29	4.29	1 106.96	2.31
其他园地	29.75	0.06	316.30	0.65	295.92	0.63	55.89	0.13	19.32	0.04
望天田	48.48	0.10	410.11	0.86	510.05	1.07	121.28	0.25	52.21	0.12
橡胶园	974.52	2.04	5 811.51	12.14	9 118.67	19.05	7 089.08	14.81	3 302.72	6.90
合计	4 622.81		11 994.98		15 323.71		10 650.77		5 262.98	

（二）耕地地力等级评价

1. 一等地

（1）面积与分布

红华片区一等地总面积 4 622.81 hm^2，占全片区耕地总面积的 9.66%。主要分布在金安农场、加来农场和昆仑分场，其余零星分布在红光农场、西达分场、红华农场和红岗分场。分布面积最大的是金安农场，占地面积达 1 790.98 hm^2，其次为加来农场，占地面积为 1 756.05 hm^2。

红华片区橡胶园一等地总面积为 974.52 hm^2，占全片区橡胶园面积的 3.71%。主要分布在昆仑分场，面积为 399.73 hm^2，占全片区橡胶园面积的 1.52%，其余农场一等地橡胶园面积很小，分布面积都小于 150 hm^2（表 12-14）。

表 12-14　红华片区一等耕地和一等橡胶园面积空间分布

农场	分场	耕地			橡胶园		
		面积（hm^2）	占本分场耕地面积的比例（%）	占片区耕地面积的比例（%）	面积（hm^2）	占本分场橡胶园面积的比例（%）	占片区橡胶园面积的比例（%）
西达	和岭	13.56	0.34	0.03	13.56	0.57	0.06
	红岗	111.69	2.62	0.23	91.16	2.60	0.35
	昆仑	476.75	9.03	1.00	399.73	11.20	1.52
	西达	131.94	1.65	0.28	100.77	1.69	0.38
红光	红光	227.34	2.71	0.48	88.77	1.72	0.34
红华	红华	114.50	1.20	0.23	87.00	1.94	0.33
加来	加来	1 756.05	27.06	3.67	50.90	4.76	0.19
金安	金安	1 790.98	96.61	3.74	142.63	100.00	0.54
合计		4 622.81		9.66	974.52		3.71

（2）主要属性分析

红华片区一等地主要位于地形平坦的金安农场和加来农场，成土母质主要是河流冲积物和花岗岩，植胶立地条件较优越，光、温、水资源相对丰富。土壤类型以炭质黑泥田、河砂泥田、玄武岩砖红壤、黄赤土田和潮砂泥田为主，质地主要为砂壤和中壤，其次是轻壤和轻黏，其中砂壤分布于灌溉水田，中壤主要分布于橡胶园。土体深厚，无障碍层，适宜机耕。土壤养分含量较高，有机质含量 1.15～43.38 g/kg，平均值 23.10 g/kg；全氮含量 0.36～1.87 g/kg，平均值 1.06 g/kg；有效磷含量 0.80～540.60 mg/kg，平均值 112.03 mg/kg；速效钾含量 11～160 mg/kg，平均值 59.40 mg/kg。

总体上一等地属于高产稳产地，肥力最高，除了速效钾，其有机质、全氮和有效磷等主要养分均为高水平，水、肥、气、热协调，肥水保蓄能力强，土地利用基本没有限制。耕地管理上，要注意寓养于用，用养结合，做好橡胶园冬管工作，压青盖草培肥，间作绿肥等。

2. 二等地

(1) 面积与分布

红华片区二等地总面积 11 994.98 hm^2，占全片区耕地总面积的 25.06%。在二等地分布中，全片区各个农场均有分布，面积最大的是加来农场，占地面积达 2 878.93 hm^2，其次为西达分场、昆仑分场和红光农场，占地面积分别为 2 681.31 hm^2、2 451.85 hm^2和1 150.32 hm^2，其余农场分布面积都不到 1 000 hm^2。

红华片区橡胶园二等地总面积为 5 811.51 hm^2，占全片区橡胶园面积的 22.10%，主要分布在西达分场、昆仑分场和红岗分场，面积分别为 1 940.47 hm^2、1 378.88 hm^2 和 733.43 hm^2，占全片区橡胶园总面积的 15.41%（表 12-15）。

表 12-15　红华片区二等耕地和二等橡胶园面积空间分布

农场	分场	耕地			橡胶园		
		面积（hm^2）	占本分场耕地面积的比例（%）	占片区耕地面积的比例（%）	面积（hm^2）	占本分场橡胶园面积的比例（%）	占片区橡胶园面积的比例（%）
西达	和岭	868.05	21.61	1.81	421.42	17.60	1.61
	红岗	970.23	22.76	2.03	733.43	20.94	2.79
	昆仑	2 451.85	46.43	5.12	1 378.88	38.63	5.24
	西达	2 681.31	33.45	5.60	1 940.47	32.58	7.38
红光	红光	1 150.32	13.72	2.40	506.09	9.78	1.92
红华	红华	951.77	9.99	2.00	443.06	9.87	1.68
加来	加来	2 878.93	44.37	6.02	388.16	36.31	1.48
金安	金安	39.51	2.14	0.08	0.00	0.00	0.00
合计		11 994.98		25.06	5 811.51		22.10

(2) 主要属性分析

红华片区二等地的成土母质以花岗岩、玄武岩和变质岩为主，土壤类型包括花岗岩砖红壤、玄武岩砖红壤、炭质黑泥田、黄赤土田和浅海沉积物砖红壤。质地主要是轻壤、中壤和砂壤，其次为紧砂和松砂，其中轻壤和中壤主要分布于橡胶园，而砂壤主要分布于灌溉水田、橡胶园和旱地。土体结构比较完整，有部分障碍层，障碍类型主要是砂砾和铁子。土壤养分含量较高，有机质含量 1.99～28.32 g/kg，平均值 15.83 g/kg；全氮含量 0.26～1.60 g/kg，平均值 0.74 g/kg；有效磷含量 1.70～366.00 mg/kg，平均值 39.65 mg/kg；速效钾含量 4～77 mg/kg，平均值 33.24 mg/kg。

总体上二等地土地基本平整，能排能灌，气、热环境较好，宜种性较好，养分含量较高，但速效钾含量较低。后期应注意用养结合，合理施氮磷钾肥，增施有机肥，间作豆科绿肥作物，如爪哇葛藤、兰花毛蔓豆和无刺含羞草等，增加有机质，以培肥土壤，使其成为片区一等地的后备中坚力量，从而发展成为红华片区重要的热作生产基地。

3. 三等地

（1）面积与分布

红华片区三等地总面积 15 323.71 hm^2，占全片区耕地总面积的 32.02%。全片区各个农场均有三等地分布，面积最大的是西达分场，占地面积达 4 259.95 hm^2，其次为红华农场和红光农场，占地面积分别为 2 709.30 hm^2和2 514.91 hm^2，其余农场（除了金安农场）分布面积比较接近，均在 1 300～1 750 hm^2。

红华片区橡胶园三等地总面积为 9 118.67 hm^2，占全片区橡胶园面积的 34.67%。主要分布在西达农场的西达分场，面积为 3 148.78 hm^2，占全片区橡胶园面积的 11.97%；其次分布在红光农场、昆仑分场、红华农场、红岗分场和和岭分场，面积分别为 1 420.13 hm^2、1 197.53 hm^2、1 101.31 hm^2、1 003.46 hm^2 和 897.27 hm^2，分别占全片区橡胶园面积的 5.40%、4.55%、4.19%、3.82%和 3.41%（表 12-16）。

表 12-16 红华片区三等耕地和三等橡胶园面积空间分布

农场	分场	耕地			橡胶园		
		面积（hm^2）	占本分场耕地面积的比例（%）	占片区耕地面积的比例（%）	面积（hm^2）	占本分场橡胶园面积的比例（%）	占片区橡胶园面积的比例（%）
西达	和岭	1 413.91	35.20	2.95	897.29	37.47	3.41
	红岗	1 311.47	30.76	2.75	1 003.46	28.65	3.82
	昆仑	1 742.37	33.00	3.64	1 197.53	33.55	4.55
	西达	4 259.95	53.14	8.90	3 148.78	52.86	11.97
红光	红光	2 514.91	30.00	5.26	1 420.13	27.45	5.40
红华	红华	2 709.30	28.36	5.66	1 101.32	24.54	4.19
加来	加来	1 364.88	21.04	2.85	350.16	32.76	1.33
金安	金安	6.92	0.37	0.01	0.00	0.00	0.00
合计		15 323.71		32.02	9 118.67		34.67

（2）主要属性分析

红华片区三等地的分布面积最广，坡度以缓坡（<8°）为主，成土母质主要为花岗岩、玄武岩和变质岩，土壤类型以玄武岩砖红壤、花岗岩砖红壤和浅海沉积物砖红壤为主。质地主要是轻壤、中壤和砂壤，其次为重壤和轻黏，轻壤、中壤和砂壤主要分布于橡胶园，有明显的砂砾障碍层，可耕性略差。土壤养分含量中等，有机质含量 1.08～29.61 g/kg，平均值 14.38 g/kg；全氮含量 0.19～1.54 g/kg，平均值 0.72 g/kg；有效磷含量 0.9～345.0 mg/kg，平均值 28.93 mg/kg；速效钾含量 7～93 mg/kg，平均值 28.76 mg/kg。

总体上，三等地肥力中等，养分不协调，土壤结构不良，土壤物理性能差。对于三等地的管理，可增施有机肥，同时合理施用化肥，结合平衡施肥技术，强化无机肥与有机肥、氮肥与磷钾肥的结合使用。

4. 四等地

（1）面积与分布

红华片区四等地总面积 10 650.77 hm^2，占全片区耕地总面积的 22.26%。全片区各个农场均有四等地分布，面积最大的是红华农场和红光农场，占地面积分别为 3 482.08 hm^2 和 2 536.58 hm^2，其次为红岗分场、和岭分场，占地面积分别为 1 635.34 hm^2、1 363.65 hm^2。

红华片区橡胶园四等地总面积为 7 089.08 hm^2，占全片区橡胶园面积的 26.97%。主要分布在红光农场、红华农场和红岗分场，分别为 1 837.63 hm^2、1 566.35 hm^2 和 1 508.74 hm^2，分别占全片区橡胶园面积的 6.99%、5.96% 和 5.74%；其次分布在西达农场的和岭分场和西达分场，面积分别为 936.77 hm^2 和 674.77 hm^2，分别占全片区橡胶园面积的 3.56% 和 2.57%（表 12-17）。

表 12-17 红华片区四等耕地和四等橡胶园面积空间分布

农场	分场	耕地			橡胶园		
		面积（hm^2）	占本分场耕地面积的比例（%）	占片区耕地面积的比例（%）	面积（hm^2）	占本分场橡胶园面积的比例（%）	占片区橡胶园面积的比例（%）
西达	和岭	1 363.65	33.95	2.85	936.77	39.12	3.56
	红岗	1 635.34	38.36	3.43	1 508.74	43.08	5.74
	昆仑	360.82	6.83	0.75	350.02	9.81	1.33
	西达	847.29	10.57	1.77	674.78	11.33	2.57
红光	红光	2 536.58	30.26	5.30	1 837.63	35.52	6.99
红华	红华	3 482.08	36.45	7.28	1 566.35	34.91	5.96
加来	加来	408.56	6.30	0.85	214.81	20.09	0.82
金安	金安	16.45	0.89	0.03	0.00	0.00	0.00
合计		10 650.77		22.26	7 089.08		26.97

（2）主要属性分析

红华片区四等地的成土母质以玄武岩、变质岩、花岗岩和河流冲积物为主，田间坡度较大，可耕性差，土壤类型主要为玄武岩砖红壤、浅海沉积物砖红壤和花岗岩砖红壤。质地主要为砂壤、中壤、轻黏和轻壤，其次是重壤、重黏和中黏，砂壤、中壤和轻壤主要分布于橡胶园；土层欠深厚，有砂砾障碍层，质地偏砂，持水保肥能力差。土壤养分含量低，有机质含量 1.06～31.01 g/kg，平均值 13.18 g/kg；全氮含量 0.23～1.52 g/kg，平均值 0.68 g/kg；有效磷含量 0.70～182.90 mg/kg，平均值 10.99 mg/kg；速效钾含量 10～76 mg/kg，平均值 24.73 mg/kg。

总体上，四等地存在的主要限制因素是地形、土壤和水分限制，尤其是土壤养分低，土壤物理性能差。应增施有机肥和氮磷钾肥，广种间作饲料作物和豆科绿肥作物，丰富有机肥来源。水肥沟应挖深穴、大穴，以便挖穿砾质层或半风化母质层，使橡胶树根系能充分利用底层的水分和养分，方能扎根深，改善橡胶树生长条件。坡度大的耕地要修筑环山行、增加耕地土表覆盖，缓冲水流冲刷，以增加土壤养分、改良土壤理化性质、减少水分蒸发和土壤流失。

5. 五等地

(1) 面积与分布

红华片区五等地总面积 5 262.98 hm^2，占全片区耕地总面积的 11.00%。除了金安农场，全片区其他农场均有五等地分布，面积最大的是红华农场和红光农场，占地面积分别为 2 293.77 hm^2 和 1 953.04 hm^2，其次为和岭分场、昆仑分场和红岗分场，占地面积分别为 357.32 hm^2、248.43 hm^2 和 234.51 hm^2。

红华片区橡胶园五等地总面积为 3 302.72 hm^2，占全片区橡胶园面积的 12.57%。主要分布在红光农场和红华农场，面积分别为 1 321.36 hm^2 和 1 289.90 hm^2，分别占全片区橡胶园面积的 5.02%和 4.91%（表 12-18）。

表 12-18　红华片区五等耕地和五等橡胶园面积空间分布

农场	分场	耕地			橡胶园		
		面积 (hm^2)	占本分场耕地面积的比例 (%)	占片区耕地面积的比例 (%)	面积 (hm^2)	占本分场橡胶园面积的比例 (%)	占片区橡胶园面积的比例 (%)
西达	和岭	357.32	8.90	0.75	125.70	5.25	0.48
	红岗	234.51	5.50	0.49	165.46	4.72	0.63
	昆仑	248.43	4.70	0.52	243.60	6.82	0.93
	西达	95.86	1.20	0.20	91.66	1.54	0.35
红光	红光	1 953.04	23.30	4.08	1 321.36	25.54	5.02
红华	红华	2 293.77	24.01	4.79	1 289.90	28.75	4.91
加来	加来	80.05	1.23	0.17	65.04	6.08	0.25
金安	金安	0.00	0.00	0.00	0.00	0.00	0.00
合计		5 262.98		11.00	3 302.72		12.57

(2) 主要属性分析

红华片区五等地大多分布在坡度较高的低丘陵区，田间坡度大，可耕性差，成土母质以玄武岩、花岗岩和河流冲积物为主，土壤类型主要为玄武岩砖红壤和浅海沉积物。质地主要为轻黏、中壤、重黏、中黏和砂壤，其次为松砂、重壤和紧砂，轻黏主要分布于旱地和橡胶园，而中壤、重黏、中黏和砂壤主要分布于橡胶园；有砂砾障碍层，质地偏砂，持水保肥能力差。土壤养分含量很低，有机质含量 0.06～24.29 g/kg，平均值 9.74 g/kg；全氮含量 0.19～1.50 g/kg，平均值 0.65 g/kg；有效磷含量 0.70～36.80 mg/kg，平均值 4.36 mg/kg；速效钾含量 9～76 mg/kg，平均值 20.47 mg/kg。

总体上，五等地是片区内最差的土地，养分含量不高，光热水条件差，土壤物理性能差。因此，应合理施肥，协调土壤养分状况，增加有机肥投入，种植豆科作物长期覆盖，改良土壤理化性状，既可保持水土，又可解决肥源，提高耕地整体生产力。

第三节　耕地土壤属性

一、土壤的化学性质

（一）有机质

红华片区本次耕地地力调查土壤有机质平均含量为 14.64 g/kg，变化范围为 0.06～43.38 g/kg。该片区土壤有机质含量主要集中在四级，占耕地总面积的 89.82%，其次是三级、五级，分别占 5.94%、3.39%；四级及以下共占 93.77%，有机质属于中下水平（表 12-19）。

表 12-19　红华片区土壤有机质分级及面积

项目	一级	二级	三级	四级	五级	六级	总计
有机质含量（g/kg）	≥40	30（含）～40	20（含）～30	10（含）～20	6（含）～10	<6	
面积（hm^2）	10.30	128.60	2 844.22	42 980.12	1 620.40	270.36	47 854.00
比例（%）	0.02	0.27	5.94	89.82	3.39	0.56	100.00

该片区不同土属有机质含量比较见表 12-20，其中以河砂泥田最高，平均值为 24.34 g/kg，浅海沉积物砖红壤最低，平均值为 12.01 g/kg。

表 12-20　红华片区不同土属有机质含量状况

土属名称	含量范围（g/kg）	平均值（g/kg）	标准差	变异系数（%）
潮砂泥田	1.1～30.9	21.17	3.70	17.49
赤土田	11.8～19.5	14.39	1.61	11.20
河砂泥田	6.7～38.7	24.34	3.00	12.33
花岗岩石质土	16.8～17.4	17.05	0.25	1.48
花岗岩砖红壤	0.1～28.9	14.17	1.92	13.58
黄赤土田	9.1～43.4	15.74	2.78	17.69

（续表）

土属名称	含量范围（g/kg）	平均值（g/kg）	标准差	变异系数（%）
烂泞田	21.1～21.7	21.44	0.24	1.12
泥炭土田	13.0～21.4	14.70	2.08	14.17
浅海沉积物赤土田	11.4～22.6	15.21	3.04	19.96
浅海沉积物黄色砖红壤	2.4～26.4	12.13	2.05	16.87
浅海沉积物砖红壤	0.5～29.4	12.01	2.56	21.32
浅海黄色砖红壤	13.9～15.9	14.88	0.55	3.68
浅脚赤土田	12.7～24.8	15.46	2.21	14.32
浅脚河流冲积物赤土田	23.7～24.8	24.19	0.44	1.81
砂页岩赤土田	10.9～30.7	16.88	3.84	22.76
砂页岩砖红壤	0.7～30.2	14.85	3.07	20.70
炭质黑泥田	6.1～32.3	15.31	2.34	15.26
新积土	18.8～27.2	20.47	2.36	11.54
玄武岩石质土	21.1～25.9	22.68	1.43	6.30
玄武岩砖红壤	0.1～36.8	16.38	2.63	16.06

（二）大量元素

1. 全　氮

红华片区本次耕地地力调查土壤全氮平均含量为 0.75 g/kg，变化范围为 0.19～2.04 g/kg。该片区土壤全氮含量主要集中在四级和五级，分别占耕地面积的 33.34%和 52.01%；其次为三级和六级，分别占耕地面积的 9.86%和 4.79%；四级及以下共占 90.14%，全氮属于中下水平（表 12-21）。

表 12-21　红华片区土壤全氮分级及面积

项目	一级	二级	三级	四级	五级	六级	总计
全氮含量（g/kg）	≥2.0	1.5（含）～2.0	1.0（含）～1.5	0.75（含）～1.0	0.5（含）～0.75	<0.5	
面积（hm^2）	0.00	0.00	4 718.62	15 953.99	24 887.93	2 293.46	47 854.00
比例（%）	0.00	0.00	9.86	33.34	52.01	4.79	100.00

该片区不同土属全氮含量比较见表 12-22，其中以玄武岩石质土最高，平均值为 1.33 g/kg，浅海沉积物黄色砖红壤最低，平均值为 0.49 g/kg。

表 12-22　红华片区不同土属全氮含量状况

土属名称	含量范围（g/kg）	平均值（g/kg）	标准差	变异系数（%）
潮砂泥田	0.97～1.32	1.20	0.10	8.20
赤土田	0.63～1.03	0.74	0.10	13.24
河砂泥田	1.04～1.33	1.25	0.07	5.72
花岗岩石质土	0.97～1.00	0.99	0.01	1.23
花岗岩砖红壤	0.45～0.93	0.69	0.10	13.95
黄赤土田	0.45～0.97	0.65	0.11	17.27
烂浒田	1.27～1.30	1.28	0.01	0.61
泥炭土田	0.58～0.65	0.62	0.02	3.09
浅海沉积物赤土田	0.46～1.27	0.69	0.21	30.89
浅海沉积物黄色砖红壤	0.38～0.68	0.49	0.06	11.71
浅海沉积物砖红壤	0.37～0.99	0.59	0.13	22.71
浅海黄色砖红壤	0.58～0.72	0.64	0.03	3.98
浅脚赤土田	0.48～0.58	0.53	0.02	4.39
浅脚河流冲积物赤土田	1.31～1.33	1.32	0.01	0.52
砂页岩赤土田	0.52～0.89	0.72	0.11	14.67
砂页岩砖红壤	0.45～0.89	0.66	0.10	15.16
炭质黑泥田	0.46～0.80	0.58	0.07	11.80
新积土	0.96～1.25	1.08	0.11	10.11
玄武岩石质土	1.17～1.37	1.33	0.03	2.53
玄武岩砖红壤	0.59～1.38	0.87	0.14	15.54

2. 有效磷

红华片区本次耕地地力调查土壤有效磷平均含量为 32.09 mg/kg，变化范围为 0.70～540.60 mg/kg。该片区土壤有效磷含量在各等级中均有分布，四级和五级占比最大，分别占耕地面积的 40.59%和 26.55%；其次是一级、三级和六级，分别为 12.70%、10.41%和 7.17%；四级及以下共占 74.31%，有效磷属于中下水平（表 12-23）。

表 12-23　红华片区土壤有效磷分级及面积

项目	一级	二级	三级	四级	五级	六级	总计
有效磷含量（mg/kg）	≥40	20（含）～40	10（含）～20	5（含）～10	3（含）～5	<3	
面积（hm^2）	6 077.60	1 233.54	4 981.19	19 421.40	12 707.00	3 433.27	47 854.00
比例（%）	12.70	2.58	10.41	40.59	26.55	7.17	100.00

该片区不同土属有效磷含量比较见表12-24，其中以河砂泥田最高，平均值为207.75 mg/kg，花岗岩石质土最低，平均值为4.38 mg/kg。

表12-24　红华片区不同土属有效磷含量状况

土属名称	含量范围（mg/kg）	平均值（mg/kg）	标准差	变异系数（%）
潮砂泥田	3.4～278.8	155.81	49.12	31.52
赤土田	3.2～59.9	12.51	8.92	71.30
河砂泥田	74.9～540.6	207.75	56.06	26.99
花岗岩石质土	4.2～4.6	4.38	0.17	3.90
花岗岩砖红壤	1.3～67.8	9.25	5.32	57.57
黄赤土田	4.6～345.0	101.15	52.99	52.39
烂湴田	110.8～139.1	120.88	11.20	9.26
泥炭土田	14.6～123.4	61.55	41.76	67.85
浅海沉积物赤土田	3.2～205.2	53.79	55.81	103.76
浅海沉积物黄色砖红壤	1.4～52.4	7.10	3.38	47.59
浅海沉积物砖红壤	0.9～254.6	10.92	20.47	187.44
浅海黄色砖红壤	2.4～18.0	7.21	4.51	62.56
浅脚赤土田	4.9～236.9	95.87	44.38	46.29
浅脚河流冲积物赤土田	181.5～202.9	194.31	7.59	3.91
砂页岩赤土田	5.0～85.2	26.50	21.30	80.39
砂页岩砖红壤	1.0～126.6	18.18	21.03	115.65
炭质黑泥田	16.6～383.2	112.47	50.48	44.89
新积土	79.3～322.5	139.73	64.32	46.03
玄武岩石质土	98.9～223.3	124.15	32.94	26.53
玄武岩砖红壤	0.7～225.7	7.52	17.76	236.19

3. 速效钾

红华片区本次耕地地力调查土壤速效钾平均含量为30.95 mg/kg，变化范围为4.00～180.00 mg/kg。该片区土壤速效钾含量主要集中在四级、五级、六级，其中六级的面积占比最大，为61.03%；五级占比为31.63%，四级为5.92%；四级及以下共占98.58%，速效钾属于低下水平（表12-25）。

表 12-25　红华片区土壤速效钾分级及面积

项目	一级	二级	三级	四级	五级	六级	总计
速效钾含量（mg/kg）	≥200	150（含）～200	100（含）～150	50（含）～100	30（含）～50	＜30	
面积（hm^2）	0.00	7.55	669.83	2 834.56	15 135.42	29 206.64	47 854.00
比例（%）	0.00	0.02	1.40	5.92	31.63	61.03	100.00

该片区不同土属速效钾含量比较见表 12-26，其中以河砂泥田最高，平均值为 98.52 mg/kg，浅海沉积物黄色砖红壤最低，平均值为 13.79 mg/kg。

表 12-26　红华片区不同土属速效钾含量状况

土属名称	含量范围（mg/kg）	平均值（mg/kg）	标准差	变异系数（%）
潮砂泥田	33～130	82.26	21.00	25.53
赤土田	13～49	32.47	9.35	28.80
河砂泥田	29～160	98.52	18.44	18.72
花岗岩石质土	37～39	38.00	0.82	2.15
花岗岩砖红壤	14～76	28.89	6.60	22.83
黄赤土田	10～120	30.63	16.08	52.50
烂湴田	73～88	79.20	5.67	7.16
泥炭土田	17～65	33.21	10.91	32.84
浅海沉积物赤土田	15～94	32.38	22.41	69.20
浅海沉积物黄色砖红壤	9～22	13.79	2.09	15.19
浅海沉积物砖红壤	7～65	17.60	6.41	36.43
浅海黄色砖红壤	8～27	15.13	4.60	30.39
浅脚赤土田	15～34	25.72	4.80	18.67
浅脚河流冲积物赤土田	73～90	82.43	6.13	7.44
砂页岩赤土田	13～59	25.32	8.89	35.12
砂页岩砖红壤	11～55	25.45	8.13	31.93
炭质黑泥田	4～120	34.83	14.22	40.84
新积土	48～87	62.53	13.97	22.34
玄武岩石质土	51～128	70.49	22.19	31.48
玄武岩砖红壤	4～140	25.52	12.83	50.29

（三）中量元素

有效镁

本次耕地地力调查土壤有效镁含量的范围为 2.00～185.80 mg/kg，平均值为

16.99 mg/kg，标准差为 18.96，变异系数为 111.60%，由此可见，红华片区土壤有效镁含量差异较大。该片区土壤有效镁含量主要集中在五级，占耕地面积的 96.32%，其次在四级有 3.48%的分布，该片区有效镁含量属于缺乏水平（表 12-27）。

表 12-27　红华片区土壤有效镁分级及面积

项目	一级	二级	三级	四级	五级	总计
有效镁含量（mg/kg）	≥1 000	300（含）～1 000	100（含）～300	50（含）～100	＜50	
面积（hm^2）	0.00	0.00	93.82	1 666.65	46 093.53	47 854.00
比例（%）	0.00	0.00	0.20	3.48	96.32	100.00

该片区不同土属有效镁含量比较见表 12-28，其中以玄武岩石质土最高，平均值为 105.61 mg/kg；浅海沉积物黄色砖红壤最低，平均值为 8.43 mg/kg。

表 12-28　红华片区不同土属有效镁含量状况

土属名称	含量范围（mg/kg）	平均值（mg/kg）	标准差	变异系数（%）
潮砂泥田	52.63～90.84	76.05	9.23	12.14
赤土田	9.47～24.14	13.30	3.25	24.45
河砂泥田	46.69～98.62	74.65	16.12	21.60
花岗岩石质土	11.01～11.63	11.29	0.25	2.25
花岗岩砖红壤	6.76～21.56	12.33	2.53	20.53
黄赤土田	9.60～22.61	16.29	2.82	17.31
烂湴田	96.97～102.28	100.51	2.10	2.09
泥炭土田	12.21～20.18	15.49	2.27	14.68
浅海沉积物赤土田	8.48～77.35	19.21	19.76	102.88
浅海沉积物黄色砖红壤	6.34～12.19	8.43	1.23	14.61
浅海沉积物砖红壤	6.45～28.45	11.97	4.50	37.55
浅海黄色砖红壤	8.29～14.72	11.33	1.53	13.54
浅脚赤土田	10.18～18.40	15.43	2.03	13.14
浅脚河流冲积物赤土田	89.29～94.08	91.54	1.69	1.84
砂页岩赤土田	8.38～29.85	17.21	6.07	35.27
砂页岩砖红壤	7.08～29.30	13.30	4.35	32.71
炭质黑泥田	10.17～23.19	16.17	2.29	14.15
新积土	51.69～76.56	61.46	8.93	14.52
玄武岩石质土	55.25～121.79	105.61	15.85	15.01
玄武岩砖红壤	8.08～113.73	16.73	8.84	52.85

（四）微量元素

1. 铜元素

本次耕地地力调查土壤有效铜含量的范围在 0.27～5.63 mg/kg 之间，平均值为 1.31 mg/kg，标准差为 0.65，变异系数为 49.62%。该片区土壤有效铜含量主要集中在一级、二级、三级，其中二级占比最大，达 69.87%；其次为三级，占比为 21.24%；一级占耕地面积的 8.89%；三级及以上共占 100.00%，该区有效铜含量比较丰富（表 12-29）。

表 12-29　红华片区土壤有效铜分级及面积

项目	一级	二级	三级	四级	五级	总计
有效铜含量（mg/kg）	≥1.8	1.0（含）～1.8	0.2（含）～1.0	0.1（含）～0.2	＜0.1	
面积（hm^2）	4 251.39	33 437.39	10 165.22	0.00	0.00	47 854.00
比例（%）	8.89	69.87	21.24	0.00	0.00	100.00

该片区不同土属有效铜含量比较见表 12-30。其中，浅脚河流冲积物赤土田最高，平均值 2.55 mg/kg；浅海黄色砖红壤最低，平均值 0.95 mg/kg。

表 12-30　红华片区不同土属有效铜含量状况

土属名称	含量范围（mg/kg）	平均值（mg/kg）	标准差	变异系数（%）
潮砂泥田	1.58～2.48	2.13	0.27	12.80
赤土田	1.19～2.18	1.39	0.26	19.03
河砂泥田	1.73～2.58	2.31	0.25	10.67
花岗岩石质土	0.94～0.98	0.96	0.02	2.31
花岗岩砖红壤	0.78～1.86	1.16	0.26	22.15
黄赤土田	1.24～2.24	1.65	0.21	12.49
烂浙田	2.48～2.55	2.52	0.03	1.12
泥炭土田	1.64～1.74	1.70	0.03	1.53
浅海沉积物赤土田	1.10～2.26	1.60	0.31	19.44
浅海沉积物黄色砖红壤	1.32～1.93	1.66	0.15	8.86
浅海沉积物砖红壤	0.54～1.92	1.37	0.41	30.37
浅海黄色砖红壤	0.78～1.21	0.95	0.07	7.87
浅脚赤土田	1.30～1.67	1.46	0.10	7.09
浅脚河流冲积物赤土田	2.53～2.58	2.55	0.02	0.84
砂页岩赤土田	1.18～2.32	1.71	0.34	20.04

（续表）

土属名称	含量范围（mg/kg）	平均值（mg/kg）	标准差	变异系数（%）
砂页岩砖红壤	1.09～2.39	1.51	0.27	18.16
炭质黑泥田	1.29～1.91	1.55	0.12	7.81
新积土	1.49～2.20	1.76	0.29	16.31
玄武岩石质土	1.94～2.54	2.48	0.11	4.29
玄武岩砖红壤	0.62～2.59	1.22	0.40	32.75

2. 钼元素

本次红华片区耕地地力调查土壤有效钼含量的范围为 0.02～0.05 mg/kg，平均值为 0.03 mg/kg，标准差为 0.006，变异系数为 20%。该片区土壤有效钼含量水平极低，全部分布在五级，占 100.00%（表 12-31）。

表 12-31　红华片区土壤有效钼分级及面积

项目	一级	二级	三级	四级	五级	总计
有效钼含量（mg/kg）	≥0.3	0.2（含）～0.3	0.15（含）～0.2	0.1（含）～0.15	<0.1	
面积（hm^2）	0.00	0.00	0.00	0.00	47 854.00	47 854.00
比例（%）	0.00	0.00	0.00	0.00	100.00	100.00

该片区不同土属有效钼含量比较见表 12-32。可以看出，不同土属有效钼之间的差异不明显，平均含量都比较接近，范围为 0.034～0.037 mg/kg。

表 12-32　红华片区不同土属有效钼含量状况

土属名称	含量范围（mg/kg）	平均值（mg/kg）	标准差	变异系数（%）
潮砂泥田	0.034～0.036	0.035	0.000 7	1.90
赤土田	0.032～0.036	0.034	0.000 8	2.31
河砂泥田	0.031～0.036	0.034	0.001 3	3.74
花岗岩石质土	0.036～0.037	0.037	0.000 4	1.04
花岗岩砖红壤	0.029～0.039	0.034	0.001 3	3.81
黄赤土田	0.032～0.037	0.034	0.001 0	3.03
烂湴田	0.034～0.035	0.034	0.000 4	1.24
泥炭土田	0.033～0.035	0.034	0.001 0	2.95
浅海沉积物赤土田	0.032～0.036	0.034	0.001 2	3.46
浅海沉积物黄色砖红壤	0.032～0.036	0.034	0.000 9	2.62

（续表）

土属名称	含量范围（mg/kg）	平均值（mg/kg）	标准差	变异系数（%）
浅海沉积物砖红壤	0.030～0.038	0.034	0.001 2	3.57
浅海黄色砖红壤	0.029～0.035	0.033	0.002 1	6.31
浅脚赤土田	0.032～0.036	0.034	0.001 1	3.10
浅脚河流冲积物赤土田	0.036～0.036	0.036	0.000 3	0.74
砂页岩赤土田	0.032～0.035	0.033	0.000 5	1.58
砂页岩砖红壤	0.032～0.037	0.033	0.000 9	2.67
炭质黑泥田	0.031～0.037	0.034	0.001 2	3.49
新积土	0.034～0.036	0.035	0.000 6	1.70
玄武岩石质土	0.031～0.035	0.034	0.000 6	1.90
玄武岩砖红壤	0.025～0.041	0.033	0.003 0	9.11

（五）土壤酸碱度

本次耕地地力调查红华片区胶园土壤 pH 值范围为 4.05～6.74，平均值为 5.39。pH 值为 4.5～5.5 的酸性土壤分布最广，面积达 35 814.16 hm^2，占全片区橡胶园面积的 74.84%；其次分布较多的是 pH 值小于 4.5 的强酸性土壤，面积为 10 512.64 hm^2，占全片区橡胶园面积的 21.97%；pH 值为 5.5～6.5 的弱酸性土壤分布面积为 1 487.93 hm^2，占全片区橡胶园面积的 3.11%；pH 值为 6.5～7.5 的中性土壤分布面积仅有 39.27 hm^2，占 0.08%。可见红华片区土壤大多属于酸性范围（表 12-33）。

表 12-33　红华片区土壤 pH 值分级及面积

项目	一级（碱性、弱碱）	二级（中性）	三级（弱酸）	四级（酸性）	五级（强酸）	总计
pH 值	≥7.5	6.5（含）～7.5	5.5（含）～6.5	4.5（含）～5.5	<4.5	
面积（hm^2）	0.00	39.27	1 487.93	35 814.16	10 512.64	47 854.00
比例（%）	0.00	0.08	3.11	74.84	21.97	100.00

该片区不同土属 pH 值比较见表 12-34，其中以炭质黑泥土最高，平均值为 5.41，浅海黄色砖红壤最低，平均值为 4.36。

表 12-34　红华片区不同土属 pH 值状况

土属名称	范围	平均值	标准差	变异系数（%）
潮砂泥田	4.7～6.5	5.09	0.24	4.68
赤土田	4.5～5.7	4.83	0.18	3.83

（续表）

土属名称	范围	平均值	标准差	变异系数（%）
河砂泥田	4.7～5.8	5.06	0.12	2.34
花岗岩石质土	4.7～4.8	4.75	0.06	1.22
花岗岩砖红壤	3.6～5.1	4.56	0.14	3.17
黄赤土田	4.3～6.0	5.17	0.28	5.43
烂湴田	5.0～5.1	5.02	0.04	0.89
泥炭土田	4.9～5.4	5.21	0.11	2.06
浅海沉积物赤土田	4.6～5.7	4.98	0.29	5.83
浅海沉积物黄色砖红壤	3.3～5.6	4.81	0.16	3.28
浅海沉积物砖红壤	3.7～6.4	4.70	0.25	5.41
浅海黄色砖红壤	4.2～4.5	4.36	0.08	1.85
浅脚赤土田	4.9～5.8	5.39	0.24	4.40
浅脚河流冲积物赤土田	5.1～5.1	5.10	0.00	0.00
砂页岩赤土田	4.6～5.3	4.93	0.24	4.93
砂页岩砖红壤	3.9～5.6	4.86	0.23	4.82
炭质黑泥田	4.7～6.8	5.41	0.28	5.24
新积土	4.6～5.2	5.03	0.18	3.58
玄武岩石质土	5.0～5.1	5.06	0.05	0.97
玄武岩砖红壤	3.3～6.2	4.61	0.21	4.56

二、土壤的物理性质

（一）质　地

红华片区土壤质地类型主要有紧砂、轻壤、轻黏、砂壤、松砂、黏砂、中壤、重壤、中黏和重黏等，其中以砂壤、中壤和轻壤所占面积较大，分别为 12 905.73 hm^2、11 558.20 hm^2和10 909.95 hm^2，三者共占全部耕地面积的 73.92%（表 12-35）。

表 12-35　红华片区耕地质地面积分布状况

质地类型	紧砂	轻壤	轻黏	砂壤	松砂	黏砂	中壤	重壤	中黏	重黏	总计
面积（hm^2）	1 271.20	10 909.95	3 950.29	12 905.73	1 294.59	86.96	11 558.20	2 231.33	1 636.67	2 009.08	47 854.00
占总耕地比例（%）	2.66	22.80	8.25	26.97	2.71	0.18	24.15	4.66	3.42	4.20	100.00

三、土壤的养分变化

本次调查与第二次土壤普查相比，红华片区土壤有机质除四级的面积占比上升了45.96%外，其余等级都有所下降，其中三级下降幅度最大，为25.30%。全氮在四级、五级的占比有所上升，分别上升了13.99%、15.52%；一级、二级、三级、六级的占比有所下降，平均下降了7.42%。有效磷除六级下降了42.21%外，其余等级的面积占比都有所上升，其中四级上升幅度最大，为20.30%。速效钾在一级、二级、三级、四级的占比下降，其中四级下降幅度最大，为18.87%；五级、六级的占比有所上升，六级上升幅度最大，为26.28%（表12-36）。可见红华片区土壤养分含量整体下降明显。

表12-36　本次调查与第二次土壤普查土壤养分含量各级占比对照　（单位:%）

级别	有机质		全氮		有效磷		速效钾	
	本次调查	第二次普查	本次调查	第二次普查	本次调查	第二次普查	本次调查	第二次普查
一级	0.02	2.17	0.00	3.65	12.7	0.47	0.00	2.41
二级	0.27	10.13	0.00	6.65	2.58	1.12	0.02	2.64
三级	5.94	31.24	9.86	15.36	10.41	6.04	1.40	9.22
四级	89.82	43.86	33.34	19.35	40.59	20.29	5.92	24.79
五级	3.39	10.66	52.01	36.49	26.55	22.70	31.63	26.19
六级	0.56	1.94	4.79	18.65	7.17	49.38	61.03	34.75

第四节　土壤改良利用与管理

橡胶园是红华片区耕地利用的主要类型，其分布面积占该片区耕地面积的一半以上，现分别按照地貌和海拔分析红华片区橡胶园的分布现状，并从立地条件和土壤养分状况等方面分析耕地障碍因素。

一、立地条件分析

（一）地貌类型

红华片区橡胶园主要分布于台地、低丘陵和高丘陵三种地貌类型，其中绝大部分分布于低丘陵地，面积为24 515.39 hm^2，占全片区橡胶园总面积的93.23%；其次为分布于台地和高丘陵的耕地，面积分别为1 030.65 hm^2 和749.92 hm^2，所占比例为3.92%和2.85%（表12-37）。

表 12-37 红华片区地貌类型面积分布统计

地貌类型	面积（hm^2）	比例（%）
台地	1 030.65	3.92
高丘陵	749.92	2.85
低丘陵	24 515.39	93.23
合计	26 295.96	100.00

（二）海　拔

红华片区地势是由北向南升高。橡胶园主要分布于海拔 100～200 m 地区，面积为 12 957.95 hm^2，占全片区橡胶园面积的 49.28%；其次是 50～100 m 地区，面积为 10 729.89 hm^2，占全片区橡胶园面积的 40.80%；其余橡胶园有 1 030.65 hm^2 分布于小于 50 m 的地区内，有 1 577.47 hm^2 分布于大于 200 m 的地区内，分别占全片区橡胶园总面积的 3.92%和 6.00%（表 12-38）。

表 12-38 红华片区海拔面积分布统计

海拔（m）	面积（hm^2）	比例（%）
<50	1 030.65	3.92
50～100	10 729.89	40.80
100～200	12 957.95	49.28
200～400	1 577.47	6.00
合计	26 295.96	100.00

二、障碍因素分析

红华片区橡胶园目前主要存在以下几项障碍因素，分述如下。

（一）质　地

红华片区橡胶园土壤质地类型主要是中壤、轻壤和砂壤，面积分别为 7 243.68 hm^2、7 168.18 hm^2 和 5 978.57 hm^2，占全片区橡胶园面积的 27.55%、27.26%和 22.74%；其次为重壤和重黏，面积分别为 1 695.53 hm^2 和 1 553.51 hm^2，占全片区橡胶园面积的 6.45%和 5.90%；轻黏面积为 1 164.45 亩，占比为 4.43%；松砂、紧砂和黏砂分布都很少，面积分别为 133.97 hm^2、215.16 hm^2 和 55.61 hm^2，所占比例为 0.51%、0.82%和 0.21%（表 12-39）。

表 12-39 红华片区土壤质地面积分布统计

质地类型	面积（hm^2）	比例（%）
紧砂	215.16	0.82

（续表）

质地类型	面积（hm^2）	比例（%）
轻壤	7 168.18	27.26
轻黏	1 164.45	4.43
砂壤	5 978.57	22.74
松砂	133.97	0.51
黏砂	55.61	0.21
中壤	7 243.68	27.55
中黏	1 087.3	4.13
重壤	1 695.53	6.45
重黏	1 553.51	5.90
合计	26 295.96	100.00

（二）坡　度

本片区橡胶园绝大多数地处6°以下坡度的平缓坡地带，坡度2°～6°的面积最大，为12 857.75 hm^2，占全片区橡胶园总面积的48.90%；其次是<2°以上的坡度，面积为8 164.76 hm^2，占31.05%；6°～15°坡度的面积为4 745.84 hm^2，占比为18.05%；其余少量分布在15°～25°和25°以上的坡度，共占2.00%（表12-40）。

表12-40　红华片区坡度分布统计

坡度	面积（hm^2）	比例（%）
<2°	8 164.76	31.05
2°（含）～6°	12 857.75	48.90
6°（含）～15°	4 745.84	18.05
15°（含）～25°	507.80	1.93
>25°	19.81	0.07
合计	26 295.96	100.00

（三）土壤养分水平

红华片区橡胶园土壤有机质含量在四级及以下的占比为93.77%，有效磷占比为74.31%，全氮含量在四级及以下占比为90.14%，速效钾占比为98.58%，其中速效钾含量为六级水平占61.03%（表12-41）。由此可以看出，红华片区土壤有机质和大量元素含量整体水平较低，缺氮和缺钾现象突出。

表 12-41　红华片区土壤有机质和大量元素含量等级分布状况

级别	有机质		全氮		有效磷		速效钾	
	含量（g/kg）	占比（%）	含量（g/kg）	占比（%）	含量（mg/kg）	占比（%）	含量（mg/kg）	占比（%）
一级	≥40	0.02	≥2.0	0.00	≥40	12.70	≥200	0.00
二级	30（含）～40	0.27	1.5（含）～2.0	0.00	20（含）～40	2.58	150（含）～200	0.02
三级	20（含）～30	5.94	1.0（含）～1.5	9.86	10（含）～20	10.41	100（含）～150	1.40
四级	10（含）～20	89.82	0.75（含）～1.0	33.34	5（含）～10	40.59	50（含）～100	5.92
五级	6（含）～10	3.39	0.5（含）～0.75	52.01	3（含）～5	26.55	30（含）～50	31.63
六级	<6	0.56	<0.5	4.79	<3	7.17	<30	61.03

三、土壤改良利用

根据红华片区橡胶园地力评价结果，结合该区耕地资源的性状和利用特点，可以将全片区橡胶园资源划分为三大利用改良区，即砖红壤区、中部台地黄色砖红壤区和南部花岗岩赤红壤区。

（一）南部花岗岩赤红壤区

该区主要分布在和岭分场南部和昆仑分场的丘陵地区。海拔为 100～400 m，土壤发育母质主要为花岗岩，质地以轻壤和中壤为主，土层较为深厚，大多在 70 cm 以上。土壤有效养分偏低，有机质平均含量 14.10 g/kg，全氮平均含量 0.80 g/kg，有效磷平均含量 8.66 mg/kg，速效钾平均含量 36.70 mg/kg。

利用改良意见：一是对于本区域土壤养分偏低的情况，应加重有机肥的施用，改善土壤的透水透气性，并能提高土壤保水保肥的能力；利用林段豆科覆盖植物和萌生植物压青、胶头盖草等方法，增加有机质来源。二是增施氮肥、磷肥和钾肥，该区大多数橡胶园土壤有机质含量低于橡胶树正常生长指标值，而全氮、有效磷和速效钾也有部分亏缺。三是做好橡胶园水土保持，以高标准完成“三保一护”工程。四是必须挖深穴，大穴种植橡胶树。在该区表土层以下都有不同程度的砾石层，心土层往往有大量的半风化母质，在此类型土壤植胶，开垦时必须挖深穴、大穴、挖穿砾质层或半风化母质层，使橡胶树根系能充分利用底层水分和养分，为橡胶树生长创造一个较好的土壤条件。

（二）中部台地黄色砖红壤区

该区主要分布在红华农场的中部台地区域。海拔在 150 m 以下，坡度大多小于 6°。土壤成土母质为冲积物、沉积物，土层深厚，质地为壤土，结构疏松，表土水土流失较为严重。土壤养分贫瘠，有机质平均含量为 12.11 g/kg，有效磷和速效钾平均含量分别为 7.02 mg/kg和 13.80 mg/kg。该区橡胶园土壤全氮、速效钾含量都在橡胶树正常生长指标值之下，部分土壤的有效磷含量不能满足橡胶树的正常生长。

利用改良意见：一是增施氮、钾肥，合理施磷肥，配合施用有机肥，大力推广测土配方施肥技术。二是坚持用地养地相结合，大力发展绿肥，增施有机肥，保持和提高地力。三是高标准完成“三保一护”工程，加强橡胶园覆盖作物的种植，以增加土壤养分，改良土壤理化性质，减少水分蒸发和土壤流失。

（三）砖红壤区

该区分布面积最大，在红华片区的每个农场都有分布，尤其以西达分场、红华农场、红光农场、昆仑分场和和岭分场的大部分区域为主，是全片区重要的橡胶生产基地。

根据成土母质、地形地貌等，将该区划分为 3 个改良利用亚区。

1. 中南部丘陵砖红壤区

该区主要分布在红华农场、西达分场、昆仑分场、和岭分场和红岗分场的丘陵区。主要特点：一般在海拔 350 m 以下，地势以低丘缓坡为主（2°～15°），由于丘陵起伏，地形复杂；成土母质有砂页岩、变质岩和花岗岩；土层深厚，多数土层中含有石英或半风化母质障碍层次，砾石含量较大，土壤保肥保水性较差；土壤养分偏低，有机质和全氮平均含量分别为 14. 20 g/kg、0. 62 g/kg，速效钾平均含量为 29. 80 mg/kg，有效磷平均含量为 7. 42 mg/kg，比橡胶树正常生长指标值稍高。

利用改良意见：一是增施有机肥、氮肥、钾肥，合理施用磷肥，大力推广测土配方施肥技术，本着“以有机肥为主，缺什么肥施什么肥”的原则，因土施肥，做到精准施肥。二是加强橡胶园基础建设，在低丘陵缓坡区，要注重水土保持，坡度小的橡胶园可筑小埂，并在橡胶园四周挖沟，防止园外水冲刷；坡度大的橡胶园要修筑环山行，保留林下萌生带杂草或小灌木，缓冲水流冲刷，并在此工作的基础上，加强橡胶园覆盖作物的种植，以增加土壤养分，改良土壤的理化性质，减少水分蒸发和土壤流失。三是在植胶开垦时必须挖深穴、大穴，挖穿砾质层或半风化母质层，使橡胶树根系能充分利用底层水分和养分，为橡胶树生长创造一个较好的土壤条件。四是间作豆科绿肥作物，如爪哇葛藤、兰花毛蔓豆和无刺含羞草等，增加有机质，以培肥土壤。

2. 沉积物、花岗岩、砂页岩台地砖红壤区

该区主要分布在加来农场、红华农场和红光农场等台地，主要土壤类型为由沉积物、花岗岩、砂页岩发育的砖红壤。主要特点：海拔一般在 200 m 以下，坡度小于 15°；土壤质地多样，主要以砂壤、中黏、重壤为主；土层深厚，土层中有砂砾障碍层；土壤养分较低，有机质和全氮平均含量分别为 12. 87 g/kg、0. 66 g/kg，速效钾平均含量为 19. 80 mg/kg，而有效磷平均含量为 8. 12 mg/kg，比橡胶树正常生长指标值稍高。

利用改良意见：一是增施有机肥、氮肥、钾肥，合理施用磷肥，大力推广测土配方施肥技术，因土施肥，做到精准施肥。二是在植胶开垦时必须挖深穴、大穴，挖穿砾质层或半风化母质层，使橡胶树根系能充分利用底层水分和养分，为橡胶树生长创造一个较好的土壤条件。三是间作豆科绿肥作物，增加有机质，以培肥土壤。四是做好橡胶园水土保持，以高标准完成“三保一护”工程。

3. 玄武岩台地砖红壤区

该区主要分布在北部的红华农场和红光农场等台地砖红壤。主要特点：海拔一般在 170 m 以下，坡度小于 6°；土壤质地多样，主要以砂壤、轻黏、中壤、重黏为主；土层深厚，土层中有砂砾障碍层；土壤养分低，有机质和全氮平均含量分别为 16. 05 g/kg、

0.82 g/kg，速效钾平均含量为24.70 mg/kg，有效磷平均含量为9.23 mg/kg，比橡胶树正常生长指标值稍高。

利用改良意见：一是增施有机肥、氮肥和钾肥，合理施用磷肥，大力推广测土配方施肥技术，因土施肥，做到精准施肥。二是间作豆科绿肥作物，增加有机质，以培肥土壤。三是做好橡胶园水土保持，以高标准完成“三保一护”工程，建立良好的橡胶园覆盖，不但是土壤有机质和氮素的主要来源，而且能起到保持水土的作用，同时，根据不同坡度情况，修筑不同形式的水土保持工程。四是该区雨量分布不均，没有明显规律变化，且个别年份还出现霜冻，橡胶树有微寒害发生，因此要做好气象预报及加强造林工程，改善小气候。

第五节　耕地资源合理配置与农业结构调整

一、耕地利用现状与特点

红华片区除红光和红华农场属琼北微寒中风气候区，其他农场属热带季风气候区，气候环境较好。地貌类型北部以玄武岩台地、沉积物台地以及浅海或河成平原为主，南部以花岗岩、变质岩缓坡地和缓坡丘陵为主。整个片区坡度多在8°以下，土壤多为花岗岩、玄武岩和砂岩所发育，土层较厚，较适宜橡胶树等热带作物的生长。

红华片区地形较复杂，土壤类型较多，粮食产量不高，在旱坡地主要种植橡胶、咖啡、胡椒等热带作物，香蕉、菠萝等热带水果。近年来，在稳定橡胶生产和粮食生产的基础上，结合农业结构调整，因地制宜，合理调整作物布局，积极发展热带经济作物的生产。目前全区耕地利用特点主要表现为以种植橡胶树为主，其他经济作物为辅，发展多种经营的产业格局。

二、合理规划产业布局

（一）充分利用土地资源，优化种植业布局

红华片区土地资源丰富，且耕地类型多样，可以合理配置已有耕地资源，发展多样性种植结构，实现林、农、牧结合。红华片区地处热带季风气候区，光照充足，雨量充沛，气候温和，全年无霜，气候条件良好，适宜粮食作物和热带经济作物的生长。目前，橡胶树种植面积最大，而在非胶农业上，形成了以福橙、瓜菜、咖啡、香蕉为代表的品牌农产品，该区应在稳定橡胶生产和粮食生产的基础上，结合农业结构调整，优化种植业布局，因地制宜，宜农则农，宜林则林，宜牧则牧，宜果则果，宜菜则菜，实现橡胶生产为主，热带作物和水果等多业并举，规模化、产业化、基地化的发展格局。

（二）调整农业结构，发展多种经营

坚持遵循自然规律、经济规律和社会需要的原则，发展多种经营，实行全面发展。橡胶生产是红华片区农业经济的支柱产业，橡胶增产是胶农增收的主要途径之一。近些年，该区的热带作物种植面积不断扩大，胡椒、香茅、咖啡、糖蔗、瓜菜、椰子、槟

榔、香蕉等热带作物和热带水果的种植，成为胶农增加收入来源的重要补充。在大力发展橡胶和热带水果生产的同时，考虑养分的空间差异特点，充分利用林下低层空间，采用间套作相结合，可以在橡胶园或果园内种植耐阴的经济作物，如南药、香蕉、瓜菜、花卉，形成一个立体的农业布局，不仅改善土壤环境，也提高了耕地资源的利用效率。

第六节　耕地质量管理与科学施肥

一、耕地质量管理

（一）改造与利用相结合

红华片区地形较复杂，常风较大，土壤类型较多，养分淋溶严重，潜在养分含量很低，若再进行掠夺性的种植，土壤将会越来越贫瘠，因此必须坚持改造和利用相结合的方式。改良利用途径可以是先营造防护林带，林间种植绿肥覆盖植物，大力发展“三保一护”水土工程，改良土壤，并且养牛积肥。要禁止破坏性的刀耕火种，按坡度的大小重新规划作物的布局结构，同时保护好原有次生林；该区大多处于滨海地区，造林可防风和保持水土，特别是沿海地区，利用沙滩地营造薪炭林，减少台风影响，有利于扩大生产，增加职工收入；但在开垦利用荒地土地资源时，要注意保护环境。

（二）加强橡胶园地基础建设

橡胶生产是红华片区农业经济的支柱产业。橡胶树宜林地的开垦是橡胶园农田基础建设中极其重要的环节，林地开垦质量的好坏直接影响橡胶树的生长、产量、林地抚育管理工效和采胶工作等。林地开垦的质量要求：①尽量保留和充分利用表土，为新植橡胶树和其他作物创造良好的土壤环境；②将地面树头、树根、石头等障碍物以及一些能诱发橡胶树病虫害的杂草、杂木等清除干净；③坡地的水土保持工程、梯田或环山行等的等高水平、宽度、内倾斜角要符合要求，以保证水土保持工程的质量；④按规划设计要求，布置林间小道、排水系统及防牛设施等，严格控制种植橡胶树的株行距和密度，充分利用土地；⑤保留有利用价值的杂树、杂木，并加以处理利用。在林地开垦时，必须重视水土保持工作，除了尽快种植覆盖作物，避免地面裸露外，还应尽快修筑水土保持工程，才能有效地防止水土流失。为避免台风造成橡胶的损失，在建立橡胶园的同时应该做好防护林的建设。

二、科学指导合理施肥

（一）扩大有机肥来源，提高地力水平

红华片区气候属于热带，自然土本身有机质含量低，而且开垦后有机肥的使用少，所以土壤有机质含量很低，有机质对土壤肥力具有重要的作用，对土壤的理化性质起着很大的影响，增加土壤有机质是提高土壤质量的重要手段。红华片区有机肥资源丰富，要因地制宜，多形式多途径增加有机肥料的投入，在橡胶树的生产中，有机肥的大量施用是重要的环节。此外，充分利用当地野生绿肥资源，还可以在橡胶园中间种葛藤、毛

蔓豆、蟛蜞菊等各类绿肥作物，从而增加肥效，增加地面覆盖，有利于提高地力。

（二）大力推广测土配方施肥技术，科学施肥

充分利用调查成果，推广作物平衡施肥，应针对红华片区土壤养分状况，根据橡胶树的需肥规律和肥料增产效应，在施足有机肥的基础上，确定氮、磷、钾、中微量元素的适宜用量和比例。从调查结果看，红华片区土壤有机质和大量元素含量整体水平较低，缺氮缺钾现象突出，所以要提高土壤肥力和橡胶产量，就必须加大氮、钾的施用量，最好是施用氮素、钾素比例较高的复合肥。大量元素的施用，会引起土壤中微量元素的耗竭，其结果是导致作物品质的下降并影响产量的进一步提高，所以在平衡施肥中必须考虑中微量元素肥料的补充作用。从调查的情况看，红华片区的中微量元素如有效镁、钼含量处于低下水平。红华片区应大力推广测土配方施肥技术，结合实际情况，科学、合理使用肥料，提高肥料利用率，避免肥料不必要的浪费，防止土壤出现新的养分不平衡。

第十三章　广坝片区耕地地力评价

第一节　自然与农业生产概况

一、地理位置与行政区划

广坝片区位于海南省东方市、昌江县、乐东县、三亚市，即东经 108°42′14.4″～109°22′48″，北纬 18°26′20.4″～19°13′44.4″。地处海南岛西南部，地形以丘陵、山地、台地为主，海榆西线公路横贯全境，公路网呈辐射状向四周展开，交通运输较为便利。片区北与金牙岭相接壤，南至宁远河，西与东方市不磨岭毗连，东与五指市熊狼岭接壤。南北纵贯 87 km，东西横跨 73 km。

全片区土地面积 880.04 km^2（即 88 003.07 hm^2），约占全垦区土地面积的 11.20%。广坝片区由 4 个农场组成：包括保国农场（保国分场、保显分场）、乐光农场（抱伦分场、福报分场、乐光分场）、广坝农场（公爱分场、广坝分场、红泉分场）和山荣农场（乐中分场、山荣分场）。包括 376 个农业基层单位，其中农业生产队 295 个。

二、自然气候和水文地质

（一）自然气候

广坝片区多属于低纬度热带季气候，具有高温高湿、多雨和较静风的气候特点。冬春少雨，夏秋多雨，气候温和，阳光充足，四季皆绿，草木常青。年平均气温为 24.2℃，在冬季偶有低温、霜冻霜害的影响。年降水量约 1 560 mm，且分布不均匀，干湿季明显；雨季一般在 5—10 月，旱季时间较长，一般在 11 月至翌年 3—4 月。片区内常风较大，风力一般为 1.3～2.7 m/s，仅小部分地区达到 4.5 m/s，常有 8 级以上台风影响。

（二）地形及母质

广坝片区地形起伏较大，各种地形分布其间，海拔为 50～846 m，个别山头较高，达到 800 m 以上。地势总体上由东北向西南倾斜，并由中向外降低，形成中高周低、东北高西南低地势；片区内有花岗岩、砂页岩变质岩发育的高、中、低山丘陵和盆地丘陵等地貌，坡度为 5°～30°。片区土壤以砖红壤为主，成土母质包括花岗岩、砂页岩、变质岩和运积物。

（三）水　文

广坝片区河流与水库主要有大安水库，福文水库、石门水库、长茅水库、昌化江、南清河、广坝水库、打江水库和罗带河等。全片区地面河流、水库资源极为发达，水资源丰富，水质优良，在蕴藏量方面具有很大的潜力。

（四）自然植被

广坝片区垦前植被大部分是杂木林、次生杂木林、稀树灌木林、高草群落、灌木草类群落、白茅矮草荒地、大芒草地和刺竹丛等。

三、农业生产情况

广坝片区是一个橡胶生产大区，有 60 余年的植胶历史。建场以来，大面积种植作物主要是橡胶，同时部分种植杧果、荔枝、水稻及其他热带作物。2009 年，全片区土地总面积 88 003.1 hm^2，已开垦利用的土地面积 50 494.4 hm^2，耕地面积 39 880.5 hm^2，其中天然橡胶种植面积达 29 706.1 hm^2，农作物总播种面积 2 304.6 hm^2，热带作物面积 700.1 hm^2，水果面积 7 169.8 hm^2，林地面积 10 613.9 hm^2。

四、第二次土壤普查类型

第二次土壤普查中广坝片区的主要土壤类型如表 13-1 所示。

表 13-1　广坝片区土壤类型

<table>
<tr><th>土类</th><th>亚类</th><th>土属</th><th>土种</th></tr>
<tr><td rowspan="19">砖红壤</td><td rowspan="7">砖红壤</td><td rowspan="3">花岗岩砖红壤</td><td>厚有机质麻赤土</td></tr>
<tr><td>灰麻赤土</td></tr>
<tr><td>中有机质麻赤土</td></tr>
<tr><td rowspan="4">砂页岩砖红壤</td><td>厚有机质页赤土</td></tr>
<tr><td>灰页赤土</td></tr>
<tr><td>中有机质薄页赤土</td></tr>
<tr><td>中有机质页赤土</td></tr>
<tr><td rowspan="5">褐色砖红壤</td><td rowspan="3">花岗岩褐色砖红壤</td><td>厚有机质麻褐赤土</td></tr>
<tr><td>灰麻褐赤土</td></tr>
<tr><td>中有机质麻褐赤土</td></tr>
<tr><td rowspan="2">砂页岩褐色砖红壤</td><td>灰页褐赤土</td></tr>
<tr><td>中有机质页褐赤土</td></tr>
<tr><td rowspan="7">黄色砖红壤</td><td rowspan="4">花岗岩黄色砖红壤</td><td>薄有机质麻黄赤土</td></tr>
<tr><td>厚有机质麻黄赤土</td></tr>
<tr><td>灰麻黄赤土</td></tr>
<tr><td>中有机质麻黄赤土</td></tr>
<tr><td rowspan="3">砂页岩黄色砖红壤</td><td>厚有机质页黄赤土</td></tr>
<tr><td>灰页黄赤土</td></tr>
<tr><td>中有机质中页黄赤土</td></tr>
</table>

（续表）

土类	亚类	土属	土种
赤红壤	赤红壤	花岗岩赤红壤	灰麻赤红土
		砂页岩赤红壤	灰页赤红土
			中有机质页赤红土
	黄色赤红壤	砂页岩黄色赤红壤	厚有机质页黄赤红土
紫色土	酸性紫色土	酸性紫色土	灰紫色土
			中有机质紫色土
黄壤	黄壤	砂页岩黄壤	中有机质麻黄土
新积土	冲积土	冲积土	潮砂泥土
			灰潮砂泥土
燥红土	燥红土	浅海沉积物燥红土	灰浅燥红土
石质土	酸性石质土	花岗岩石质土	麻石质土
		砂页岩石质土	石英变质岩石质土
水稻土	漂洗型水稻土	白鳝泥田	白鳝泥底田
			低白鳝泥田
		滨海砂质田	黄砂田
	潜育型水稻土	青泥格田	黄泥青泥格田
	潴育型水稻土	麻红泥田	麻红泥底田
		砂页岩红泥田	页红泥田
			页砂泥田
	淹育型水稻土	生泥田	潮泥田

第二节　耕地地力评价

广坝片区耕地地力评价对象为片区内所有耕地，包括橡胶园、水田、菜地、旱地、热带作物园地等，其中橡胶园面积 26 041.92 hm^2，占耕地总面积的 69.05%；其次是热带作物园地，占耕地总面积的 25.89%；有少量旱地、望天田、灌溉水田和菜地分布。

本次耕地地力评价选取对广坝片区耕地地力影响比较大、区域内变异明显、在时间序列上具有相对稳定性、与农业生产有密切关系的 12 个因素，建立评价指标体系。以 1∶5 万土壤图、土地利用现状图、广坝片区行政区划图 3 种图件叠加形成的图斑为评价单元。应用“县域耕地资源管理信息系统”和模糊数学评价、层次分析法等数学理论，对广坝片区耕地进行地力评价。

一、评价指标体系建立

（一）评价指标确定

海南农垦广坝片区耕地地力评价体系以全国评价指标体系作为依据，聘请海南省知名土壤肥料专家和各农场生产主要技术人员进行座谈商讨，根据重要性、差异性、稳定性、易获性、精简性和必要性等指标选取原则，选取了有机质、有效磷、速效钾、pH值、质地、成土母质、坡度、坡向、高程、有效土层厚度、年降水量和灌溉保证率共计12个指标作为耕地地力评价的因子，具体指标及归类如表13-2所示。

表13-2 广坝片区耕地地力评价指标体系

目标层（A）	准则层（B）	指标层（C）
耕地地力	耕层理化性状	pH值
		质地
	耕层养分状况	有机质
		有效磷
		速效钾
	立地条件	年降水量
		成土母质
		坡度
		坡向
		高程
	剖面性状	有效土层厚度
	土壤管理	灌溉保证率

（二）评价指标的量化处理

获取的评价资料可以分为定量和定性资料两大部分。耕地地力评价指标类型分为数值型和概念型，数值型指标是定量的，与耕地生产能力有一定的线性关系，如土壤有机质、全氮、pH值等。概念型指标是确定性的、综合性的，与耕地生产能力之间是一种非线性的关系，如地貌类型、土壤剖面构型、质地等。数值型和概念型评价指标的实测值量纲不同，取值范围各异，因此，地力评价时必须对各评价指标的原始数据进行标准化处理，数值型数据可通过建立隶属函数，把各评价指标转化为0～1的标准化数据；概念型数据可直接通过德尔菲法和专家打分法进行定量化。

1. 定性因素的量化处理

定性因素是概念型指标如质地，坡度、剖面构型等，与耕地生产能力之间是一种非线性的关系，采用德尔菲法直接给出隶属度，各评价因素及其隶属度如表13-3至表

13-9 所示。

表 13-3　广坝片区成土母质隶属度

描述	河流冲积物	砂页岩	花岗岩	变质岩	玄武岩
隶属度	0.92	0.86	0.82	0.75	0.63

表 13-4　广坝片区有效土层厚度（cm）隶属度

描述	<30	30（含）～50	50（含）～70	70（含）～90	90（含）～110	110（含）～130	130（含）～150	150（含）～200	≥200
隶属度	0.09	0.18	0.33	0.47	0.67	0.85	0.94	1.00	1.00

表 13-5　广坝片区质地隶属度

描述	重壤	中壤	轻黏	中黏	重黏	轻壤	砂壤	紧砂	松砂
隶属度	0.73	0.96	0.71	0.65	0.50	0.90	0.78	0.56	0.41

表 13-6　广坝片区坡度隶属度

描述	<3°	3°（含）～7°	7°（含）～15°	15°（含）～20°	20°（含）～25°	25°（含）～30°	30°（含）～35°	≥35°
隶属度	1.00	0.95	0.89	0.78	0.62	0.36	0.18	0.08

表 13-7　广坝片区坡向隶属度

描述	正南	东南	正东	西南	东北	正西	西北	正北
隶属度	0.97	0.93	0.75	0.74	0.65	0.52	0.49	0.46

表 13-8　广坝片区高程（m）隶属度

描述	<100	100（含）～200	200（含）～300	300（含）～400	400（含）～600	600（含）～800	≥800
隶属度	0.99	0.90	0.80	0.70	0.60	0.50	0.30

表 13-9　广坝片区灌溉保证率（%）隶属度

描述	<30	30（含）～40	40（含）～50	50（含）～60	60（含）～70	70（含）～80	80（含）～90	≥90
隶属度	0.21	0.37	0.51	0.61	0.71	0.81	0.91	1.00

2. 定量化指标的隶属函数

对于定量化的指标，采取德尔菲法和专家打分法确定指标的隶属函数。经过归纳、反馈、集中，最后产生指标的隶属函数如表 13-10 所示。

表 13-10　广坝片区耕地地力评价指标隶属函数

序号	函数类型	项目	隶属函数	c	u_t
1	戒上型	降水量（mm）	$y=1/[1+2.83\times10^{-6}\times(u-c)^2]$	1 910	1 200
2	戒上型	有效磷（mg/kg）	$y=1/[1+0.0013\times(u-c)^2]$	34.83	3
3	戒上型	有机质（g/kg）	$y=1/[1+0.0021\times(u-c)^2]$	33.65	6
4	戒上型	速效钾（mg/kg）	$y=1/[1+6.82\times(u-c)^2]$	183.34	20
5	峰型	pH 值	$y=1/[1+0.3342\times(u-c)^2]$	5.25	$u_{t1}=3.5$ $u_{t2}=7.5$

（三）评价指标的权重确定

评价指标的权重通过层次分析法确定。首先，根据广坝片区耕地地力指标各个指标间的关系构造耕地要素层次结构图。然后，请专家比较同一层次各因素对上一层次的相对重要性，打分给出数量化的评价，构造判断矩阵；根据判断矩阵计算出矩阵的最大特征根和特征向量，并进行一致检验。最后，进行层次总排序一致性检验，如通过一致性检验，便可求得各评价指标的组合权重，即为评价指标的实际权重（表 13-11）。

表 13-11　广坝片区耕地地力评价指标权重

指标层	准则层					
	耕层理化性状 B1	立地条件 B2	剖面性状 B3	耕层养分状况 B4	土壤管理 B5	组合权重
	0.241 9	0.160 8	0.106 1	0.430 4	0.060 9	$\sum CiBi$
pH 值 C1	0.322 6					0.077 9
质地 C2	0.677 4					0.163 6
年降水量 C3		0.237 9				0.038 2
成土母质 C4		0.393 5				0.063 2
坡度 C5		0.187 1				0.030 0
坡向 C6		0.068 5				0.011 0
高程 C7		0.113 1				0.018 2
有效土层厚度 C8			1.000 0			0.105 9
有机质 C9				0.531 9		0.229 3
速效钾 C10				0.236 9		0.102 1
有效磷 C11				0.231 2		0.099 7
灌溉保证率 C12					1.000 0	0.060 9

二、耕地地力等级划分

根据广坝片区耕地地力综合指数结果，结合本地区的实际情况，运用等距法制定该片区耕地地力综合指数分级方案，并将全区耕地等级共划分为5个等级（表13-12）。

表13-12　广坝片区耕地地力评价等级划分

等级	综合指数	等级	综合指数
一等地	0.68（含）～0.78	四等地	0.59（含）～0.62
二等地	0.65（含）～0.68	五等地	0.33（含）～0.59
三等地	0.62（含）～0.65		

三、耕地地力等级分布

（一）耕地地力等级面积统计

广坝片区耕地总面积为37 715.28 hm^2，其中一等地2 716.53 hm^2，占总面积的7.20%；二等地8 428.64 hm^2，占总面积的22.35%；三等地12 190.00 hm^2，占总面积的32.32%；四等地8 373.59 hm^2，占总面积的22.20%；五等地6 006.52 hm^2，占总面积的15.93%（表13-3）。广坝片区不同地类各地力等级面积见表13-14。

表13-13　广坝片区耕地不同地力等级面积统计

等级	一等地	二等地	三等地	四等地	五等地	总计
面积（hm^2）	2 716.53	8 428.64	12 190.00	8 373.59	6 006.52	37 715.28
占比（%）	7.20	22.35	32.32	22.20	15.93	100.00

表13-14　广坝片区不同地类各地力等级面积统计

类型	一等地		二等地		三等地		四等地		五等地	
	面积（hm^2）	占比（%）	面积（hm^2）	占比（%）	面积（hm^2）	占比（%）	面积（hm^2）	占比（%）	面积（hm^2）	占比（%）
热带作物园	404.39	4.14	2 120.69	21.72	3 463.10	35.47	1 919.73	19.66	1 856.09	19.01
其他耕地	192.86	13.90	303.90	21.90	502.95	36.25	257.33	18.55	130.33	9.39
水田	0.00	0.00	394.98	75.67	77.71	14.89	39.53	7.57	9.77	1.87
橡胶园	2 119.28	8.14	5 609.07	21.54	8 146.24	31.28	6 157.00	23.64	4 010.33	15.40
合计	2 716.53		8 428.64		12 190.00		8 373.59		6 006.52	

（二）耕地地力等级评价

1. 一等地

（1）面积与分布

广坝片区一等地总面积 2 716.53 hm^2，占全片区耕地总面积的 7.20%。主要分布在保国分场，占地面积达到 1 479.29 hm^2，其次为广坝分场和福报分场，分别占地 369.70 hm^2 和 349.70 hm^2，少部分一等地分布在乐中分场和山荣分场。

广坝片区橡胶园一等地总面积 2 119.28 hm^2，占全片区一等地面积的 78.01%。主要分布在保国分场，占地面积达 1 302.26 hm^2，其次分布较多是福报分场、广坝分场、乐中分场和山荣分场，其他分场也有少量分布（表 13-15）。

表 13-15　广坝片区一等耕地和一等橡胶园面积空间分布

农场	分场	橡胶园		水田		热带作物园		其他耕地		合计	
		面积（hm^2）	占比（%）	面积（hm^2）	占比（%）	面积（hm^2）	占比（%）	面积（hm^2）	占比（%）	面积（hm^2）	占比（%）
保国	保国	1 302.26	61.45	0.00	0.00	74.18	18.34	102.85	53.33	1 479.29	54.46
	保显	75.24	3.55	0.00	0.00	7.95	1.97	15.96	8.27	99.14	3.65
乐光	抱伦	48.55	2.29	0.00	0.00	23.57	5.83	0.98	0.51	73.11	2.69
	福报	226.71	10.70	0.00	0.00	66.38	16.42	56.61	29.35	349.70	12.87
	乐光	30.83	1.45	0.00	0.00	10.85	2.68	0.65	0.34	42.33	1.56
广坝	公爱	29.16	1.38	0.00	0.00	0.00	0.00	0.00	0.00	29.16	1.07
	广坝	184.16	8.69	0.00	0.00	169.73	41.97	15.81	8.20	369.70	13.61
	红泉	0.00	0.00	0.00	0.00	0.00	0.00	0.00	0.00	0.00	0.00
山荣	乐中	110.25	5.20	0.00	0.00	32.11	7.94	0.00	0.00	142.36	5.24
	山荣	112.12	5.29	0.00	0.00	19.62	4.85	0.00	0.00	131.74	4.85
合计		2 119.28		0.00		404.39		192.86		2 716.53	

（2）主要属性分析

广坝片区一等地主要分布在低坡度的丘陵区，坡度较小，地势平坦，橡胶园、热带作物园与水田有 25%以上面积小于 2°。成土母质以花岗岩为主，质地优良，橡胶园、热带作物园、水田均以中壤、轻壤为主，土层深厚，无障碍层。土壤养分含量较高，有机质含量 6.90～21.60 g/kg，平均值 14.85 g/kg；全氮含量 0.48～0.98 g/kg，平均值 0.74 g/kg；有效磷含量 5.30～21.20 mg/kg，平均值 12.72 mg/kg；速效钾含量 34～78 mg/kg，平均值 57.03 mg/kg；pH 值 4.77～5.60，平均值 4.74。总体上一等级地肥力最高，土壤保肥保水性好，土地平整，水、肥、气、热协调，土地利用基本没有限制，可耕性好，作物基本上都能高产。应增施有机肥，配合氮肥、磷肥和钾肥，防止地力下降。

2. 二等地

(1) 面积与分布

广坝片区二等地总面积 8 428.64 hm^2，占全片区耕地总面积的 22.35%。主要分布在保国分场、山荣分场、抱伦分场和广坝分场地区，最大面积为保国分场，占地达 1 374.40 hm^2，其次分布较多的是保显分场、福报分场、乐光分场和公爱分场，二等地在其他分场也有一定面积分布。

广坝片区橡胶园二等地总面积 5 609.07 hm^2，占全片区二等地面积的 66.55%。主要分布在保国分场、山荣分场与广坝分场，占地面积分别为 1 135.81 hm^2、1 093.61 hm^2和 711.50 hm^2；其次分布较多的是在抱伦分场、福报分场和乐光分场等地区（表 13-16）。

表 13-16　广坝片区二等耕地和二等橡胶园面积空间分布

农场	分场	橡胶园		水田		热带作物园		其他耕地		合计	
		面积 (hm^2)	占比 (%)	面积 (hm^2)	占比 (%)	面积 (hm^2)	占比 (%)	面积 (hm^2)	占比 (%)	面积 (hm^2)	占比 (%)
保国	保国	1 135.81	20.25	0.00	0.00	180.24	8.50	58.35	19.20	1 374.40	16.31
	保显	380.00	6.77	388.33	98.32	104.54	4.93	74.65	24.56	947.53	11.24
乐光	抱伦	533.35	9.51	0.00	0.00	569.24	26.84	27.07	8.91	1 129.65	13.40
	福报	589.58	10.51	0.51	0.13	162.38	7.66	89.36	29.41	841.83	9.99
	乐光	517.80	9.23	0.00	0.00	141.57	6.68	2.89	0.95	662.26	7.86
广坝	公爱	292.60	5.22	0.00	0.00	306.16	14.44	4.22	1.39	602.99	7.15
	广坝	711.50	12.68	6.14	1.55	320.28	15.10	41.62	13.70	1 079.54	12.81
	红泉	20.05	0.36	0.00	0.00	56.87	2.68	3.80	1.25	80.73	0.96
山荣	乐中	334.77	5.97	0.00	0.00	73.35	3.46	1.94	0.64	410.04	4.86
	山荣	1 093.61	19.50	0.00	0.00	206.06	9.72	0.00	0.00	1 299.67	15.42
合计		5 609.07		394.98		2 120.69		303.90		8 428.64	

(2) 主要属性分析

二等地主要分布在广坝片区东面的平地和中部的低丘陵区，坡度较小，地势平坦，橡胶园、热带作物园与水田有 24%以上面积小于 2°。成土母质以花岗岩为主，质地优良，大部分为砂壤、中壤、轻壤，土层深厚，无明显的障碍层。土壤养分含量较高，有机质含量 6.31～20.40 g/kg，平均值 12.45 g/kg；全氮含量 0.33～0.95 g/kg，平均值 0.66 g/kg；有效磷含量 5.30～22.60 mg/kg，平均值 10.45 mg/kg；速效钾含量 32～88 mg/kg，平均值 54.90 mg/kg；pH 值 4.71～5.80，平均值 5.22。总体上该等级地肥力中等，养分含量较高，土地基本平整，能排能灌，保肥性能好，气、热环境较好，适宜作物生长，但应注意合理施肥。

3. 三等地

(1) 面积与分布

广坝片区三等地总面积 12 190.00 hm²，占全片区耕地总面积的 32.32%。主要分布在抱伦分场和广坝分场等地区，分布面积最大的是抱伦分场，占地面积达 2 235.32 hm²，广坝分场占地面积为 2 033.18 hm²；其次分布较多的是乐光分场、福报分场和保显分场，占地面积分别为 1 427.29 hm²、1 254.52 hm² 和 1 107.28 hm²。

广坝片区橡胶园三等地总面积 8 146.24 hm²，占全片区三等地面积的 66.83%。主要分布在广坝农场和抱伦分场，占地面积分别达 1 391.38 hm² 和 1 265.90 hm²；其次分布较大的是乐光分场、保显分场、福报分场、乐中分场和山荣分场，其余分场也有一定面积分布（表 13-17）。

表 13-17　广坝片区三等耕地和三等橡胶园面积空间分布

农场	分场	橡胶园		水田		热带作物园		其他耕地		合计	
		面积（hm²）	占比（%）	面积（hm²）	占比（%）	面积（hm²）	占比（%）	面积（hm²）	占比（%）	面积（hm²）	占比（%）
保国	保国	432.14	5.30	0.00	0.00	36.77	1.06	20.60	4.10	489.52	4.02
	保显	978.99	12.02	71.81	92.40	31.27	0.90	25.20	5.01	1 107.28	9.08
乐光	抱伦	1 265.90	15.54	0.00	0.00	872.22	25.19	97.21	19.33	2 235.32	18.34
	福报	873.68	10.72	0.00	0.00	230.19	6.65	150.65	29.95	1 254.52	10.29
	乐光	1 043.13	12.81	0.00	0.00	370.22	10.69	13.94	2.77	1 427.29	11.71
广坝	公爱	537.00	6.59	5.28	6.79	262.00	7.57	39.05	7.76	843.33	6.92
	广坝	1 391.38	17.08	0.62	0.81	496.78	14.34	144.39	28.71	2 033.18	16.68
	红泉	205.30	2.52	0.00	0.00	783.28	22.62	1.79	0.36	990.37	8.12
山荣	乐中	634.34	7.79	0.00	0.00	195.44	5.64	5.65	1.12	835.41	6.85
	山荣	784.38	9.63	0.00	0.00	184.93	5.34	4.47	0.89	973.78	7.99
合计		8 146.24		77.71		3 463.10		502.95		12 190.00	

(2) 主要属性分析

广坝片区三等地的地势平坦，坡度较小，橡胶园、热带作物园与水田等耕地有 76%以上面积大于 2°。成土母质以花岗岩为主，质地紧砂—轻黏，大部分为砂壤、轻黏、中黏，土层深厚，无明显的障碍层。土壤养分含量一般，有机质含量 6.10～19.61 g/kg，平均值 11.14 g/kg；全氮含量 0.33～0.89 g/kg，平均值 0.63 g/kg；有效磷含量 5.10～24.30 mg/kg，平均值 10.78 mg/kg；速效钾含量 31～89 mg/kg，平均值 52.43 mg/kg；pH 值 4.76～5.81，平均 5.25。总体上该等级地肥力一般，可耕性略差，养分不协调，土壤结构不良，土壤物理性能差，土壤保肥性一般。应注重水土保持，实行精耕细作，增施有机肥和氮磷钾肥，扩种绿肥等措施，以提高土壤的整体生产能力。

4. 四等地

（1）面积与分布

广坝片区四等地总面积 8 373. 59 hm^2，占全片区耕地总面积的 22. 20%。主要分布在保显分场、红泉分场、广坝分场、乐光分场和抱伦分场，占地面积分别达 1 288. 76 hm^2、1 197. 13 hm^2、1 120. 73 hm^2、1 181. 36 hm^2 和 1 012. 95 hm^2；其次分布较多的为福报分场和乐中分场，分别占地 779. 60 hm^2 和 738. 71 hm^2。

广坝片区橡胶园四等地总面积 6 157. 00 hm^2，占全片区四等地面积的 73. 53%。分布面积最大的是保显分场，占地面积达 1 159. 93 hm^2；其次主要分布在抱伦分场、福报分场、乐光分场、广坝分场、红泉分场、乐中分场和山荣分场地区（表 13-18）。

表 13-18　广坝片区四等耕地和四等橡胶园面积空间分布

农场	分场	橡胶园		水田		热带作物园		其他耕地		合计	
		面积（hm^2）	占比（%）	面积（hm^2）	占比（%）	面积（hm^2）	占比（%）	面积（hm^2）	占比（%）	面积（hm^2）	占比（%）
保国	保国	111. 93	1. 82	0. 00	0. 00	0. 00	0. 00	1. 27	0. 49	113. 20	1. 35
	保显	1 159. 93	18. 84	36. 01	91. 11	49. 91	2. 60	42. 92	16. 68	1 288. 76	15. 39
乐光	抱伦	766. 65	12. 45	0. 00	0. 00	233. 82	12. 18	12. 48	4. 85	1 012. 95	12. 10
	福报	594. 35	9. 65	0. 00	0. 00	103. 14	5. 37	82. 11	31. 91	779. 60	9. 31
	乐光	840. 33	13. 65	0. 00	0. 00	336. 16	17. 51	4. 88	1. 90	1 181. 36	14. 11
广坝	公爱	161. 79	2. 63	3. 52	8. 89	54. 96	2. 86	5. 34	2. 08	225. 61	2. 69
	广坝	713. 59	11. 59	0. 00	0. 00	354. 20	18. 45	52. 94	20. 57	1 120. 73	13. 38
	红泉	502. 82	8. 17	0. 00	0. 00	665. 77	34. 68	28. 53	11. 09	1 197. 13	14. 30
山荣	乐中	667. 33	10. 84	0. 00	0. 00	66. 53	3. 47	4. 85	1. 88	738. 71	8. 82
	山荣	638. 28	10. 37	0. 00	0. 00	55. 24	2. 88	22. 01	8. 55	715. 54	8. 55
合计		6 157. 00		39. 53		1 919. 73		257. 33		8 373. 59	

（2）主要属性分析

四等地是广坝片区内较差的土地，主要分布在坡度较高的低丘陵区和高丘陵区，耕地不平整，坡度较大，橡胶园、水田等有 30% 面积坡度介于 6°～15°。成土母质以花岗岩、河流冲积物和砂页岩为主，质地紧砂—重黏，大部分为砂壤、轻黏、重黏，耕作性差，土层较薄，有明显的砂砾和铁子等障碍层。土壤养分含量较低，有机质含量 6. 10～19. 21 g/kg，平均值 10. 69 g/kg；全氮含量 0. 37～0. 88 g/kg，平均值 0. 60 g/kg；有效磷含量 4. 91～21. 03 mg/kg，平均值 10. 16 mg/kg；速效钾含量 31～85 mg/kg，平均值 51. 08 mg/kg；pH 值 4. 50～5. 71，平均值 5. 25。总体上该等级地肥力偏低，可耕性差，养分不协调，质地呈砂性，保肥性较差，光热水条件不好，土壤物理性能差，种植条件一般。应注重水土保持，实行精耕细作、增施有机肥和氮磷钾肥、施肥少量多次和扩种绿肥等措施。

5. 五等地

(1) 面积与分布

广坝片区五等地总面积 6 006.52 hm^2，占全片区耕地总面积的 15.93%。主要分布在红泉分场和乐中分场，占地面积分别为 1 931.51 hm^2、1 153.71 hm^2；其次是山荣分场、乐光分场和广坝分场，占地面积为 717.60 hm^2、674.86 hm^2、507.72 hm^2，其余分场也有少量分布。

广坝片区橡胶园五等地总面积 4 010.33 hm^2，占全片区五等地面积的 66.77%。主要分布在乐中分场和红泉分场，占地面积分别达 1 101.98 hm^2 和 633.62 hm^2，其次是山荣分场和乐光分场，占地面积分别为 558.42 hm^2、528.84 hm^2（表 13-19）。

表 13-19　广坝片区五等耕地和五等橡胶园面积空间分布

农场	分场	橡胶园		水田		热带作物园		其他耕地		合计	
		面积 (hm^2)	占比 (%)	面积 (hm^2)	占比 (%)	面积 (hm^2)	占比 (%)	面积 (hm^2)	占比 (%)	面积 (hm^2)	占比 (%)
保国	保国	5.42	0.14	0.00	0.00	0.00	0.00	0.00	0.00	5.42	0.09
	保显	306.82	7.65	2.12	21.68	7.97	0.43	25.85	19.83	342.77	5.71
乐光	抱伦	235.46	5.87	0.00	0.00	25.19	1.36	0.00	0.00	260.65	4.34
	福报	264.19	6.59	0.00	0.00	33.38	1.80	11.16	8.56	308.73	5.14
	乐光	528.84	13.19	0.00	0.00	146.01	7.87	0.00	0.00	674.86	11.24
广坝	公爱	77.08	1.92	0.00	0.00	21.30	1.15	5.18	3.98	103.55	1.72
	广坝	298.50	7.44	7.65	78.32	192.73	10.38	8.82	6.77	507.72	8.45
	红泉	633.62	15.80	0.00	0.00	1 223.80	65.93	74.10	56.85	1 931.51	32.16
山荣	乐中	1 101.98	27.48	0.00	0.00	46.97	2.53	4.77	3.66	1 153.71	19.21
	山荣	558.42	13.92	0.00	0.00	158.74	8.55	0.45	0.34	717.60	11.95
合计		4 010.33		9.77		1 856.09		130.33		6 006.52	

(2) 主要属性分析

五等地主要分布在坡度较大的丘陵区，地势较陡，橡胶园、水田与热带作物园等有 28.15%面积坡度介于 6°～15°，耕地不平整，坡度较大。成土母质以砂页岩、花岗岩为主，质地紧砂—重壤，大部分为重黏、轻黏、砂壤和紧砂，土层较薄，有明显的砂砾、铁子等障碍层。土壤养分含量较低，有机质含量 3.60～17.10 g/kg，平均值为 9.79 g/kg；全氮含量 0.43～0.89 g/kg，平均值为 0.54 g/kg；有效磷含量 4.9～20.2 mg/kg，平均值为 9.66 mg/kg；速效钾含量 31～76 mg/kg，平均值为 50.47 mg/kg；pH 值 4.51～5.70，平均值为 5.20。总体上该等级地肥力偏低，可耕性差，养分不协调，土壤结构不良，土壤物理性能差，种植条件一般，质地较砂或较黏，保肥性较差。一方面应实行精耕细作、增施有机肥和氮磷钾肥、施肥少量多次和扩种绿肥等措施，改良土壤理化性状，提高土壤的整体生产能力；另一方面应深挖水肥沟，种植豆科作物长期覆盖，注意水土保持，搞好“三保一护”。

第三节　耕地土壤属性

一、土壤的化学性质

（一）有机质

本次耕地地力调查广坝片区橡胶园土样 1 056 个，土壤有机质平均含量为 12.26 g/kg，变化范围为 0.11～38.49 g/kg；热带作物园土样 249 个，土壤有机质平均含量为 11.02 g/kg，变化范围为 0.05～29.96 g/kg。该片区土壤有机质主要集中在三级、四级、五级、六级，其中四级占比最大，达 49.73%，其次是五级、六级，分别占 22.15%和 17.85%，三级仅占 9.04%；四级及以下占比为 89.73%，有机质属于中下水平（表 13-20）。

表 13-20　广坝片区土壤有机质分级状况

级别	含量（g/kg）	样点（个）	频率（%）	平均值（g/kg）
一级	≥40	0	0.00	0.00
二级	30（含）～40	16	1.23	34.62
三级	20（含）～30	118	9.04	23.85
四级	10（含）～20	649	49.73	14.11
五级	6（含）～10	289	22.15	7.97
六级	<6	233	17.85	3.61

广坝片区土壤有机质含量最高的是乐中分场与保国分场，平均含量为 27.61 g/kg 和 17.15 g/kg；较高的是乐光分场、广坝分场、抱伦分场、公爱分场和山荣分场，有机质含量范围为 10.42～14.17 g/kg；最低的是福报分场、保显分场和红泉分场，有机质含量范围为 7.83～9.90 g/kg（表 13-21）。

表 13-21　广坝片区各农场土壤有机质含量状况

农场	分场	平均值（g/kg）	最小值（g/kg）	最大值（g/kg）	标准差	变异系数（%）
保国	保国	17.15	3.94	35.44	5.57	32.47
	保显	9.38	0.05	28.72	5.69	60.64

（续表）

农场	分场	平均值（g/kg）	最小值（g/kg）	最大值（g/kg）	标准差	变异系数（%）
乐光	抱伦	10.56	0.57	31.74	5.78	54.70
	福报	7.83	0.11	25.70	5.22	66.71
	乐光	10.42	0.12	33.95	5.28	50.64
广坝	公爱	14.17	1.39	34.70	6.02	42.48
	广坝	11.07	1.00	27.00	5.51	49.78
	红泉	9.90	0.45	26.82	4.93	49.81
山荣	乐中	27.61	17.37	38.49	6.93	25.09
	山荣	13.74	3.94	29.13	5.35	32.47

（二）大量元素

1. 全　氮

广坝片区本次耕地地力调查橡胶园土样 1 079 个，土壤全氮平均含量为 0.67 g/kg，变化范围为 0.15～1.38 g/kg；热带作物园土样 248 个，土壤全氮平均含量为 0.61 g/kg，变化范围为 0.12～1.39 g/kg。该片区土壤全氮含量主要集中在三级、四级、五级、六级，其占比分别为 10.02%、20.20%、40.24%、29.54%；四级及以下共占 89.98%，全氮属于低下水平（表 13-22）。

表 13-22　广坝片区土壤全氮分级状况

级别	含量（g/kg）	样点（个）	频率（%）	平均值（g/kg）
一级	≥2.0	0	0.00	0.00
二级	1.5（含）～2.0	0	0.00	0.00
三级	1.0（含）～1.5	133	10.02	1.14
四级	0.75（含）～1.0	268	20.20	0.88
五级	0.5（含）～0.75	534	40.24	0.64
六级	＜0.5	392	29.54	0.37

该片区土壤全氮含量最高的是保国分场、保显分场、公爱分场、广坝分场与乐中分场，平均含量分别为 0.79 g/kg、0.73 g/kg、0.70 g/kg、0.70 g/kg 与 0.74 g/kg；其余农场相差不大，全氮含量范围为 0.51～0.60 g/kg（表 13-23）。

表 13-23　广坝片区各农场土壤全氮含量状况

农场	分场	平均值（g/kg）	最小值（g/kg）	最大值（g/kg）	标准差	变异系数（%）
保国	保国	0.79	0.32	1.35	0.22	28.03
	保显	0.73	0.29	1.34	0.20	27.08

（续表）

农场	分场	平均值（g/kg）	最小值（g/kg）	最大值（g/kg）	标准差	变异系数（%）
乐光	抱伦	0.58	0.12	1.33	0.26	44.02
	福报	0.58	0.21	1.29	0.23	38.79
	乐光	0.56	0.18	1.13	0.21	37.01
广坝	公爱	0.70	0.21	1.31	0.24	34.42
	广坝	0.70	0.19	1.39	0.27	37.72
	红泉	0.51	0.15	1.21	0.21	40.23
山荣	乐中	0.74	0.35	1.33	0.23	30.94
	山荣	0.60	0.20	1.30	0.23	38.13

2. *有效磷*

本次耕地地力调查广坝片区橡胶园土样 1 078 个，土壤有效磷平均含量为 8.94 mg/kg，变化范围为 0.10 g～137.50 mg/kg；热带作物园土样 247 个，土壤有效磷平均含量为 15.90 mg/kg，变化范围为 0.60～136.50 mg/kg。该片区土壤有效磷含量在各等级中都有分布，主要集中在四级、五级、六级，分别占 21.06%、22.64%、32.45%，其次是三级，占 12.60%，一级、二级占比较少，分别为 4.68%、6.57%；四级及以下共占 76.15%，有效磷属于中下水平（表 13-24）。

表 13-24　广坝片区土壤有效磷分级状况

级别	含量（mg/kg）	样点（个）	频率（%）	平均值（mg/kg）
一级	≥40	62	4.68	75.73
二级	20（含）～40	87	6.57	28.37
三级	10（含）～20	167	12.60	14.21
四级	5（含）～10	279	21.06	7.20
五级	3（含）～5	300	22.64	3.99
六级	＜3	430	32.45	2.11

该片区土壤有效磷含量最高的是抱伦分场、福报分场、广坝分场和红泉分场，平均含量分别为 12.84 mg/kg、14.47 mg/kg、17.53 mg/kg 和 11.80 mg/kg；其余农场相差不大，有效磷含量范围为 4.06～9.58 mg/kg（表 13-25）。

表 13-25　广坝片区各农场土壤有效磷含量状况

农场	分场	平均值（mg/kg）	最小值（mg/kg）	最大值（mg/kg）	标准差	变异系数（%）
保国	保国	4.41	0.70	136.90	12.77	289.88
	保显	7.25	0.71	112.20	15.78	217.81

（续表）

农场	分场	平均值（mg/kg）	最小值（mg/kg）	最大值（mg/kg）	标准差	变异系数（%）
乐光	抱伦	12.84	0.50	133.30	20.02	155.97
	福报	14.47	0.53	90.21	20.04	138.49
	乐光	7.71	1.55	71.12	10.88	141.19
广坝	公爱	9.58	0.91	86.21	12.92	134.89
	广坝	17.53	1.74	136.50	22.09	126.00
	红泉	11.80	1.70	118.20	16.52	139.99
山荣	乐中	4.06	0.81	33.72	5.42	133.55
	山荣	8.57	0.10	137.56	21.67	252.77

3. 速效钾

本次耕地地力调查广坝片区橡胶园土样 1 074 个，土壤速效钾平均含量为 51.31 mg/kg，变化范围为 4.00～140.00 mg/kg；热带作物园土样 249 个，土壤速效钾平均含量为 66.30 mg/kg，变化范围为 17.12～180.03 mg/kg。该片区土壤速效钾含量主要集中在四级、五级、六级，其占比分别为 39.91%、35.53%、18.44%，三级占 5.82%；四级及以下占比共有 93.88%，速效钾属于低下水平（表 13-26）。

表 13-26　广坝片区土壤速效钾分级状况

级别	含量（mg/kg）	样点（个）	频率（%）	平均值（mg/kg）
一级	≥200	0	0.00	0.00
二级	150（含）～200	4	0.30	165.00
三级	100（含）～150	77	5.82	119.16
四级	50（含）～100	528	39.91	71.01
五级	30（含）～50	470	35.53	40.36
六级	＜30	244	18.44	24.16

广坝片区土壤速效钾含量最高的是保国分场、保显分场、公爱分场和乐中分场，平均含量分别为 58.33 mg/kg、60.65 mg/kg、69.50 mg/kg 和 63.82 mg/kg；其余农场相差不大，速效钾含量范围为 38.60～51.52 mg/kg（表 13-27）。

表 13-27　广坝片区各农场土壤速效钾含量状况

农场	分场	平均值（mg/kg）	最小值（mg/kg）	最大值（mg/kg）	标准差	变异系数（%）
保国	保国	58.33	15.00	140.01	30.26	51.88
	保显	60.65	22.10	140.12	23.59	38.90
	抱伦	51.52	15.30	130.01	27.07	52.54

（续表）

农场	分场	平均值（mg/kg）	最小值（mg/kg）	最大值（mg/kg）	标准差	变异系数（%）
乐光	福报	47.59	17.10	150.00	27.98	58.78
	乐光	50.49	4.03	160.20	24.88	49.29
	公爱	69.50	19.10	180.10	33.02	47.51
广坝	广坝	49.14	12.20	137.40	23.03	46.86
	红泉	48.19	12.61	136.30	20.43	42.40
山荣	乐中	63.82	30.03	120.40	18.84	29.53
	山荣	38.60	9.40	91.13	18.17	47.07

（三）中量元素

有效镁

本次耕地地力调查广坝片区橡胶园土样 1 076 个，土壤有效镁平均含量为 67.42 mg/kg，变化范围为 2.40～334.81 mg/kg；热带作物园土样 249 个，土壤有效镁平均含量为 103.90 mg/kg，变化范围为 7.20～401.60 mg/kg。该片区土壤有效镁含量主要分布在三级、四级、五级，其占比分别为 24.38%、27.02%、47.62%，五级占比最大；三级及以下占 99.02%，有效镁属于低等水平（表 13-28）。

表 13-28　广坝片区土壤有效镁分级状况

级别	含量（mg/kg）	样点（个）	频率（%）	平均值（mg/kg）
一级	≥1 000	0	0.00	0.00
二级	300（含）～1 000	13	0.98	326.36
三级	100（含）～300	323	24.38	163.03
四级	50（含）～100	358	27.02	74.95
五级	＜50	631	47.62	27.22

广坝片区土壤有效镁含量最高的是抱伦分场、乐光分场和公爱分场，平均含量分别为 94.13 mg/kg、104.26 mg/kg 和 114.63 mg/kg；较高的是保国分场、福报分场、广坝分场和红泉分场，有效镁含量分别为 65.25 mg/kg、88.52 mg/kg、74.03 mg/kg 和 84.09 mg/kg；最低的是保显分场、乐中分场、山荣分场，有效镁含量范围为 27.38～35.47 mg/kg（表 13-29）。

表 13-29　广坝片区各农场土壤有效镁含量状况

农场	分场	平均值（mg/kg）	最小值（mg/kg）	最大值（mg/kg）	标准差	变异系数（%）
保国	保国	65.25	6.00	315.80	100.71	100.71
	保显	33.89	3.10	141.80	78.52	78.52

（续表）

农场	分场	平均值（mg/kg）	最小值（mg/kg）	最大值（mg/kg）	标准差	变异系数（%）
乐光	抱伦	94.13	9.30	353.20	73.47	73.47
	福报	88.52	11.50	264.40	61.45	61.45
	乐光	104.26	11.00	269.70	61.56	61.56
广坝	公爱	114.63	7.30	311.20	65.73	65.73
	广坝	74.03	5.30	401.60	95.45	95.45
	红泉	84.09	5.40	334.80	69.54	69.54
山荣	乐中	35.47	5.60	146.80	83.74	83.74
	山荣	27.38	2.40	132.60	87.92	87.92

（四）微量元素

1. 铜元素

本次耕地地力调查广坝片区橡胶园土样 1 065 个，土壤有效铜平均含量为 0.58 mg/kg，变化范围为 0.16～2.04 mg/kg；热带作物园土样 247 个，土壤有效铜平均含量为 0.67 mg/kg，变化范围为 0.19～1.73 mg/kg。该片区土壤有效铜含量主要分布在三级，占比为 89.71%，其次是二级，占比为 8.54%；三级及以下占比为 90.62%，有效铜属于中等水平（表 13-30）。

表 13-30　广坝片区土壤有效铜分级状况

级别	含量（mg/kg）	样点（个）	频率（%）	平均值（mg/kg）
一级	≥1.8	11	0.84	2.00
二级	1.0（含）～1.8	112	8.54	1.28
三级	0.2（含）～1.0	1 177	89.71	0.55
四级	0.1（含）～0.2	12	0.91	0.19
五级	＜0.1	0	0.00	0.00

广坝片区土壤有效铜含量最高的是公爱分场和广坝分场，平均含量分别为 0.76 mg/kg 和 0.70 mg/kg；其余农场有效铜含量范围为 0.45～0.67 mg/kg（表 13-31）。

表 13-31　广坝片区各农场土壤有效铜含量状况

农场	分场	平均值（mg/kg）	最小值（mg/kg）	最大值（mg/kg）	标准差	变异系数（%）
保国	保国	0.51	0.16	1.89	0.31	61.06
	保显	0.48	0.23	1.08	0.18	36.28

（续表）

农场	分场	平均值（mg/kg）	最小值（mg/kg）	最大值（mg/kg）	标准差	变异系数（%）
乐光	抱伦	0.64	0.16	1.86	0.34	53.60
	福报	0.61	0.21	1.84	0.24	39.46
	乐光	0.67	0.27	1.47	0.27	39.61
广坝	公爱	0.76	0.22	2.00	0.35	45.68
	广坝	0.70	0.19	2.04	0.33	46.43
	红泉	0.51	0.17	1.80	0.30	59.12
山荣	乐中	0.45	0.22	0.85	0.13	28.93
	山荣	0.61	0.24	1.99	0.26	43.26

2. 钼元素

本次耕地地力调查广坝片区橡胶园土样 1 092 个，土壤有效钼平均含量为 0.03 mg/kg，变化范围为 0.01～0.06 mg/kg；热带作物园土样 253 个，土壤有效钼平均含量为 0.03 mg/kg，变化范围为 0.01～0.05 mg/kg。该片区土壤有效钼含量主要分布在五级，其占比高达 99.93%，属于极度缺乏水平（表 13-32）。

表 13-32　广坝片区土壤有效钼分级状况

级别	含量（mg/kg）	样点（个）	频率（%）	平均值（mg/kg）
一级	≥0.3	0	0.00	0.00
二级	0.2（含）～0.3	0	0.00	0.00
三级	0.15（含）～0.2	0	0.00	0.00
四级	0.1（含）～0.15	1	0.07	0.03
五级	<0.1	1 344	99.93	0.04

广坝片区土壤有效钼含量最高的是保显分场、抱伦分场、乐中分场和山荣农场，平均含量均为 0.04 mg/kg；其余农场相差不大，有效钼含量范围为 0.02～0.03 mg/kg（表 13-33）。

表 13-33　广坝片区各农场土壤有效钼含量状况

农场	分场	平均值（mg/kg）	最小值（mg/kg）	最大值（mg/kg）	标准差	变异系数（%）
保国	保国	0.03	0.02	0.05	29.13	29.13
	保显	0.04	0.03	0.05	15.01	15.01
乐光	抱伦	0.04	0.02	0.05	18.59	18.59
	福报	0.03	0.01	0.05	19.98	19.98
	乐光	0.03	0.02	0.04	14.35	14.35

（续表）

农场	分场	平均值（mg/kg）	最小值（mg/kg）	最大值（mg/kg）	标准差	变异系数（%）
广坝	公爱	0.02	0.01	0.03	28.26	28.26
	广坝	0.03	0.01	0.05	23.87	23.87
	红泉	0.02	0.01	0.04	31.53	31.53
山荣	乐中	0.04	0.03	0.05	16.52	16.52
	山荣	0.04	0.02	0.06	23.69	23.69

（五）土壤酸碱度

本次耕地地力调查广坝片区橡胶园土样 1 079 个，土壤 pH 值平均为 5.17，变化范围为 3.65～6.69；热带作物园土样 249 个，土壤 pH 值平均为 5.61，变化范围为 4.17～7.07。该片区土壤 pH 值主要集中在三级（弱酸）和四级（酸性），其占比分别为 25.38%和 65.81%；其次是五级和二级，占比分别为 6.64%和 2.41%；三级（酸性）及以下共占 97.59%，整体上该区土壤属于酸性（表 13-34）。

表 13-34　广坝片区土壤 pH 值分级状况

级别	pH 值	样点（个）	频率（%）	平均值
一级（碱性、弱碱）	≥7.5	0	0.00	0.00
二级（中性）	6.5（含）～7.5	32	2.41	6.71
三级（弱酸）	5.5（含）～6.5	337	25.38	5.86
四级（酸性）	4.5（含）～5.5	874	65.81	4.97
五级（强酸）	<4.5	85	6.40	5.64

土壤 pH 值值最高的主要分布在福报分场与红泉分场，分别为 5.51 和 5.66；其余农场相差不大，pH 值范围为 4.75～5.43（表 13-35）。

表 13-35　广坝片区各农场土壤 pH 值状况

农场	分场	平均	最小值	最大值	标准差	变异系数（%）
保国	保国	4.75	3.66	5.74	0.36	7.61
	保显	5.03	4.26	5.97	0.31	6.07
乐光	抱伦	5.43	3.65	7.07	0.71	13.01
	福报	5.51	3.71	6.69	0.61	10.99
	乐光	5.26	4.19	6.77	0.46	8.80

（续表）

农场	分场	平均	最小值	最大值	标准差	变异系数（%）
广坝	公爱	5.43	4.28	6.73	0.47	8.61
	广坝	5.32	4.25	6.68	0.45	8.49
	红泉	5.66	4.71	6.90	0.43	7.53
山荣	乐中	4.98	4.34	5.50	0.26	5.26
	山荣	5.12	4.34	6.51	0.41	7.94

二、土壤的养分变化

本次调查与第二次土壤普查相比，广坝片区土壤有机质在一级、二级、三级的占比均下降，下降幅度分别为11.88%、22.06%、40.22%；四级、五级、六级的占比均上升，上升幅度分别为34.50%、21.93%、17.73%。全氮在一级、二级、三级、四级的占比均下降，下降幅度为4.27%、14.76%、24.86%、10.76%；五级、六级则上升，平均上升幅度27.33%。有效磷在三级、四级的占比下降，下降幅度为6.74%和17.01%；一级、二级、六级却上升，上升幅度分别为4.65%、4.33%、14.93%；五级基本不变化。速效钾在一级、二级、三级均下降，下降幅度为18.90%、17.47%、21.75%；四级、五级、六级上升，上升幅度分别为10.20%、29.57%、18.35%（表13-36）。可见广坝片区土壤养分含量水平总体上在下降。

表13-36　本次调查与第二次土壤普查土壤养分含量各等级占比对照　（单位:%）

级别	有机质		全氮		有效磷		速效钾	
	本次调查	第二次普查	本次调查	第二次普查	本次调查	第二次普查	本次调查	第二次普查
一级	0.00	11.88	0.00	4.27	4.68	0.03	0.00	18.90
二级	1.23	23.29	0.00	14.76	6.57	2.24	0.30	17.77
三级	9.04	49.26	10.02	34.88	12.60	19.34	5.82	27.57
四级	49.73	15.23	20.20	30.96	21.06	38.07	39.91	29.71
五级	22.15	0.22	40.24	12.91	22.64	22.80	35.53	5.96
六级	17.85	0.12	29.54	2.22	32.45	17.52	18.44	0.09

第四节　土壤改良利用与管理

本次耕地地力评价按照海拔将广坝片区耕地分布现状加以分析，并从立地条件和土壤养分状况等方面分析耕地障碍因素。

一、立地条件分析

（一）海　拔

广坝片区地势是由西向东南北升高。耕地主要分布于海拔 200～400 m 地区，面积为 16 977.42 hm^2，占全片区耕地面积的 45.01%；其次是海拔 100～200 m 地区，面积为 14 533.89 hm^2，占全片区耕地面积的 38.54%；其余耕地有 533.34 hm^2 分布在海拔 50 m 以下地区，4 365.71 hm^2 分布在海拔 50～100 m 的地区，1 304.70 hm^2 分布在海拔大于 400 m 的地区，分别占全片区耕地总面积的 1.41%、11.58% 和 3.46%（表 13-37）。

表 13-37　广坝片区海拔面积分布统计

海拔（m）	面积（hm^2）	比例（%）
＜50	533.54	1.41
50（含）～100	4 365.71	11.58
100（含）～200	14 533.89	38.54
200（含）～400	16 977.42	45.01
≥400	1 304.70	3.46
合计	37 715.26	100.00

二、障碍因素分析

广坝片区橡胶园目前主要存在以下几点障碍因素，分述如下。

（一）质　地

广坝片区耕地土壤质地类型主要为砂壤，面积为 10 911.37 hm^2，占全片区耕地面积的 28.93%；其次为轻壤和轻黏，面积分别为 6 745.46 hm^2 和 6 261.74 hm^2，分别占全片区耕地面积的 17.89% 和 16.60%；中黏与重黏的面积为 3 738.72 hm^2 与 4 259.75 hm^2，分别占全片区耕地面积的 9.91% 与 11.29%；而松砂、紧砂、中壤与重壤最少，面积合计为 5 798.22 hm^2，占全片区耕地面积的 15.38%（表 13-38）。

表 13-38　广坝片区土壤质地面积分布统计

质地类型	面积（hm^2）	比例（%）
松砂	532.90	1.41
紧砂	1 499.54	3.98
砂壤	10 911.37	28.93

（续表）

质地类型	面积（hm^2）	比例（%）
轻壤	6 745.46	17.89
中壤	1 530.53	4.06
重壤	2 235.25	5.93
轻黏	6 261.74	16.60
中黏	3 738.72	9.91
重黏	4 259.75	11.29
合计	37 715.26	100.00

（二）坡　度

本片区耕地绝大多数地处 6°～15°与 2°以下坡度地带，面积分别为 12 239.21 hm^2 和 12 781.38 hm^2，占全片区耕地面积的 32.45%和 33.89%；其次是坡度 2°～6°的平缓坡地带，面积为 10 910.59 hm^2，占全片区耕地面积的 28.93%；其余少量分布于 15°～25°和 25°以上的坡度地带，共占 4.73%（表 13-39）。

表 13-39　广坝片区坡度面积分布统计

坡度	面积（hm^2）	比例（%）
＜2°	12 781.38	33.89
2°～6°	10 910.59	28.93
6°～15°	12 239.21	32.45
15°～25°	1 703.43	4.52
＞25°	80.65	0.21
合计	37 715.26	100.00

（三）土壤障碍类型

本片区耕地土壤较好、少有障碍层，土层无障碍因素的面积为 29 120.21 hm^2，占全片区耕地面积的 77.21%；有砂砾障碍因素的面积仅有 8 595.05 hm^2，占全片区耕地面积的 22.79%（表 13-40）。

表 13-40　广坝片区土壤障碍类型面积分布统计

障碍类型	面积（hm^2）	比例（%）
砂砾	8 595.05	22.79

（续表）

障碍类型	面积（hm^2）	比例（%）
无障碍	29 120.21	77.21
合计	37 715.26	100.00

（四）土壤养分水平

广坝片区耕地土壤有机质和全氮严重缺乏，有机质和全氮含量在四级及以下分别占全片区耕地面积的 89.73%和 89.98%；有效磷含量在四级及以下占 76.15%，速效钾含量在五级及以下占 53.97%（表 13-41）。由此可看出，广坝片区土壤有机质和大量元素含量整体水平较低，缺氮、缺钾现象突出。

表 13-41　广坝片区土壤有机质和大量元素含量等级分布状况

级别	有机质		全氮		有效磷		速效钾	
	含量（g/kg）	占比（%）	含量（g/kg）	占比（%）	含量（mg/kg）	占比（%）	含量（mg/kg）	占比（%）
一级	≥40	0.00	≥2.0	0.00	≥40	4.68	≥200	0.00
二级	30（含）～40	1.23	1.5（含）～2.0	0.00	20（含）～40	6.57	150（含）～200	0.30
三级	20（含）～30	9.04	1.0（含）～1.5	10.02	10（含）～20	12.60	100（含）～150	5.82
四级	10（含）～20	49.73	0.75（含）～1.0	20.20	5（含）～10	21.06	50（含）～100	39.91
五级	6（含）～10	22.15	0.5（含）～0.75	40.24	3（含）～5	22.64	30（含）～50	35.53
六级	＜6	17.85	＜0.5	29.54	＜3	32.45	＜30	18.44

三、土壤改良利用

根据广坝片区橡胶园地力评价结果，结合耕地资源性状、利用特点、养分特点、障碍因子分析，将全片区橡胶园资源划分五大利用管理区，即富磷钾砖红壤土区、低磷富钾砖红壤土区、低磷钾砖红壤土区、富磷低钾砖红壤土区和低磷富钾赤红壤土区。

（一）富磷钾砖红壤土区

该区主要分布在红泉分场、广坝分场、福报分场西部、抱伦分场北部和乐光分场内花岗岩、砂页岩发育的低、中、高丘陵地区。主要特点：地势平坦，坡度以 6°～10°为主，地势较陡，海拔较高；土壤物理性质较差，以砂壤质地为主，保水保肥能力差；土层较为深厚，大多数大于 100 cm，有部分砂砾障碍层；土壤有效养分一般，土壤全氮和有机质含量水平低于橡胶园土壤正常水平，磷和钾相对丰富。

利用改良意见：一是重施有机肥，施用农家肥、牛栏肥，利用林段豆科覆盖植物和萌生植物压青、胶头盖草等方法增加有机质。二是增施氮肥，合理施用磷钾肥。三是做好橡胶园水土保持，以高标准完成“三保一护”工程。四是间作绿肥，增加土壤有机质。

（二）低磷富钾砖红壤土区

该区主要分布在保国分场、保显分场和公爱分场南部内花岗岩、砂页岩发育的平地、低丘陵地区。主要特点：地势较陡，坡度以6°～10°为主，部分地势平缓；土壤质地主要以轻壤和砂壤为主，土壤保肥保水性一般；土层深厚，有较多的砂砾障碍层；土壤肥力较差，有机质、全氮、速效钾和有效磷的平均含量分别为16.23 g/kg、0.68 g/kg、60.24 mg/kg和4.50 mg/kg，相对橡胶园土壤养分正常水平，该地区有机质、全氮、有效磷含量低，而土壤速效钾相对较高。

利用改良意见：一是增施有机肥、氮肥、钾肥，磷肥因土施肥，做到精准施肥。二是加强橡胶园基础建设，要注重水土保持，增加地表覆盖，防止水土流失。三是发展多种经营，农林结合，因土制宜。

（三）低磷钾砖红壤土区

该区主要分布在山荣分场和乐光分场北部内花岗岩、砂页岩发育的丘陵地区。主要特点：橡胶园坡度以6°～10°为主，地势较陡；土壤物理性质较差，以砂壤质地为主；土层厚度较为深厚，大多在100 cm以上，有部分砂砾障碍层，有效养分含量低。

利用改良意见：一是增施有机肥、氮肥，合理施用磷钾肥，大力推广测土配方施肥技术，因土施肥，做到精准施肥。二是搞好水土保持，高标准完成“三保一护”工程，种植豆科胶园覆盖植物，以增加土壤养分，改良土壤理化性质，减少水分蒸发和土壤流失。三是在坡度较大的丘陵地区，可发展热带果园、橡胶园相结合的农林产业模式，既可发展经济，又可预防橡胶园风害。

（四）富磷低钾砖红壤土区

该区主要分布在抱伦分场南部与福报分场南部花岗岩发育的丘陵地区。主要特点：地势较陡，坡度以5°～10°为主；土壤质地变化较大，质地砂壤—黏土，以砂壤为主，土壤保肥保水性较差；土层深厚，但有明显的砂砾障碍层，土壤养分较低，有机质、全氮、速效钾和有效磷的平均含量为14.93 g/kg、0.58 g/kg、34.60 mg/kg和8.50 mg/kg。

利用改良意见：一是增施有机肥、氮肥、钾肥，合理施用磷肥，对于质地呈砂性的地区，要尽量坚持“少量多次施肥”原则。二是加强橡胶园基础建设，在丘陵缓坡区，要注重水土保持，坡度小的橡胶园可筑小埂，并在橡胶园四周挖沟，防止园外水冲刷；加强橡胶园覆盖作物的种植，以增加土壤养分，改良土壤的理化性质，减少水分蒸发和土壤的流失。三是在植胶开垦时必须挖深穴、大穴，挖穿砾质层或半风化母质层，使橡胶树根系能充分利用底层水分和养分，为橡胶树生长创造一个较好的土壤条件。四是间作豆科绿肥作物，如爪哇葛藤、兰花毛蔓豆和无刺含羞草等，增加有机质，以培肥土壤。五是发展多种经营，农林结合，因地制宜。

（五）低磷富钾赤红壤土区

该区主要分布在乐中分场的平地与丘陵地区。地势较陡，坡度以8°～15°为主；土壤质地主要以砂壤为主，土层较薄，且有石砂砾障碍层，土壤养分含量一般。

利用改良意见：一是增施有机肥、氮肥、钾肥，合理施用磷肥，对于质地呈砂性的地区，要尽量坚持“少量多次施肥”原则。二是加强橡胶园基础建设，在丘陵缓坡区，要注重水土保持，坡度小的橡胶园可筑小埂，并在橡胶园四周挖沟，防止园外水冲刷；坡度大的橡胶园要修筑环山行、保留林下萌生带杂草或小灌木，缓冲水流冲刷，并在此工作的基础上，加强橡胶园覆盖作物的种植，以增加土壤养分含量，改良土壤的理化性质，减少水分蒸发和土壤的流失。三是在植胶开垦时必须挖深穴、大穴，挖穿砾质层或半风化母质层，使橡胶树根系能充分利用底层水分和养分，为橡胶树生长创造一个较好的土壤条件。四是间作豆科绿肥作物，如爪哇葛藤、兰花毛蔓豆和无刺含羞草等，增加有机质，以培肥土壤。

第五节　耕地资源合理配置与农业结构调整

一、耕地利用现状与特点

广坝片区处于轻风轻寒气候区，干湿两季分明，降水丰富，风寒害较小。地形起伏较大，坡度为5°～30°，各种地形分布其间。地貌类型主要有花岗岩、变质岩、砂页岩发育的高、中、低山丘陵以及盆地丘陵，土壤类型较多。目前，全片区大面积作物主要是橡胶，同时有部分杧果、荔枝、水稻及其他热带作物。近年来，在稳定橡胶生产基础上，结合农业结构调整，积极发展热带经济作物的生产，耕地利用特点主要表现为以种植橡胶为主，其他经济作物为辅，其他热带经济作物种植以杧果为主，同时还发展荔枝、香蕉等热带产业。

二、合理规划产业布局

（一）大力发展橡胶和果树种植业

广坝片区地处热带雨林、季雨林、常绿阔叶林带，气候条件良好，适宜种植橡胶、香蕉、杧果、荔枝等多种热带经济作物。目前橡胶种植面积最大，而在非胶农业方面，果树种植面积逐年增加。该片区应在稳定橡胶生产和粮食生产的基础上，因地制宜，合理调整作物布局，宜农则农，宜林则林，宜牧则牧，宜果则果，积极发展热带经济作物的生产，逐步形成以杧果种植为龙头、以荔枝、香蕉种植为重点，一区一业、种养结合、多业并举，迈向规模化、产业化、多元化的发展格局。

（二）间套作相结合、提高林下资源利用率

广坝片区地形较复杂，起伏较大，海拔较高，坡度较陡，地貌类型以丘陵、台地、山地为主，土壤类型较多，因此要因地制宜，合理调整作物布局，充分利用土地资源。广坝片区主要作物是橡胶，其生长周期长，植株高，低层的可利用空间多，可以在橡胶园或果园内种植耐阴的矮秆作物，这样不仅能充分利用空间，低层作物也能起到保水的作用，而且使农户能获得多方面的经济收入。

（三）开垦后备耕地资源，保护现有耕地

为了适应农业快速发展的需求，需要开发后备土地资源进行农业生产。广坝片区还有一部分荒地未开垦，发展林业潜力大。片区易受台风袭击，造林可防风和保持水土，

特别是沿海地区，利用沙滩地营造薪炭林，可以减小台风影响，有利于扩大生产、增加职工收入。但是，利用后备土地资源和耕地改良的同时，要注意保护环境和现有耕地质量。

第六节　耕地质量管理与科学施肥

一、耕地质量管理

（一）改造与利用相结合

广坝片区常风较大，地形复杂，以丘陵为主，橡胶园坡度大、水土保持能力差，土壤肥力较差，因此必须坚持改造和利用相结合。改良利用途径可以是先营造防护林带，林间种植绿肥覆盖植物，大力发展"三保一护"水土工程，改良土壤。广坝片区的土壤主要是砖红壤、黄色砖红壤、赤红壤、黄壤四大土类，潜在养分含量很低，若再进行掠夺性的种植，土壤将会越来越贫瘠。因此，要禁止破坏性的刀耕火种，按坡度的大小重新规划作物的布局结构，同时保护好原有次生林。

（二）加强橡胶园地基础建设

1. 林地开垦

橡胶树宜林地的开垦是橡胶园农田基础建设中极其重要的环节，林地开垦质量的好坏直接影响橡胶树的生长、产量、林地抚育管理工效和采胶工作等。林地开垦的质量要求：①尽量保留和充分利用表土，为新植橡胶树和其他作物创造良好的土壤环境；②将地面树头、树根、石头等障碍物以及一些能诱发橡胶树病虫害的杂草、杂木等清除干净；③坡地的水土保持工程、梯田或环山行等的等高水平、宽度、内倾斜角要符合要求，以保证水土保持工程的质量；④按规划设计要求，布置林间小道、排水系统及防牛设施等，严格控制种植橡胶树的株行距和密度，充分利用土地；⑤保留有利用价值的杂树、杂木，并加以处理利用。

2. 修筑水土保持工程

广坝片区年降水量大且集中，强大的降雨造成土壤冲刷，如不采取保持水土的措施，土壤不断冲刷，年复一年，土地会遭到严重破坏，植胶地肥力衰退，橡胶树根系裸露，橡胶树经济寿命缩短，生长和产胶均会受到严重影响。所以，在林地开垦时，必须重视水土保持工作，除了尽快种植覆盖作物，避免地面裸露外，应尽快修筑水土保持工程，才能有效地防止水土流失。

3. 防护林的建设

广坝片区受台风影响较大，为避免台风造成橡胶的损失，在建设橡胶园的同时应该做好防护林的建设。

二、科学指导合理施肥

（一）增施有机肥，扩大有机肥来源，提高地力

广坝片区有机肥源丰富，要因地制宜，多形式多途径增加有机肥料的投入，在橡胶

树种植中，有机肥的大量施用是重要的生产环节。从实际出发，因地制宜，充分开展人、畜、禽粪便的有机利用，此外，应在胶园中间种植各类绿肥作物，有利于提高地力。

（二）大力推广测土配方施肥技术，科学施肥

针对广坝片区土壤养分状况，根据橡胶树的需肥规律和肥料增产效应，应在施足有机肥的基础上，确定氮、磷、钾、中微量元素的适宜用量和比例。本次调查结果表明，广坝片区土壤养分大体上有机质、有效磷属于中下等水平，全氮和速效钾严重缺乏。因此，要结合实际情况使用肥料，提高肥料利用率，避免肥料不必要的浪费。

（三）中微量元素的平衡施用

大量元素的施用，会引起土壤中微量元素的耗竭，其结果是导致作物品质的下降和影响产量的进一步提高，所以在平衡施肥中必须考虑中微量元素肥料的补充作用。从调查的情况看，广坝片区土壤中量元素有效镁含量较低，微量元素有效铜中等，有效钼含量较低。

（四）增施氮、磷、钾肥

从调查结果看，广坝片区土壤氮、磷处于低下水平，而全氮、速效钾严重缺乏，所以要提高土壤肥力和作物产量，就必须加大氮、磷、钾肥的施用量，最好是施用氮、钾比例较高的复合肥。

第十四章　保亭所片区耕地地力评价

第一节　自然与农业生产概况

一、地理位置与行政区划

保亭所片区位于海南省保亭县、陵水县、五指山市和三亚市，地处东经109°26′49″～110°6′25″，北纬18°23′38″～18°48′58″。土壤资源丰富，水热条件优越，适合各种热带作物生长。片区地处海南岛中南部，地形以丘陵、山地为主，海榆中线公路横贯全境，公路网呈辐射状向四周展开，交通运输较为便利。北与五指山山脉相接壤，南至三亚市甘什岭脚下，西与保亭县毛岱岭毗连，东与万宁市分界岭接壤。片区南北纵贯49 km，东西横跨67 km。

全片区土地面积628.89 km^2（即62 888.53 hm^2），约占全垦区土地面积的8.00%。保亭所片区由7个农场组成：保亭热带作物研究所、畅好农场、金江农场（金江分场、南茂分场、五指山茶场）、岭门农场、南平农场、三道农场和新星农场，包括405个农业基层单位，其中农业生产队329个。

二、自然气候和水文地质

（一）自然气候

保亭所片区多属于低纬度热带雨林、季雨林气候，具有高温高湿、多雨和较静风的气候特点。冬春少雨，夏秋多雨，气候温和，阳光充足，四季皆绿，草木常青。年平均气温为24.4℃，在冬季偶有低温、霜冻霜害的影响。年降水量约1 600 mm，且分布不均匀，干湿季明显；雨季一般在5—10月，旱季时间较长，一般在11月至翌年3—4月。常风较小，风力一般为1.2～1.7 m/s，仅少部分地区达到2.5 m/s，8—10月有8级以上台风影响。

（二）地形及母质

保亭所片区地形起伏较大，各种地形分布其间，海拔为20～1 100 m，个别山头较高达到1 000 m以上。地势总体上由北向南倾斜，形成北高南低地势。片区内有花岗岩、变质岩为主发育的高、中、低山丘陵和盆地丘陵，坡度为5°～30°。片区自然土以砖红壤为主，成土母质以花岗岩为主，其次为砂页岩、变质岩和运积物。

（三）水文

保亭所片区是万泉河的主要发源地，河流与水库主要有响水河、南圣河、藤桥东河、走装水库、小妹水库和黎跃水库等。地面河流较为发达，水资源丰富，水质优良。保亭所片区的水资源无论是在蕴藏量还是在利用循环方面都具有很大的潜力。

（四）自然植被

保亭所片区垦前植被大部分是杂木林、次生杂木林、稀树灌木林、阔叶原始林、灌木草类群落、白茅矮草荒地、大芒草地和刺竹丛等。

三、农业生产情况

保亭所片区建场以来，大面积种植作物主要是橡胶，同时还种植有茶叶、胡椒、水果、水稻及其他热带作物。2009 年，全片区土地总面积 62 888.5 hm^2，耕地面积 38 646.4 hm^2，其中，天然橡胶种植面积 20 800.6 hm^2，农作物总播种面积 4 686.4 hm^2，热带作物面积 2 402.2 hm^2，水果面积 4 684.1 hm^2，林地面积 6 073.0 hm^2。

四、第二次土壤普查类型

第二次土壤普查中保亭所片区的主要土壤类型如表 14-1 所示。

表 14-1　保亭所片区土壤类型

土类	亚类	土属	土种
砖红壤	砖红壤	安山岩砖红壤	灰安赤土
		花岗岩砖红壤	灰麻赤土
		砂页岩砖红壤	灰页赤土
	褐色砖红壤	安山岩褐色砖红壤	安褐赤土
		花岗岩褐色砖红壤	灰麻褐赤土
	黄色砖红壤	安山岩黄色砖红壤	安黄赤土
		花岗岩黄色砖红壤	灰麻黄赤土
			中有机质麻黄赤土
赤红壤	赤红壤	花岗岩赤红壤	厚有机质麻赤红土
			灰麻赤红土
	黄色赤红壤	花岗岩黄色赤红壤	灰麻黄赤红土
黄壤	黄壤	花岗岩黄壤	厚有机质麻黄土
			中有机质麻黄土
新积土	冲积土	冲积土	灰潮砂泥土
石质土	酸性石质土	花岗岩石质土	麻石质土

（续表）

土类	亚类	土属	土种
水稻土	漂洗型水稻土	白鳝泥田	白鳝泥田
			低白鳝泥田
			晒水田
		滨海砂质田	白砂田
			黑砂田
		砂漏田	低砂漏田
			砂漏田
			麻砂砂漏田
	潜育型水稻土	烂泍田	烂泍田
			泍眼田
		冷底田	冷底田
			铁锈水田
			顽泥田
		冷浸田	麻冷浸田
		泥炭田土	泥炭土田
		青泥格田	黄泥青泥格田
	渗育型水稻土	花岗岩红泥田	大眼砂田
			洪积红泥田
			麻大眼砂田
			麻红泥田
			麻砂泥田
			麻砂质田
			麻顽泥田
			麻乌红泥田
		麻红泥田	麻红泥底田
		砂页岩红泥田	页砂质田
	淹育型水稻土	花岗岩红黄泥田	麻红泥骨田
			麻红泥砂田
		砂页岩红黄泥田	页红泥骨田
		生泥田	生潮泥田
	潴育型水稻土	潮砂泥田	潮泥田
			潮砂泥田
			河结粉砂田
			河泥田
			河砂泥田
			河黏土田
		河流冲积砂泥田	河黄泥底田

第二节　耕地地力评价

保亭所片区耕地地力评价对象为片区内所有耕地，包括橡胶园、水田、菜地、旱地、热带作物园地等，其中橡胶园面积22 586.14 hm^2，占耕地总面积的57.33%；其次是热带作物园地和灌溉水田，占耕地总面积的26.40%和12.83%；有少量望天田、旱地和菜地。

本次耕地地力评价选取对保亭所片区耕地地力影响比较大、区域内变异明显、在时间序列上具有相对稳定性、与农业生产有密切关系的12个因素，建立评价指标体系。以1∶5万土壤图、土地利用现状图、保亭所片区行政区划图3种图件叠加形成的图斑为评价单元。应用“县域耕地资源管理信息系统”和模糊数学评价、层次分析法等数学理论，对保亭所片区耕地进行地力评价。

一、评价指标体系建立

（一）评价指标确定

海南农垦保亭所片区耕地地力评价体系以全国评价指标体系作为依据，聘请海南省知名土壤肥料专家和各农场生产主要技术人员进行座谈商讨，根据重要性、差异性、稳定性、易获性、精简性和必要性等指标选取原则，选取了有机质、有效磷、速效钾、交换性镁、pH值、质地、成土母质、坡度、高程、有效土层厚度、年降水量和灌溉保证率共计12个指标作为耕地地力评价的因子，具体指标及归类如表14-2所示。

表14-2　保亭所片区耕地地力评价指标体系

目标层（A）	准则层（B）	指标层（C）
耕地地力	耕层理化性状	pH值
		质地
	耕层养分状况	有机质
		有效磷
		速效钾
		交换性镁
	立地条件	年降水量
		成土母质
		坡度
		高程
	剖面性状	有效土层厚度
	土壤管理	灌溉保证率

（二）评价指标的量化处理

获取的评价资料可以分为定量和定性资料两大部分。耕地地力评价指标类型分为数值型和概念型，数值型指标是定量的，与耕地生产能力有一定的线性关系，如土壤有机质、全氮、pH 值等。概念型指标是确定性的、综合性的，与耕地生产能力之间是一种非线性的关系，如地貌类型、土壤剖面构型、质地等。数值型和概念型评价指标的实测值量纲不同，取值范围各异，因此，地力评价时必须对各评价指标的原始数据进行标准化处理，数值型数据可通过建立隶属函数，把各评价指标转化为 0～1 的标准化数据；概念型数据可直接通过德尔菲法和专家打分法进行定量化。

1. 定性因素的量化处理

定性因素是概念型指标如质地，坡度、剖面构型等，与耕地生产能力之间是一种非线性的关系，采用德尔菲法直接给出隶属度，各评价因素及其隶属度如表 14-3 至表 14-9 所示。

表 14-3　保亭所片区成土母质隶属度

描述	河流冲积物	砂页岩	花岗岩	变质岩	玄武岩
隶属度	0.92	0.86	0.82	0.75	0.63

表 14-4　保亭所片区有效土层厚度（cm）隶属度

描述	＜30	30（含）～50	50（含）～70	70（含）～90	90（含）～110	110（含）～130	130（含）～150	150（含）～200	≥200
隶属度	0.09	0.18	0.33	0.47	0.67	0.85	0.94	1.00	1.00

表 14-5　保亭所片区质地隶属度

描述	重壤	中壤	轻黏	中黏	重黏	轻壤	砂壤	紧砂	松砂
隶属度	0.73	0.96	0.71	0.65	0.50	0.90	0.78	0.56	0.41

表 14-6　保亭所片区坡度隶属度

描述	＜3°	3°（含）～7°	7°（含）～15°	15°（含）～20°	20°（含）～25°	25°（含）～30°	30°（含）～35°	≥35°
隶属度	1.00	0.95	0.89	0.78	0.62	0.36	0.18	0.08

表 14-7　保亭所片区高程（m）隶属度

描述	＜100	100（含）～200	200（含）～300	300（含）～400	400（含）～600	600（含）～800	≥800
隶属度	0.99	0.90	0.80	0.70	0.60	0.50	0.30

表 14-8　保亭所片区交换性镁（mg/kg）隶属度

描述	＜10	10（含）～30	30（含）～50	50（含）～70	70（含）～90	90（含）～110	110（含）～130	≥130
隶属度	0.45	0.69	0.89	0.96	0.91	0.79	0.70	0.58

表 14-9　保亭所片区灌溉保证率（%）隶属度

描述	＜30	30（含）～40	40（含）～50	50（含）～60	60（含）～70	70（含）～80	80（含）～90	≥90
隶属度	0.21	0.37	0.51	0.61	0.71	0.81	0.91	1.00

2. 定量化指标的隶属函数

对于定量化的指标，采取专家打分和德尔菲法确定指标的隶属函数。经过归纳、反馈、集中，最后产生指标的隶属函数如表 14-10 所示。

表 14-10　保亭所片区耕地地力评价指标隶属函数

序号	函数类型	项目	隶属函数	c	u_t
1	戒上型	降水量（mm）	$y=1/[1+2.83\times10^{-6}\times(u-c)^2]$	1 910	1 200
2	戒上型	有效磷（mg/kg）	$y=1/[1+0.001\ 3\times(u-c)^2]$	34.83	3
3	戒上型	有机质（g/kg）	$y=1/[1+0.002\ 1\times(u-c)^2]$	33.65	6
4	戒上型	速效钾（mg/kg）	$y=1/[1+6.82\times(u-c)^2]$	183.34	20
5	峰型	pH 值	$y=1/[1+0.334\ 2\times(u-c)^2]$	5.25	$u_{t1}=3.5$ $u_{t2}=7.5$

（三）评价指标的权重确定

评价指标的权重通过层次分析法确定。首先，根据保亭所片区耕地地力指标各个指标间的关系构造耕地要素层次结构图。然后，请专家比较同一层次各因素对上一层次的相对重要性，打分给出数量化的评价，构造判断矩阵；根据判断矩阵计算出矩阵的最大特征根和特征向量，并进行一致检验。最后，进行层次总排序一致性检验，如通过一致性检验，便可求得各评价指标的组合权重，即为评价指标的实际权重（表 14-11）。

表 14-11　保亭所片区耕地地力评价指标权重

指标层	准则层					
	耕层理化性状 B1	立地条件 B2	剖面性状 B3	耕层养分状况 B4	土壤管理 B5	组合权重
	0.238 7	0.160 3	0.109 7	0.425 4	0.065 9	$\sum CiBi$
pH 值 C1	0.322 6					0.077 0

（续表）

指标层	准则层					
	耕层理化性状 B1	立地条件 B2	剖面性状 B3	耕层养分状况 B4	土壤管理 B5	组合权重
	0.238 7	0.160 3	0.109 7	0.425 4	0.065 9	$\sum CiBi$
质地 C2	0.677 4					0.161 7
年降水量 C3		0.085 7				0.013 7
成土母质 C4		0.448 5				0.071 9
坡度 C5		0.284 7				0.045 6
高程 C6		0.181 1				0.029 0
有效土层厚度 C7			1.000 0			0.109 7
有机质 C8				0.462 1		0.196 6
速效钾 C9				0.234 5		0.099 8
有效磷 C10				0.207 9		0.088 5
交换性镁 C11				0.095 4		0.040 6
灌溉保证率 C12					1.000 0	0.065 9

二、耕地地力等级划分

根据保亭所片区耕地地力综合指数结果，结合本地区的实际情况，运用累积频率曲线法制定本片区耕地地力综合指数分级方案，并将全区耕地等级共划分为 5 个等级（表 14-12）。

表 14-12　保亭所片区耕地地力评价等级划分

等级	综合指数	等级	综合指数
一等地	0.73（含）～0.78	四等地	0.62（含）～0.65
二等地	0.69（含）～0.73	五等地	0.53（含）～0.62
三等地	0.65（含）～0.69		

三、耕地地力等级分布

（一）耕地地力等级面积统计

保亭所片区耕地总面积为 39 396.77 hm^2，其中一等地 2 330.03 hm^2，占总面积的 5.91%；二等地 9 774.91 hm^2，占总面积的 24.81%；三等地 14 074.00 hm^2，占总面积的 35.72%；四等地 8 074.76 hm^2，占总面积的 20.50%；五等地 5 143.07 hm^2，占总面

积的 13.06%（表 14-13）。保亭所片区不同地类各地力等级面积如表 14-14 所示。

表 14-13　保亭所片区耕地不同地力等级面积统计

等级	一等地	二等地	三等地	四等地	五等地	总计
面积（hm^2）	2 330.03	9 774.91	14 074.00	8 074.76	5 143.07	39 396.77
占比（%）	5.91	24.81	35.72	20.50	13.06	100.00

表 14-14　保亭所片区不同地类各地力等级面积统计

等级	橡胶园（hm^2）	占比（%）	水田（hm^2）	占比（%）	热带作物园（hm^2）	占比（%）	其他耕地（hm^2）	占比（%）
一等地	1 146.65	5.08	175.63	3.47	866.62	8.33	141.13	10.42
二等地	4 947.90	21.91	1 594.74	31.55	2 913.05	28.01	319.22	23.56
三等地	8 233.02	36.45	1 734.61	34.32	3 724.73	35.81	381.64	28.17
四等地	5 279.60	23.38	840.18	16.62	1 688.60	16.23	266.38	19.66
五等地	2 978.97	13.19	709.26	14.03	1 208.35	11.62	246.49	18.19
合计	22 586.14		5 054.42		10 401.35		1 354.86	

（二）耕地地力等级评价

1. 一等地

（1）面积与分布

保亭所片区一等地总面积 2 330.03 hm^2，占全片区耕地总面积的 5.91%。主要分布在南茂分场和岭门农场等地区，占地面积分别达 500.98 hm^2 和 628.68 hm^2；其次为畅好农场、三道农场、南平农场和新星农场，占地面积分别为 408.42 hm^2、365.80 hm^2、209.40 hm^2 和 131.54 hm^2；其他分场也有少量分布。

保亭所片区橡胶园一等地总面积为 1 146.65 hm^2，占全片区一等地面积的 49.21%。主要分布在岭门农场、南茂分场、畅好农场和三道农场等地区。面积最大的是岭门分场，占地面积达 321.88 hm^2，其次为南茂分场，占地面积为 300.43 hm^2（表 14-15）。

表 14-15　保亭所片区一等耕地面积空间分布

农场	分场	橡胶园		水田		热带作物园		其他耕地		合计	
		面积（hm^2）	占比（%）	面积（hm^2）	占比（%）	面积（hm^2）	占比（%）	面积（hm^2）	占比（%）	面积（hm^2）	占比（%）
保亭热带作物研究所	保亭热带作物研究所	6.31	0.55	2.62	1.49	0.00	0.00	0.00	0.00	8.92	0.38
畅好	畅好	236.53	20.63	35.97	20.48	113.43	13.09	22.49	15.94	408.42	17.53
岭门	岭门	321.88	28.07	13.90	7.91	292.90	33.80	0.00	0.00	628.68	26.98

（续表）

农场	分场	橡胶园		水田		热带作物园		其他耕地		合计	
		面积（hm^2）	占比（%）	面积（hm^2）	占比（%）	面积（hm^2）	占比（%）	面积（hm^2）	占比（%）	面积（hm^2）	占比（%）
南平	南平	61.58	5.37	61.87	35.22	37.53	4.33	48.43	34.31	209.40	8.99
三道	三道	137.63	12.00	7.71	4.39	180.00	20.77	40.45	28.66	365.80	15.70
新星	新星	36.90	3.22	16.06	9.15	78.58	9.07	0.00	0.00	131.54	5.65
金江	金江	45.37	3.96	9.66	5.50	17.85	2.06	3.40	2.41	76.29	3.27
	南茂	300.43	26.20	27.85	15.86	146.33	16.89	26.36	18.68	500.98	21.50
	五指山茶场	0.00	0.00	0.00	0.00	0.00	0.00	0.00	0.00	0.00	0.00

（2）主要属性分析

一等地主要分布在片区内低坡度的丘陵地区，坡度较小，地势平坦，橡胶园、热带作物园与水田有15%以上面积坡度小于2°。成土母质以花岗岩和砂页岩为主，质地优良，橡胶园、热带作物园、水田均以中壤、轻壤为主，土层深厚，土壤保肥性能比较好。土壤养分含量水平较高，有机质含量12.80～21.60 g/kg，平均值18.01 g/kg；全氮含量0.60～1.14 g/kg，平均值0.91 g/kg；有效磷含量3.11～20.60 mg/kg，平均值8.16 mg/kg；速效钾含量25～80 mg/kg，平均值56.13 mg/kg；pH值4.52～5.33，平均值4.81。总体上，一等地肥力最高，无障碍层，可耕性好，水、肥、气、热协调，土地利用基本没有限制，作物基本上都能高产。

2. 二等地

（1）面积与分布

保亭所片区二等地总面积9 774.91 hm^2，占全片区耕地总面积的24.81%。主要分布在岭门农场、新星农场、金江分场和南茂分场地区，占地面积分别达2 235.18 hm^2、1 690.71 hm^2、1 644.46 hm^2和1 572.40 hm^2；其次为畅好农场、三道农场和南平农场，占地面积分别为1 000.01 hm^2、788.14 hm^2和642.45 hm^2；其他分场也有少量分布。

保亭所片区橡胶园二等地总面积为4 947.9 hm^2，占全片区二等地面积的50.62%，主要分布在南茂分场、新星农场与金江分场等地区。分布面积最大的是南茂分场，占地面积达1 171.68 hm^2，其次为新星农场与金江分场，占地面积分别为965.91 hm^2与829.55 hm^2（表14-16）。

表14-16　保亭所片区二等耕地面积空间分布

农场	分场	橡胶园		水田		热带作物园		其他耕地		合计	
		面积（hm^2）	占比（%）	面积（hm^2）	占比（%）	面积（hm^2）	占比（%）	面积（hm^2）	占比（%）	面积（hm^2）	占比（%）
保亭热带作物研究所	保亭热带作物研究所	62.48	1.26	24.19	1.52	36.50	1.25	6.25	1.96	129.42	1.32

（续表）

农场	分场	橡胶园		水田		热带作物园		其他耕地		合计	
		面积（hm^2）	占比（%）	面积（hm^2）	占比（%）	面积（hm^2）	占比（%）	面积（hm^2）	占比（%）	面积（hm^2）	占比（%）
畅好	畅好	578.49	11.69	56.85	3.56	319.58	10.97	45.10	14.13	1 000.01	10.23
岭门	岭门	475.05	9.60	681.50	42.73	1 040.04	35.70	38.58	12.09	2 235.18	22.87
南平	南平	390.78	7.90	139.28	8.73	75.99	2.61	36.40	11.40	642.45	6.57
三道	三道	450.22	9.10	30.36	1.90	270.19	9.28	37.37	11.71	788.14	8.06
新星	新星	965.91	19.52	183.21	11.49	538.13	18.47	3.46	1.08	1 690.71	17.30
金江	金江	829.55	16.77	396.42	24.86	366.16	12.57	52.33	16.39	1 644.46	16.82
	南茂	1 171.86	23.68	82.93	5.20	217.89	7.48	99.73	31.24	1 572.40	16.09
	五指山茶场	23.56	0.48	0.00	0.00	48.58	1.67	0.00	0.00	72.14	0.74

（2）主要属性分析

二等地主要分布在片区东面的平地和中部的低丘陵地区，地势平坦，坡度较小，橡胶园、热带作物园与水田有19%以上面积坡度小于2°。成土母质以砂页岩和花岗岩为主，质地优良，大部分为砂壤、中壤、轻壤，土层深厚，土壤保肥性能比较好，无明显的障碍层。土壤养分含量中等，有机质含量9.10～22.20 g/kg，平均值16.95 g/kg；全氮含量0.49～1.14 g/kg，平均值0.84 g/kg；有效磷含量2.52～19.90 mg/kg，平均值2.51 mg/kg；速效钾含量21～103 mg/kg，平均值50.86 mg/kg；pH值4.55～5.41，平均值4.82。总体上，该等级地肥力中等，养分含量较高，土体结构比较完整，能排能灌，气、热环境较好，宜种性较好，应合理施肥。

3. 三等地

（1）面积与分布

保亭所片区三等地总面积14 074.00 hm^2，占全片区耕地总面积的35.72%。主要分布在新星农场、南茂分场、岭门农场和金江分场地区，占地面积分别达3 224.45 hm^2、2 395.21 hm^2、2 017.58 hm^2和1 945.34 hm^2，其次为南平分场、畅好农场和三道农场，占地面积分别为1 397.30 hm^2、976.99 hm^2和949.55 hm^2，其他农场也有少量分布。

保亭所片区橡胶园三等地总面积为8 233.02 hm^2，占全片区三等地面积的58.50%，主要分布在新星农场、南茂分场、金江分场、南平农场、畅好农场和三道农场等。分布面积最大的是新星农场，占地面积达1 905.81 hm^2，其次为南茂分场，占地面积为1 867.18 hm^2（表14-17）。

表 14-17　保亭所片区三等耕地面积空间分布

农场	分场	橡胶园		水田		热带作物园		其他耕地		合计	
		面积 (hm²)	占比 (%)	面积 (hm²)	占比 (%)	面积 (hm²)	占比 (%)	面积 (hm²)	占比 (%)	面积 (hm²)	占比 (%)
保亭热带作物研究所	保亭热带作物研究所	372.22	4.52	46.54	2.39	203.92	5.81	4.56	1.20	627.25	4.46
畅好	畅好	734.98	8.93	26.49	1.36	194.57	5.54	20.95	5.49	976.99	6.94
岭门	岭门	434.81	5.28	475.02	24.37	1 096.75	31.24	11.00	2.88	2 017.58	14.34
南平	南平	845.65	10.27	138.87	7.13	296.83	8.46	115.96	30.39	1 397.30	9.93
三道	三道	699.14	8.49	43.40	2.23	130.67	3.72	76.34	20.00	949.55	6.75
新星	新星	1 905.81	23.15	308.10	15.81	1 000.84	28.51	9.71	2.54	3 224.45	22.91
金江	金江	1 057.20	12.84	510.02	26.17	339.57	9.67	38.55	10.10	1 945.34	13.82
	南茂	1 867.18	22.68	186.18	9.55	247.36	7.05	94.50	24.76	2 395.21	17.02
	五指山茶场	316.04	3.84	214.21	10.99	0.00	0.00	10.06	2.64	540.32	3.84

(2) 主要属性分析

保亭所片区三等地主要分布在新星农场的低丘陵区及南茂分场的平地区，地势平坦，坡度较小，橡胶园、热带作物园与水田等耕地有 89%以上面积坡度大于 2°。成土母质以花岗岩和砂页岩为主，质地紧砂—轻黏，大部分为砂壤和中壤，土层深厚，无明显障碍层，土壤保肥性一般。土壤养分含量中等，有机质含量 8.70～21.72 g/kg，平均值 15.87 g/kg；全氮含量 0.50～1.14 g/kg，平均值 0.81 g/kg；有效磷含量 2.22～19.05 mg/kg，平均值 7.48 mg/kg；速效钾含量 20～95 mg/kg，平均值 8.87 mg/kg；pH 值 4.52～5.41，平均值 4.80。总体上，该等级地肥力一般，土壤结构不良，土壤物理性能差，养分不协调，可耕性略差，种植条件一般。应实行精耕细作、增施有机肥和氮磷钾肥、扩种绿肥等措施，以提高土壤的整体生产能力。

4. 四等地

(1) 面积与分布

保亭所片区四等地总面积 8 074.76 hm^2，占全片区耕地总面积的 20.50%。主要分布在南平农场、新星农场，占地面积分别达 1 824.89 hm^2、1 828.02 hm^2，其次为金江分场、南茂分场、岭门农场和保亭热带作物研究所，占地面积分别为 1 112.53 hm^2、1 020.00 hm^2、608.81 hm^2 和 605.10 hm^2，其他农场也有少量分布。

保亭所片区橡胶园四等地总面积为 5 279.6 hm^2，占全片区四等地面积的 65.38%，主要分布在新星农场、南平农场、金江分场和南茂分场等。分布面积最大的是新星农场，占地面积达 1 205.81 hm^2，其次为南平农场，占地面积为 1 160.84 hm^2（表 14-18）。

表 14-18　保亭所片区四等耕地面积空间分布

农场	分场	橡胶园		水田		热带作物园		其他耕地		合计	
		面积 (hm^2)	占比 (%)	面积 (hm^2)	占比 (%)	面积 (hm^2)	占比 (%)	面积 (hm^2)	占比 (%)	面积 (hm^2)	占比 (%)
保亭热带作物研究所	保亭热带作物研究所	326.84	6.19	31.72	2.81	242.55	17.34	3.99	1.50	605.10	7.49
畅好	畅好	241.77	4.58	11.66	1.03	12.86	0.92	0.00	0.00	266.28	3.30
岭门	岭门	315.44	5.97	291.20	25.76	1.18	0.08	1.00	0.37	608.81	7.54
南平	南平	1 160.84	21.99	260.71	23.07	204.31	14.61	199.02	74.71	1 824.89	22.60
三道	三道	247.08	4.68	5.19	0.46	29.47	2.11	13.78	5.17	295.52	3.66
新星	新星	1 205.81	22.84	144.72	12.80	471.85	33.74	5.65	2.12	1 828.02	22.64
金江	金江	751.87	14.24	296.22	26.21	52.34	3.74	12.12	4.55	1 112.53	13.78
	南茂	740.37	14.02	86.67	7.67	165.67	11.85	27.30	10.25	1 020.00	12.63
	五指山茶场	289.58	5.48	2.13	0.19	218.36	15.61	3.53	1.32	513.59	6.36

(2) 主要属性分析

保亭所片区四等地主要分布在坡度较高的低丘陵区和高丘陵区，坡度较大，橡胶园、热带作物园与水田等耕地有30%面积的坡度为6°～15°。成土母质以花岗岩、河流冲积物和砂页岩为主，质地紧砂—重黏，大部分为砂壤、松砂、紧砂，土层较薄，有砂砾等障碍层。土壤养分含量较低，有机质含量8.26～21.50 g/kg，平均值15.15 g/kg；全氮含量0.52～1.13 g/kg，平均值0.79 g/kg；有效磷含量2.30～16.40 mg/kg，平均值6.85 mg/kg；速效钾含量20～103 g/kg，平均值45.96 mg/kg；pH值4.40～5.30，平均值4.80。总体上，该等地是片区内较差的土地，光热水条件差，肥力偏低，可耕性差，养分不协调，土壤结构不良，土壤物理性能差，种植条件一般，质地呈砂性，保肥性较差。应精耕细作，合理施肥，增加有机肥投入，改良土壤理化性状，提高耕地整体生产力，搞好“三保一护”工程，注意水土保持，种植豆科作物长期覆盖，既可保持水土，又可解决肥源。

5. 五等地

(1) 面积与分布

保亭所片区五等地总面积5 143.07 hm^2，占全片区耕地总面积的13.05%，主要分布在南平农场和南茂分场，占地面积分别达1 996.51 hm^2和1 870.72 hm^2，其次为保亭热带作物研究所，占地面积为685.41 hm^2，其他农场也有少量分布。

保亭所片区橡胶园五等地总面积为2 978.97 hm^2，占全片区五等地面积的57.92%，主要分布在南茂分场、南平农场、保亭热带作物研究所等地区。分布面积最大的是南茂分场，占地面积达1 175.75 hm^2，其次为南平农场，占地面积为1 083.53 hm^2（表14-19）。

表 14-19 保亭所片区五等耕地面积空间分布

农场	分场	橡胶园		水田		热带作物园		其他耕地		合计	
		面积 (hm^2)	占比 (%)	面积 (hm^2)	占比 (%)	面积 (hm^2)	占比 (%)	面积 (hm^2)	占比 (%)	面积 (hm^2)	占比 (%)
保亭热带作物研究所	保亭热带作物研究所	410.09	13.77	0.00	0.00	271.75	22.49	3.58	1.45	685.41	13.33
畅好	畅好	71.90	2.41	0.00	0.00	24.30	2.01	0.58	0.24	96.78	1.88
岭门	岭门	1.79	0.06	0.00	0.00	0.82	0.07	0.00	0.00	2.61	0.05
南平	南平	1 083.53	36.37	355.00	50.05	385.50	31.90	172.48	69.97	1 996.51	38.82
三道	三道	38.64	1.30	0.00	0.00	1.87	0.15	3.52	1.43	44.02	0.86
新星	新星	52.87	1.77	11.06	1.56	2.58	0.21	0.00	0.00	66.51	1.29
金江	金江	105.67	3.55	100.47	14.16	6.60	0.55	2.29	0.93	215.02	4.18
	南茂	1 175.75	39.47	242.73	34.22	388.19	32.13	64.04	25.98	1 870.72	36.37
	五指山茶场	38.73	1.30	0.00	0.00	126.75	10.49	0.00	0.00	165.48	3.22

(2) 主要属性分析

五等地主要分布在南平农场与南茂分场坡度较大的丘陵区，地势较陡，橡胶园、水田与热带作物园等耕地有 31.85% 面积的坡度为 6°～15°，耕地不平整。成土母质以砂页岩、花岗岩为主，质地紧砂—重壤，大部分为砂壤、重壤和紧砂，土层较薄，有明显的砂砾、铁子等障碍层。土壤养分含量较低，有机质含量 9.40～20.9 g/kg，平均值 14.16 g/kg；全氮含量 0.52～1.04 g/kg，平均值 0.72 g/kg；有效磷含量 2.40～13.80 mg/kg，平均值 5.34 mg/kg；速效钾含量 20～103 mg/kg，平均值 43.29 mg/kg；pH 值 4.50～5.11，平均值 4.70。总体上五等地是片区内最差的土地，光热水条件差，肥力偏低，可耕性差，养分不协调，土壤结构不良，土壤物理性能差，种植条件一般。应精耕细作，增施有机肥和氮磷钾肥，施肥少量多次，搞好“三保一护”工程，水肥沟应要挖深挖大，种植豆科作物长期覆盖，提高土壤的整体生产能力。

第三节 耕地土壤属性

一、土壤的化学性质

(一) 有机质

保亭所片区本次耕地地力调查橡胶园土样 1 016 个，土壤有机质平均含量为 14.74 g/kg，变化范围为 0.29～36.4 g/kg；热带作物园土样 15 个，土壤有机质平均含量为 16.07 g/kg，变化范围为 1.71～33.23 g/kg。该片区土壤有机质含量主要集中在三级、四级、五级，四级占比最大，为 54.90%，其次为三级、五级、六级，占比分别为

17.36%、17.94%、7.66%；四级及以下共占80.50%，有机质属于中下水平（表14-20）。

表14-20　保亭所片区土壤有机质分级状况

级别	含量（g/kg）	样点（个）	频率（%）	平均值（g/kg）
一级	≥40	0	0.00	0.00
二级	30（含）～40	22	2.14	32.90
三级	20（含）～30	179	17.36	23.67
四级	10（含）～20	566	54.90	14.56
五级	6（含）～10	185	17.94	8.29
六级	<6	79	7.66	3.85

该片区土壤有机质含量最高的主要分布在畅好农场与南平农场，平均含量分别为17.82 g/kg与17.54 g/kg；较高的是保亭热带作物研究所、岭门农场、三道农场，有机质含量范围为16.43～16.95 g/kg；最低的是金江农场和新星农场，有机质含量范围为10.36～14.50 g/kg（表14-21）。

表14-21　保亭所片区各农场土壤有机质含量状况

农场	分场	平均值（g/kg）	最小值（g/kg）	最大值（g/kg）	标准差	变异系数（%）
保亭热带作物研究所	保亭热带作物研究所	16.43	0.29	131.10	14.98	109.65
畅好	畅好	17.82	2.52	115.10	12.54	142.17
岭门	岭门	16.68	2.41	103.41	13.64	122.27
南平	南平	17.54	1.69	70.20	8.68	202.07
三道	三道	16.95	1.98	180.10	24.08	70.38
新星	新星	14.50	1.06	136.81	14.02	103.40
金江	金江	12.75	1.10	163.80	16.00	79.67
	南茂	13.19	0.30	74.72	6.39	206.34
	五指山茶场	10.36	1.71	20.85	3.91	264.65

（二）大量元素

1. 全　氮

保亭所片区本次耕地地力调查橡胶园土样1 006个，土壤全氮平均含量为0.80 g/kg，变化范围为0.21～1.50 g/kg；热带作物园土样30个，土壤全氮平均含量为0.87 g/kg，变化范围为0.21～1.68 g/kg。该片区土壤全氮含量主要分布在三级、四级、五级、六级，其占比分别为21.62%、28.67%、35.71%、14.00%；四级及以下共占

78.38%，全氮属于中下水平（表14-22）。

表14-22　保亭所片区土壤全氮分级状况

级别	含量（g/kg）	样点（个）	频率（%）	平均值（g/kg）
一级	≥2.0	0	0.00	0.00
二级	1.5（含）～2.0	0	0.00	0.00
三级	1.0（含）～1.5	224	21.62	1.15
四级	0.75（含）～1.0	297	28.67	0.88
五级	0.5（含）～0.75	370	35.71	0.65
六级	<0.5	145	14.00	0.40

该片区土壤全氮含量最高的主要分布在畅好农场、岭门农场、三道农场，平均含量分别为0.98 g/kg、0.95 g/kg、0.94 g/kg；其次是保亭热带作物研究所、南平农场，全氮含量分别为0.84 g/kg、0.80 g/kg；最低的是金江农场和新星农场，全氮含量范围为0.69～0.76 g/kg（表14-23）。

表14-23　保亭所片区各农场土壤全氮含量状况

农场	分场	平均值（g/kg）	最小值（g/kg）	最大值（g/kg）	标准差	变异系数（%）
保亭热带作物研究所	保亭热带作物研究所	0.84	0.20	1.47	0.26	319.94
畅好	畅好	0.98	0.50	1.68	0.19	504.58
岭门	岭门	0.95	0.25	1.57	0.28	335.45
南平	南平	0.80	0.32	1.50	0.26	311.13
三道	三道	0.94	0.41	1.60	0.25	370.57
新星	新星	0.76	0.24	1.32	0.21	365.78
金江	金江	0.76	0.28	1.49	0.23	332.12
	南茂	0.69	0.21	1.56	0.23	293.91
	五指山茶场	0.69	0.23	1.27	0.20	335.67

2. *有效磷*

本次耕地地力调查橡胶园土样1 020个，土壤有效磷平均含量为7.45 mg/kg，变化范围为0.71～163.80 mg/kg；热带作物园土样99个，土壤有效磷平均含量为10.53 mg/kg，变化范围为0.10～180.12 mg/kg。保亭所片区土壤有效磷含量分布在一级至六级的所有等级，主要集中在四级、五级和六级，其比例分别为28.78%、21.63%和35.39%，其次是三级，占9.65%，一级、二级分布较少；四级及以下共占85.80%，速效磷属于低下水平（表14-24）。

表 14-24　保亭所片区土壤有效磷分级状况

级别	含量（mg/kg）	样点（个）	频率（%）	平均值（mg/kg）
一级	≥40	19	1.69	78.39
二级	20（含）～40	32	2.86	26.22
三级	10（含）～20	108	9.65	13.08
四级	5（含）～10	322	28.78	7.17
五级	3（含）～5	242	21.63	4.02
六级	<3	396	35.39	1.92

该片区土壤有效磷含量最高的主要是分布在三道农场、新星农场和金江分场，平均值分别为 14.88 mg/kg、10.05 mg/kg 和 11.78 mg/kg；其余农场相差不大，有效磷含量为 4.60～7.67 mg/kg（表 14-25）。

表 14-25　保亭所片区各农场土壤有效磷含量状况

农场	分场	平均值（mg/kg）	最小值（mg/kg）	最大值（mg/kg）	标准差	变异系数（%）
保亭热带作物研究所	保亭热带作物研究所	6.76	0.90	33.42	6.15	110.02
畅好	畅好	4.65	0.71	31.20	6.80	68.41
岭门	岭门	7.67	0.70	35.44	6.22	123.35
南平	南平	5.39	0.70	36.40	7.72	69.83
三道	三道	14.88	0.12	33.73	5.18	287.46
新星	新星	10.05	0.90	33.13	5.22	192.64
金江	金江	11.78	2.11	33.60	6.01	195.97
	南茂	5.48	0.72	36.01	6.33	86.60
	五指山茶场	6.03	1.20	29.99	4.69	128.59

3. 速效钾

本次耕地地力调查橡胶园土样 1 020 个，土壤速效钾平均含量为 7.45 mg/kg，变化范围为 0.72～163.80 mg/kg；热带作物园土样 99 个，土壤速效钾平均含量为 10.53 mg/kg，变化范围为 0.10～180.13 mg/kg。保亭所片区土壤速效钾含量主要分布在四级、五级、六级，其占比分别为 26.68%、35.22%、34.50%，三级有少量分布，占 3.60%；四级及以下共占 96.40%，速效钾属于低下水平（表 14-26）。

表 14-26　保亭所片区土壤速效钾分级状况

级别	含量（mg/kg）	样点（个）	频率（%）	平均值（mg/kg）
一级	≥200	0	0.00	0.00
二级	150（含）～200	0	0.00	0.00
三级	100（含）～150	40	3.60	123.55
四级	50（含）～100	297	26.68	67.21
五级	30（含）～50	392	35.22	40.43
六级	<30	384	34.50	23.24

该片区土壤速效钾含量最高的主要分布在保亭热带作物研究所、畅好农场、岭门农场，平均值分别为 58.06 mg/kg、67.43 mg/kg、56.63 mg/kg；其余农场相差不大，速效钾含量为 35.67～51.88 mg/kg（表 14-27）。

表 14-27　保亭所片区各农场土壤速效钾含量状况

农场	分场	平均值（mg/kg）	最小值（mg/kg）	最大值（mg/kg）	标准差	变异系数（%）
保亭热带作物研究所	保亭热带作物研究所	58.06	20	150	25.87	224.45
畅好	畅好	67.43	22	150	27.73	243.15
岭门	岭门	56.63	12	160	29.29	193.36
南平	南平	44.43	15	120	20.58	215.90
三道	三道	51.88	13	130	22.99	225.62
新星	新星	35.35	8	150	23.13	152.86
金江	金江	43.48	5	150	26.70	162.82
	南茂	50.18	16	130	21.31	235.42
	五指山茶场	35.67	14	120	19.80	180.18

（三）中量元素

有效镁

本次耕地地力调查橡胶园土样 1 008 个，土壤有效镁平均含量为 35.41 mg/kg，变化范围为 3.12～165.25 mg/kg；热带作物园土样 253 个，土壤有效镁平均含量为 35.67 mg/kg，变化范围为 5.05～163.20 mg/kg，由此可见，保亭所片区不同土壤有效镁含量差异较大。该片区土壤有效镁含量主要分布在三级以下，五级占比最大，为 83.90%，其次是三级和四级，占比分别为 5.31% 和 10.79%；三级及以下共占 100.00%，有效镁极度缺乏（表 14-28）。

表 14-28 保亭所片区土壤有效镁分级状况

级别	含量（mg/kg）	样点（个）	频率（%）	平均值（mg/kg）
一级	≥1 000	0	0.00	0.00
二级	300（含）～1 000	0	0.00	0.00
三级	100（含）～300	67	5.31	130.58
四级	50（含）～100	136	10.79	71.79
五级	<50	1 058	83.90	22.06

该片区土壤有效镁含量最高的主要分布在畅好农场和南平农场，平均值分别为 45.77 mg/kg 和 41.55 mg/kg；其余农场有效镁含量为 16.26～37.53 mg/kg（表 14-29）。

表 14-29 保亭所片区各农场土壤有效镁含量状况

农场	分场	平均值（mg/kg）	最小值（mg/kg）	最大值（mg/kg）	标准差	变异系数（%）
保亭热带作物研究所	保亭热带作物研究所	37.53	8.50	155.10	34.42	109.05
畅好	畅好	45.77	8.91	161.40	37.61	121.69
岭门	岭门	31.60	5.22	153.01	28.79	109.77
南平	南平	41.55	5.20	165.23	37.79	109.96
三道	三道	24.75	5.43	138.15	24.52	100.95
新星	新星	36.00	5.70	144.63	30.70	117.27
金江	金江	34.28	4.41	164.10	36.21	94.67
	南茂	37.31	3.12	163.23	28.49	130.93
	五指山茶场	16.26	5.03	160.21	24.37	66.71

（四）微量元素

1. 铜元素

保亭所片区本次耕地地力调查橡胶园土样 1 008 个，土壤有效铜平均含量为 0.53 mg/kg，变化范围为 0.14～1.58 mg/kg，由此可见，不同土壤有效铜含量差异较大。该片区土壤有效铜含量主要集中在三级水平，其占比达到 89.68%，有效铜属于中等水平（表 14-30）。

表 14-30 保亭所片区土壤有效铜分级状况

级别	含量（mg/kg）	样点（个）	频率（%）	平均值（mg/kg）
一级	≥1.8	0	0.00	0.00

（续表）

级别	含量（mg/kg）	样点（个）	频率（%）	平均值（mg/kg）
二级	1.0（含）～1.8	89	8.83	0.00
三级	0.2（含）～1.0	904	89.68	0.59
四级	0.1（含）～0.2	14	1.39	0.22
五级	<0.1	1	0.10	0.10

该片区土壤有效铜含量最高的主要分布在岭门农场和新星农场，平均值分别为 0.72 mg/kg 和 0.75 mg/kg；其余农场有效铜含量为 0.43～0.57 mg/kg（表 14-31）。

表 14-31　保亭所片区各农场土壤有效铜含量状况

农场	分场	平均值（mg/kg）	最小值（mg/kg）	最大值（mg/kg）	标准差	变异系数（%）
保亭热带作物研究所	保亭热带作物研究所	0.36	0.16	1.70	0.20	174.14
畅好	畅好	0.48	0.21	1.16	0.15	326.86
岭门	岭门	0.72	0.25	1.93	0.35	206.17
南平	南平	0.43	0.22	1.26	0.14	305.06
三道	三道	0.49	0.11	1.99	0.34	145.03
新星	新星	0.75	0.30	2.16	0.32	230.26
金江	金江	0.51	0.14	1.56	0.26	199.10
	南茂	0.57	0.23	1.58	0.28	202.35
	五指山茶场	0.53	0.19	1.03	0.19	286.52

2. 钼元素

保亭所片区本次耕地地力调查橡胶园土样 1 008 个，土壤有效钼平均含量为 0.03 mg/kg，变化范围为 0.01～0.10 mg/kg；热带作物园土样 253 个，土壤有效钼平均含量为 0.03 mg/kg，变化范围为 0.01～0.10 mg/kg，由此可见，不同土壤有效钼含量差异较大。该片区土壤有效钼含量主要集中在五级水平，其占比达 91.68%，有效钼处于极度缺乏水平（表 14-32）。

表 14-32　保亭所片区土壤有效钼分级状况

级别	含量（mg/kg）	样点（个）	频率（%）	平均值（mg/kg）
一级	≥0.3	0	0.00	0.00
二级	0.2（含）～0.3	0	0.00	0.00
三级	0.15（含）～0.2	0	0.00	0.00

（续表）

级别	含量（mg/kg）	样点（个）	频率（%）	平均值（mg/kg）
四级	0.1（含）～0.15	106	8.32	0.07
五级	＜0.1	1 168	91.68	0.03

该片区土壤有效钼含量最高的主要分布在三道农场，平均含量为 0.05 mg/kg；其余农场有效钼含量为 0.03～0.04 mg/kg（表 14-33）。

表 14-33　保亭所片区各农场土壤有效钼含量状况

农场	分场	平均值（mg/kg）	最小值（mg/kg）	最大值（mg/kg）	标准差	变异系数（%）
保亭热带作物研究所	保亭热带作物研究所	0.04	0.01	0.10	0.02	192.09
畅好	畅好	0.03	0.01	0.04	0.01	361.40
岭门	岭门	0.03	0.02	0.06	0.01	436.69
南平	南平	0.03	0.02	0.05	0.01	499.93
三道	三道	0.05	0.01	0.10	0.02	234.03
新星	新星	0.03	0.01	0.06	0.01	287.92
金江	金江	0.04	0.02	0.08	0.01	293.93
	南茂	0.02	0.01	0.05	0.01	373.88
	五指山茶场	0.03	0.02	0.06	0.01	252.83

（五）土壤酸碱度

保亭所片区本次耕地地力调查橡胶园土样 1 016 个，土壤 pH 值平均为 4.77，变化范围为 3.76～5.95。该片区土壤 pH 值主要集中在三级、四级、五级，四级占比最大，为 75.59%，其次是五级占比为 20.96%，三级占比为 3.45%；四级及以下共占 96.55%，该区土壤处于酸性范围（表 14-34）。

表 14-34　保亭所片区土壤 pH 值分级状况

级别	pH 值	样点（个）	频率（%）	平均值
一级（弱碱、碱性）	≥7.5	0	0.00	0.00
二级（中性）	6.5（含）～7.5	0	0.00	0.00
三级（弱酸）	5.5（含）～6.5	35	3.45	5.67
四级（酸性）	4.5（含）～5.5	768	75.59	4.86
五级（强酸）	＜4.5	213	20.96	4.30

该片区土壤 pH 值最高的主要分布在岭门农场，平均值为 5.12；其余农场 pH 值为 4.66～4.88（表 14-35）。

表 14-35　保亭所片区各农场土壤 pH 值状况

农场	分场	平均值	最小值	最大值	标准差	变异系数（%）
保亭热带作物研究所	保亭热带作物研究所	4.75	4.01	5.76	0.34	1 379.30
畅好	畅好	4.80	3.92	5.75	0.32	1 514.68
岭门	岭门	5.12	3.80	6.37	0.55	934.53
南平	南平	4.83	4.06	5.87	0.34	1 406.24
三道	三道	4.53	3.66	5.58	0.33	1 373.10
新星	新星	4.74	3.78	5.71	0.33	1 426.99
金江	金江	4.81	3.77	5.95	0.38	1 256.40
	南茂	4.74	4.08	5.95	0.31	1 545.71
	五指山茶场	4.66	3.96	5.47	0.28	1 651.53

二、土壤养分变化

本次调查与第二次土壤普查相比，保亭所片区土壤有机质在一级、二级、三级的占比有所下降，下降幅度分别为 11.87%、21.16%、31.90%；四级、五级、六级均有上升，上升幅度为 39.67%、17.72%、7.54%。全氮在一级、二级、三级、四级的占比均下降，下降幅度分别为 4.27%、14.76%、13.26%、2.29%；五级、六级则上升，上升幅度分别为 22.80%、11.78%。有效磷在三级、四级均下降，下降幅度分别为 9.69%、9.31%；一级、六级均上升，上升幅度分别为 1.66%、17.87%；二级和五级基本不变化。速效钾在一级、二级、三级、四级都有所下降，下降幅度分别为 18.90%、17.78%、23.97%、3.30%；五级、六级则上升，上升幅度分别为 29.26%、34.41%（表 14-36）。总体看来，保亭所片区土壤养分含量在一级、二级、三级水平的下降趋势比较明显。

表 14-36　本次调查与第二次土壤普查土壤养分含量各等级占比对照　（单位：%）

级别	有机质		全氮		有效磷		速效钾	
	本次调查	第二次普查	本次调查	第二次普查	本次调查	第二次普查	本次调查	第二次普查
一级	0.00	11.87	0.00	4.27	1.69	0.03	0.00	18.90
二级	2.14	23.30	0.00	14.76	2.86	2.22	0.00	17.77
三级	17.36	49.26	21.62	34.88	9.65	19.34	3.60	27.57
四级	54.90	15.23	28.67	30.96	28.78	38.09	26.68	29.71

（续表）

级别	有机质		全氮		有效磷		速效钾	
	本次调查	第二次普查	本次调查	第二次普查	本次调查	第二次普查	本次调查	第二次普查
五级	17.94	0.22	35.71	12.91	21.63	22.80	35.22	5.96
六级	7.66	0.12	14.00	2.22	35.39	17.52	34.50	0.09

第四节　土壤改良利用与管理

本次耕地地力评价按照海拔分析保亭所片区内所有耕地的分布现状，并从立地条件和土壤养分状况等方面分析耕地障碍因素。

一、立地条件分析

（一）海　拔

保亭所片区地势是由东南向西北升高。耕地主要分布于海拔 50～100 m 地区，面积为 17 047.20 hm^2，占全片区耕地面积的 43.27%；其次是海拔 100～200 m 地区，面积为 12 758.42 hm^2，占全片区耕地面积的 32.38%；其余耕地有 1 648.34 hm^2 分布于海拔 50 m 以下，5 446.37 hm^2 分布于海拔 200～400 m，2 496.44 hm^2 分布在海拔 400 m 以上的地区，分别占全片区耕地总面积的 4.18%、13.83%和 6.34%（表 14-37）。

表 14-37　保亭所片区海拔面积分布统计

海拔（m）	面积（hm^2）	比例（%）
＜50	1 648.34	4.18
50（含）～100	17 047.20	43.27
100（含）～200	12 758.42	32.38
200（含）～400	5 446.37	13.83
≥400	2 496.44	6.34
合计	39 396.76	100.00

二、障碍因素分析

保亭所片区耕地目前主要存在以下几点障碍因素，分述如下。

（一）质　地

保亭所片区耕地土壤质地类型主要为砂壤与轻壤，面积分别为 12 288.31 hm^2 和 6 276.9 hm^2，占全片区耕地面积的 31.19%和 15.93%；其次为松砂和中壤，面积分别为 5 411. 26 hm^2和 4 937. 25 hm^2，分别占全片区耕地面积的 13. 74%和 12. 53%；紧砂与轻黏，面积分别为 4 428. 98 hm^2和 3 750. 94 hm^2，分别占全片区耕地面积的 11. 24%和 9. 52%；中黏与重黏最少，面积分别为 1 092. 31 hm^2 和 162. 49 hm^2，分别占全片区耕地面积的 2. 77%和 0. 42%（表 14-38）。

表 14-38　保亭所片区土壤质地面积分布统计

质地类型	面积（hm^2）	比例（%）
松砂	5 411. 26	13. 74
紧砂	4 428. 98	11. 24
砂壤	12 288. 31	31. 19
轻壤	6 276. 9	15. 93
中壤	4 937. 25	12. 53
重壤	1 048. 31	2. 66
轻黏	3 750. 94	9. 52
中黏	1 092. 31	2. 77
重黏	162. 49	0. 42
合计	39 396. 76	100. 00

（二）坡　度

保亭所片区耕地绝大多数地处于6°～15°坡度的地带，面积达 13 164. 11 hm^2，占全片区耕地面积的 33. 41%，其次是 6°以下坡度的平缓坡地带，面积为 24 297. 96 hm^2，占比为 61. 67%；其余少量分布于 15°以上坡度的地带，共占 4. 92%（表 14-39）。

表 14-39　保亭所片区坡度面积分布统计

坡度	面积（hm^2）	比例（%）
<2°	7 040. 96	17. 87
2°（含）～6°	17 257. 00	43. 80
6°（含）～15°	13 164. 11	33. 41
15°（含）～25°	1 909. 81	4. 85
≥25°	24. 87	0. 07
合计	39 396. 75	100. 00

（三）土壤障碍类型

保亭所片区耕地土壤较差、有障碍层，土层无障碍因素的面积为 22 029. 55 hm^2，占全片区耕地面积的 55. 92%，而有砂砾障碍因素的面积为 17 366. 81 hm^2，占全片区耕地面积的44.08%（表14-40）。

表14-40 保亭所片区土壤障碍类型面积分布统计

障碍类型	面积（hm²）	比例（%）
砂砾	17 366.81	44.08
无障碍	22 029.95	55.92
合计	39 396.76	100.00

（四）土壤养分水平

保亭所片区耕地土壤有效磷和速效钾比较缺乏，有效磷含量在四级及以下占85.80%，速效钾含量在五级及以下占96.40%；有机质和全氮含量在四级及以下分别占本片区耕地面积的80.50%和78.38%，也处于中下水平。由此可看出，该片区土壤有机质和大量元素含量整体水平较低，缺素现象突出（表14-41）。

表14-41 保亭所片区土壤有机质和大量元素含量等级分布状况

级别	有机质		全氮		有效磷		速效钾	
	含量（g/kg）	占比（%）	含量（g/kg）	占比（%）	含量（mg/kg）	占比（%）	含量（mg/kg）	占比（%）
一级	≥40	0.00	≥2.0	0.00	≥40	1.69	≥200	0.00
二级	30（含）～40	2.14	1.5（含）～2.0	0.00	20（含）～40	2.86	150（含）～200	0.00
三级	20（含）～30	17.36	1.0（含）～1.5	21.62	10（含）～20	9.65	100（含）～150	3.60
四级	10（含）～20	54.90	0.75（含）～1.0	28.67	5（含）～10	28.78	50（含）～100	26.68
五级	6（含）～10	17.94	0.5（含）～0.75	35.71	3（含）～5	21.63	30（含）～50	35.22
六级	<6	7.66	<0.5	14.00	<3	35.39	<30	34.50

三、土壤改良利用

根据保亭所片区橡胶园地力评价结果，结合耕地资源性状和利用特点及养分特点、障碍因子分析，将全片区橡胶园资源划分四大利用管理区，即低氮富钾砖红壤区、低氮钾砖红壤区、低氮富钾赤红壤区和低氮钾赤红壤区。

（一）低氮富钾砖红壤区

该区主要分布在岭门农场北部内花岗岩发育的低丘陵地区、三道农场内花岗岩发育地区、南茂分场至保亭热带作物研究所连线内花岗砂页岩发育的低丘陵地区。主要特点：地势平坦，坡度以6°以下为主，海拔一般为100～150 m；土壤物理性质好，保水保肥能力好，以轻壤和砂壤质地为主；土层较为深厚，大多数超过100 cm，有部分砂砾障碍层；土壤有效养分高，有机质平均含量为15.33 g/kg，全氮平均含量为0.60 g/kg，有效磷平均含量为6.55 mg/kg，速效钾平均含量为62 mg/kg，相对橡胶园土壤正常水平，该区土壤氮、有机质含量水平较低，磷钾相对丰富。

利用改良意见：一是重施有机肥，施用农家肥、牛栏肥，利用林段豆科覆盖植物和萌生植物压青，胶头盖草等。二是增施氮肥、钾肥，合理施用磷肥。三是做好橡胶园水土保持，以高标准完成“三保一护”工程。四是间作绿肥，增加土壤有机质。

（二）低氮钾砖红壤区

该区主要分布在岭门农场南部、南平农场南部花岗岩、砂页岩发育的平地地区，以及金江分场、新星农场和五指山茶场花岗岩、砂页岩发育的低丘陵地区。主要特点：地势较陡，坡度以6°～10°为主，部分地势平缓；质地主要以轻壤和中壤为主，土壤保肥保水性较好；土层深厚（＞100 cm），有较多的砂砾障碍层；土壤养分状况一般，有机质、全氮、速效钾和有效磷平均含量分别为16.31 g/kg、0.65 g/kg、38.24 mg/kg和6.50 mg/kg，相对橡胶园土壤养分正常水平，该地区有机质、全氮、速效钾含量低，而有效磷含量相对较高。

利用改良意见：一是增施有机肥、氮肥、钾肥，合理施用磷肥，因土施肥，做到精准施肥。二是加强胶园基础建设，要注重水土保持，增加地表覆盖，防止水土流失。三是发展多种经营，农林结合，因地制宜。

（三）低氮富钾赤红壤区

该区主要分布在畅好农场南部花岗岩、砂页岩发育的丘陵地区。主要特点：橡胶园坡度以6°～10°为主，地势较陡；土壤物理性质较差，以砂壤质地为主；土层较为深厚，大多数超过100 cm，有部分砂砾障碍层；氮和磷有效养分水平较差，而速效磷钾含量相对较高。

利用改良意见：一是增施有机肥、氮肥，合理施用磷钾肥，大力推广测土配方施肥技术，因土施肥，做到精准施肥。二是搞好水土保持，种好覆盖作物，高标准完成“三保一护”工程，种植橡胶园覆盖植物，以增加土壤养分，改良土壤的理化性质，减少水分蒸发和土壤的流失。三是在坡度较大的丘陵地区，可以发展人工林、热带果园、橡胶园相结合的农林产业模式，既能够发展经济，又可预防橡胶园风害。

（四）低氮钾赤红壤土区

该区主要分布在畅好农场北部花岗岩发育的丘陵地区。主要特点：地势较陡，坡度以5°～10°为主；质地变化较大，以砂壤为主，为砂壤—轻壤—重壤变化，土壤保肥保水性较差；土层深厚，有明显的砂砾障碍层；土壤养分水平较差，有机质、全氮、速效钾和有效磷平均含量分别为14.93 g/kg、0.58 g/kg、34.60 mg/kg和5.55 mg/kg。

利用改良意见：一是增施有机肥、氮、钾肥，合理施用磷肥，对于质地呈砂性的地区，要尽量坚持“少量多次施肥”原则。二是加强橡胶园基础建设，在丘陵缓坡区，要注重水土保持，坡度小的橡胶园可筑小埂，并在橡胶园四周挖沟，防止园外水冲刷；坡度大的橡胶园要修筑环山行、保留林下萌生带杂草或小灌木，缓冲水流冲刷，并在此工作的基础上，加强橡胶园覆盖作物的种植，以增加土壤养分，改良土壤的理化性质，减少水分蒸发和土壤的流失。三是在植胶开垦时必须挖深穴、大穴，挖穿砾质层或半风化母质层，使橡胶树根系能充分利用底层水分和养分，为橡胶树生长创造一个较好的土壤条件。四是间作豆科绿肥作物，如爪哇葛藤、兰花毛蔓豆和无刺含羞草等，增加有机质，以培肥土壤。五是发展多种经营，农林结合，因地制宜。

第五节　耕地资源合理配置与农业结构调整

一、耕地利用现状与特点

保亭片区地形较复杂，起伏较大、海拔较高、坡度较陡，地貌类型以花岗岩、变质岩发育的高、中、低山丘陵以及盆地丘陵为主，土壤类型较多，土层深厚，适合热带作物生产。该片区气候干湿两季分明，降水丰富，寒害较小，处于轻风轻寒气候区，岭门农场、三道农场台风频繁。全片区主要种植橡胶、热带作物及瓜菜，在旱坡地主要种植橡胶等经济作物，红毛丹、胡椒等热带水果以及槟榔等药用植物，粮食产量不高，因此应在稳定橡胶生产和粮食生产的基础上，结合农业结构调整，积极发展热带经济作物的生产，因地制宜，合理调整作物布局，宜农则农，宜林则林，宜牧则牧，宜果则果，宜菜则菜，宜渔则渔。

二、合理规划产业布局

（一）充分利用土地，发展多种经营

保亭所片区地处热带雨林，气候条件良好，适宜种植橡胶、胡椒、红毛丹、槟榔等热带作物以及水稻、瓜菜。目前橡胶种植面积最大，在非胶农业方面，茶叶、果树种植面积在逐渐增加。该片区应在稳定橡胶生产和粮食生产的基础上，因地制宜，合理调整作物布局，积极发展热带经济作物的生产，形成以橡胶生产为主，红毛丹、荔枝、龙眼种植等热带水果以及茶叶为辅，多种农业经营，一区一品的产业发展格局。

（二）保护现有耕地，挖掘潜在耕地资源

橡胶产业是保亭所片区农业经济的支柱产业，也是胶农增收的主要途径之一。近年来，非胶热带作物面积逐渐扩大，橡胶和果树林下有大量的空间可利用，在胶园或果园内种植耐阴的矮秆经济作物，发展多种农业产业经济，不仅起到保持水土的作用，还使农场职工能获得多方面的经济收入。同时，为了满足农业生产的需要，在遵循自然规律、经济规律和社会需要的原则下，合理开发后备土地资源，特别是沿海地区，利用沙滩地营造薪炭林，可以减小台风影响并保持水土，有利于扩大生产。利用后备土地资源和耕地改良的同时，要注意保护环境和现有耕地的质量。

第六节　耕地质量管理与科学施肥

一、加强耕地质量管理

（一）统一规划，用养结合

保亭所片区农场耕地长期处于超负荷生产和入不敷出的状态，耕地养分消耗过大，

加上农场职工没有树立培肥地力的意识，重用轻养，肥料资源配置不合理，培肥地力见效少，相当部分耕地质量明显下降，且有机肥施用量偏少，无机肥偏施氮肥，氮、磷、钾配比不平衡，造成土壤等级和土壤肥力下降。该片区受台风影响较大，台风较多，为避免台风造成橡胶、香蕉等热带经济作物的损失，改良利用途径可以是先营造防护林带，然后林间种植绿肥覆盖植物，改良土壤。禁止破坏性、掠夺性种植，要按坡度的大小重新规划作物的布局结构，同时保护好原有次生林。

（二）加强橡胶园地基础建设

1. 林地开垦

橡胶树宜林地的开垦是橡胶园农田基础建设中极其重要的环节，林地开垦质量的好坏直接影响橡胶树的生长、产量、林地抚育管理工效和采胶工作等。林地开垦的质量要求：①尽量保留和充分利用表土，为新植橡胶树和其他作物创造良好的土壤环境；②将地面树头、树根、石头等障碍物以及一些能诱发橡胶树病虫害的杂草、杂木等清除干净；③坡地的水土保持工程、梯田或环山行等的等高水平、宽度、内倾斜角要符合要求，以保证水土保持工程的质量；④按规划设计要求，布置林间小道、排水系统及防牛设施等，严格控制种植橡胶树的株行距和密度，充分利用土地；⑤保留有利用价值的杂树、杂木，并加以处理利用。

2. 修筑水土保持工程

保亭地区年降水量大且集中，强大的降雨造成土壤冲刷，如不采取保持水土的措施，土壤不断冲刷，年复一年，土地便会遭到严重破坏，植胶地肥力衰退，导致橡胶树根系裸露，经济寿命缩短，生长和产胶均会受到严重影响。因此，在林地开垦时，必须重视水土保持工作，除了尽快种植覆盖作物，避免地面裸露外，还应尽快修筑水土保持工程，才能有效地防止水土流失。

3. 防护林的建设

海南台风较多，保亭所片区常为台风登陆的入口处，为避免台风造成橡胶的损失，在建立植胶园的同时应该做好防护林的建设。

二、科学指导合理施肥

（一）增施有机肥，扩大有机肥来源，提高地力

保亭片区有机肥源丰富，要因地制宜，多形式多途径增加有机肥料的投入，在橡胶树的生产中，有机肥的大量施用是重要的环节，例如在胶园中可以间种各类绿肥作物，对于提高地力有很多好处。

（二）大力推广测土配方施肥技术，科学施肥

充分利用调查成果，推广作物平衡施肥，应针对保亭片区土壤养分状况，根据橡胶树的需肥规律和肥料增产效应，在施足有机肥的基础上，确定氮、磷、钾、中微量元素的适宜用量和比例。本次调查结果表明，保亭片区土壤养分大体上处于中下水平，尤其以磷素和钾素含量极低。因此，要结合实际情况使用肥料，提高肥料利用率，避免肥料不必要的浪费，防止土壤出现新的养分不平衡。

（三）中微量元素的平衡施用

大量元素的施用，会引起土壤中微量元素的耗竭，其结果是导致作物品质的下降并影响产量的进一步提高，所以在平衡施肥中必须考虑中微量元素肥料的补充。

从调查的情况看，保亭片区有效镁含量处于极度缺乏水平，微量元素有效钼较低，而有效铜含量较为丰富。

（四）增施氮、磷、钾肥

从调查结果看，保亭片区土壤氮、磷处于中下水平，而速效钾严重缺乏，所以要提高土壤肥力和作物产量，就必须加大氮肥、磷肥、钾肥的施用量，最好是施用钾比例较高的复合肥。

参考文献

龚子同，张甘霖，漆智平，2004. 海南岛土系概论［M］. 北京：科学出版社.

海南省地方史志办公室，1996. 海南省志农垦志［M］. 海口：海南省摄影艺术出版社.

海南省农业厅土肥站，1994. 海南土种志［M］. 海口：海南出版社.

海南省统计局，2009. 海南统计年鉴（2009）［M］. 北京：中国统计出版社.

鲁如坤，1982. 土壤农业化学分析方法［M］. 北京：中国农业科技出版社.

南京土壤研究所，1995. 中国土壤系统分类（修订方案）［M］. 北京：中国农业科技出版社.

农业部农垦局，2004. 建设农垦现代农业［M］. 北京：中国农业科技出版社.

全国农业技术推广服务中心，2006. 耕地地力评价指南［M］. 北京：中国农业科学技术出版社.

全国土壤普查办公室，1995. 中国土壤［M］. 北京：中国农业出版社.

田有国，2003. 基于 GIS 的全国耕地质量评价方法及应用［J］. 华中农业大学学报，12：15-18.

王蓉芳，1996. 中国耕地的基础地力与土壤改良［M］. 北京：中国农业出版社.

王瑞燕，赵庚星，李涛，2004. GIS 支持下的耕地地力等级评价［J］. 农业工程学报，20（1）：307-310 .

闫一凡，刘建立，张佳宝，2014. 耕地地力评价方法及模型分析［J］. 农业工程学报，34（5）：204-210.

张炳宁，彭世琪，张月平，2004. 县域耕地资源管理信息系统数据字典［J］. 北京：中国农业出版社.

中华人民共和国农业部，1996. NY/T 309—1996　全国耕地类型区、耕地地力等级划分［S］. 北京：中国农业出版社.

中华人民共和国农业部，2006. NY/T 1118—2006　测土配方施肥技术规范［S］. 北京：中国农业出版社.

附录　2005—2016 年海南农垦测土配方施肥项目相关数据统计表

附表 1　海南农垦八一片区农场土壤养分情况

农场	分场	pH 值	有机质 (g/kg)	全氮 (g/kg)	有效磷 (mg/kg)	速效钾 (mg/kg)	有效钙 (mg/kg)	有效镁 (mg/kg)	有效铜 (mg/kg)	有效锰 (mg/kg)	有效铁 (mg/kg)	有效锌 (mg/kg)
八一	八一	4.86	14.70	0.54	13.55	29.72	335.90	37.93	0.45	16.40	23.67	0.52
	红岭	4.79	8.97	0.57	8.54	48.40	192.43	26.12	0.42	9.54	23.69	0.52
	龙山	4.81	13.84	0.61	7.45	40.46	243.38	31.08	0.62	13.29	22.40	0.50
蓝洋	蓝洋	4.73	17.27	0.59	7.26	27.76	232.43	24.93	0.51	11.23	25.50	0.47
西培	西培	4.67	12.37	0.93	9.22	20.37	207.68	24.97	0.89	11.41	30.61	1.14
	西庆	4.63	12.96	0.84	4.26	21.31	156.36	16.18	0.74	7.16	30.25	0.62
	西华	4.79	12.58	0.62	8.44	20.02	226.51	25.40	0.72	13.72	23.12	0.60
西联	西联	4.85	13.86	0.72	18.69	21.70	296.16	34.39	0.64	14.06	25.75	0.87
	西流	4.80	25.76	0.88	7.23	13.21	285.03	44.95	0.93	15.04	27.90	1.03
	新盈	4.71	28.27	1.15	1.70	24.52	225.69	33.00	0.86	29.55	9.43	0.64

附表 2　海南农垦八一片区不同土属养分情况

土属名称	pH 值	有机质 (g/kg)	全氮 (g/kg)	有效磷 (mg/kg)	速效钾 (mg/kg)	有效钙 (mg/kg)	有效镁 (mg/kg)	有效铜 (mg/kg)	有效锰 (mg/kg)	有效铁 (mg/kg)	有效锌 (mg/kg)
冲积土	4.54	18.07	0.59	15.23	26.33	171.70	15.83	0.41	5.35	25.18	0.41
红色石灰土	4.72	14.80	0.78	4.05	24.50	166.81	21.40	1.05	16.18	28.00	0.50
酸性紫色土	4.81	18.59	0.74	7.57	24.39	233.90	27.17	0.56	11.21	26.98	0.72
砂页岩石质土	4.67	13.05	0.51	13.75	40.08	195.41	27.32	0.40	10.37	24.52	0.38

（续表）

土属名称	pH值	有机质(g/kg)	全氮(g/kg)	有效磷(mg/kg)	速效钾(mg/kg)	有效钙(mg/kg)	有效镁(mg/kg)	有效铜(mg/kg)	有效锰(mg/kg)	有效铁(mg/kg)	有效锌(mg/kg)
花岗岩砖红壤	4.82	15.05	0.72	10.70	23.48	236.12	28.94	0.66	12.35	26.21	0.74
砂页岩砖红壤	4.83	15.65	0.69	10.47	27.20	261.92	31.67	0.62	12.73	26.01	0.69
玄武岩砖红壤	4.74	27.55	1.14	1.74	24.61	223.87	31.94	0.86	29.46	9.29	0.63
浅海沉积物砖红壤	4.90	17.06	0.69	10.14	29.34	384.24	45.26	0.59	23.12	20.65	0.63
砂页岩黄色砖红壤	4.63	14.59	0.63	6.85	37.68	250.02	29.88	0.54	13.58	22.96	0.60
花岗岩黄色砖红壤	4.78	12.89	0.59	7.81	24.88	197.04	25.65	0.73	12.10	24.62	0.49

附表3 海南农垦南滨片区农场土壤养分情况

农场	pH值	有机质(g/kg)	全氮(g/kg)	有效磷(mg/kg)	速效钾(mg/kg)	有效钙(mg/kg)	有效镁(mg/kg)	有效铜(mg/kg)	有效锰(mg/kg)	有效铁(mg/kg)	有效锌(mg/kg)
立才	5.25	19.89	1.05	20.13	71.70	592.66	77.88	2.02	30.35	36.95	1.10
南滨	5.17	17.09	0.84	14.88	67.50	166.96	77.02	1.12	27.33	75.76	1.18
南岛	5.33	19.23	0.10	27.71	71.67	575.91	73.07	4.15	28.78	34.99	1.12
南田	4.93	18.79	0.88	8.45	66.95	154.26	57.20	0.84	21.85	24.44	1.26
南新	5.65	16.38	0.85	27.58	60.93	440.65	53.13	0.81	21.51	24.00	1.06

附表4 海南农垦南滨片区不同土属养分情况

土属名称	pH值	有机质(g/kg)	全氮(g/kg)	有效磷(mg/kg)	速效钾(mg/kg)	有效钙(mg/kg)	有效镁(mg/kg)	有效铜(mg/kg)	有效锰(mg/kg)	有效铁(mg/kg)	有效锌(mg/kg)
花岗岩砖红壤	5.19	17.72	0.88	16.07	68.45	166.96	277.02	1.12	27.33	75.76	1.18
花岗岩赤红壤	5.25	16.17	0.81	16.12	68.53	49.70	463.70	0.41	16.60	80.90	0.75

（续表）

土属名称	pH 值	有机质（g/kg）	全氮（g/kg）	有效磷（mg/kg）	速效钾（mg/kg）	有效钙（mg/kg）	有效镁（mg/kg）	有效铜（mg/kg）	有效锰（mg/kg）	有效铁（mg/kg）	有效锌（mg/kg）
花岗岩褐色砖红壤	5.18	17.63	0.88	15.84	68.29	390.80	9.40	0.25	9.40	5.00	0.40
花岗岩石质土	5.16	17.11	0.84	14.76	67.45	1 273.26	81.26	0.44	10.88	45.06	0.61
砂页岩石质土	5.64	16.38	0.85	28.95	60.26	974.34	80.32	0.52	8.34	35.00	0.75
安山岩褐色砖红壤	5.35	12.38	0.66	23.54	75.48	697.60	119.30	0.29	2.30	29.60	0.17
安山岩砖红壤	5.25	19.92	1.05	19.93	71.69	755.10	96.90	0.38	5.20	23.50	0.85
浅海沉积物黄赤泥砂田	5.35	12.45	0.66	23.17	75.31	170.30	73.51	0.91	19.42	22.36	0.89
浅海沉积物黄色砖红壤	4.93	18.79	0.88	8.51	66.80	1 037.00	292.60	2.16	20.40	28.60	1.80
浅海沉积物燥红土	5.11	17.20	0.84	13.25	68.21	459.40	157.10	0.15	19.60	14.20	0.66
冲积土	5.12	17.07	0.83	13.71	68.32	693.20	98.10	0.40	13.80	14.30	0.31
固定沙土	5.03	17.09	0.89	12.43	67.09	521.50	118.80	0.39	5.20	11.80	0.16
白鳝泥田	4.93	18.78	0.88	8.45	66.96	128.04	56.51	1.48	27.38	23.54	0.84
滨海砂质田	4.93	18.79	0.88	8.44	66.95	158.73	55.14	0.75	19.84	24.59	0.98
潮砂泥田	5.12	17.07	0.83	13.71	68.32	622.99	63.55	0.51	42.36	36.62	1.78
河砂泥田	4.93	18.73	0.88	8.58	66.66	44.80	30.00	0.85	29.00	9.90	0.22
洪积黄泥田	4.93	18.70	0.88	8.61	66.62	51.80	28.00	0.86	8.30	19.90	0.16
烂泍田	4.93	18.78	0.88	8.54	66.56	232.53	73.63	1.01	18.10	24.40	0.92
冷底田	4.93	18.78	0.88	8.44	66.96	250.50	40.00	0.98	26.30	16.80	0.33
麻红泥田	4.93	18.99	0.89	7.93	67.60	157.60	59.20	0.91	22.42	24.15	1.17
生泥田	4.93	18.78	0.88	8.52	66.76	192.60	43.50	1.83	15.00	23.90	1.74
乌泥底田	5.10	17.30	0.81	12.80	75.00	97.50	39.10	0.41	7.80	26.40	0.99

附表5 海南农垦龙江片区农场土壤养分情况

农场	分场	pH值	有机质(g/kg)	全氮(g/kg)	有效磷(mg/kg)	速效钾(mg/kg)	有效钙(mg/kg)	有效镁(mg/kg)	有效铜(mg/kg)	有效锰(mg/kg)	有效铁(mg/kg)	有效锌(mg/kg)
白沙	白沙	4.94	15.49	0.85	7.36	41.68	224.67	50.49	0.78	24.55	45.64	0.41
	牙叉	4.53	17.19	1.01	7.00	45.89	151.30	23.86	1.08	12.65	57.49	0.60
邦溪	邦溪	4.71	14.03	0.77	4.85	48.37	388.96	49.79	0.92	40.75	27.58	0.24
	大岭	4.78	13.62	0.70	6.33	54.55	220.35	52.06	1.27	46.04	29.70	1.42
	芙蓉田	4.84	14.99	0.63	6.04	61.68	444.02	52.51	1.02	42.85	32.63	1.71
红林	红林	5.07	15.74	0.90	11.71	65.34	679.39	77.73	0.97	34.18	38.67	1.13
	红田	4.98	15.79	0.58	15.49	57.63	261.01	60.18	0.77	48.12	30.03	0.93
龙江	龙江	4.78	13.88	0.67	5.43	42.68	211.69	46.15	0.78	37.84	22.36	0.34
	金波	4.84	17.80	0.83	11.35	59.74	345.35	53.61	0.70	22.03	23.64	0.42
	珠碧江	4.80	15.07	0.81	1.71	43.26	310.63	72.02	1.39	52.02	31.68	0.32
	卫星	4.75	13.29	0.60	4.58	37.46	139.03	31.11	0.46	13.67	32.48	0.41

附表6 海南农垦龙江片区不同土属养分情况

土属名称	pH值	有机质(g/kg)	全氮(g/kg)	有效磷(mg/kg)	速效钾(mg/kg)	有效钙(mg/kg)	有效镁(mg/kg)	有效铜(mg/kg)	有效锰(mg/kg)	有效铁(mg/kg)	有效锌(mg/kg)
白鳝泥田	4.94	9.30	0.60	51.50	46.80	678.50	48.40	0.40	23.40	52.40	1.10
冲积土	4.83	11.96	0.56	8.22	56.09	267.42	45.63	0.68	23.33	17.05	0.45
花岗岩褐色砖红壤	4.91	14.75	0.68	12.91	52.91	399.83	51.45	0.57	26.33	33.87	0.70
花岗岩黄色砖红壤	4.76	14.58	0.66	6.66	42.70	244.59	42.13	0.53	18.25	27.73	0.61
花岗岩赤红壤	4.87	23.54	1.04	8.31	63.64	235.51	38.76	0.51	10.72	28.32	0.43
花岗岩石质土	4.82	17.95	0.83	17.57	63.30	388.53	52.79	0.60	21.06	25.56	0.64

（续表）

土属名称	pH 值	有机质（g/kg）	全氮（g/kg）	有效磷（mg/kg）	速效钾（mg/kg）	有效钙（mg/kg）	有效镁（mg/kg）	有效铜（mg/kg）	有效锰（mg/kg）	有效铁（mg/kg）	有效锌（mg/kg）
浅脚花岗岩赤土田	4.51	12.99	0.50	43.59	80.60	299.58	47.98	0.58	32.38	109.04	0.53
浅脚砂页岩赤土田	4.71	12.89	0.50	1.30	30.50	201.43	45.92	1.43	54.00	29.47	0.60
砂页岩褐色砖红壤	4.78	14.53	0.79	7.93	53.39	341.15	52.16	0.96	36.78	32.15	1.03
砂页岩石质土	4.75	12.97	0.66	2.54	42.82	294.03	57.84	1.10	31.39	23.72	0.65
砂页岩黄色砖红壤	4.67	16.86	1.04	6.82	49.45	261.72	47.94	1.08	20.31	53.60	0.83
红色石灰土	5.01	20.50	1.28	5.19	83.75	868.00	71.90	2.15	50.79	26.64	2.37
花岗岩砖红壤	4.84	14.11	0.67	6.63	49.44	290.13	44.33	0.72	36.13	25.27	0.67
砂页岩砖红壤	4.85	15.82	0.83	4.39	49.98	313.24	64.06	1.26	43.01	33.37	0.81
酸性紫色土	4.65	16.36	0.88	8.82	50.00	185.72	22.56	0.79	24.08	47.57	0.52

附表 7 海南农垦红明片区农场土壤养分情况

农场	分场	pH 值	有机质（g/kg）	全氮（g/kg）	有效磷（mg/kg）	速效钾（mg/kg）	有效钙（mg/kg）	有效镁（mg/kg）	有效铜（mg/kg）	有效锰（mg/kg）	有效铁（mg/kg）	有效锌（mg/kg）
东昌	东昌	4.48	33.92	0.81	6.52	42.48	183.90	29.55	1.52	14.25	32.01	0.32
东红	东红	4.54	20.79	0.96	2.73	31.91	89.00	14.88	0.66	9.64	22.19	0.46
东升	东升	4.40	12.62	0.57	7.28	33.00	66.08	11.36	0.56	1.93	39.53	0.42
东太	东平	4.19	19.24	1.00	13.28	27.45	107.13	10.06	0.73	2.04	105.03	0.39
	东太	4.56	17.06	0.87	79.74	35.13	212.61	25.22	0.52	5.60	110.81	0.54
	南俸	4.41	18.64	0.81	16.90	39.78	106.88	21.38	0.65	4.06	72.13	0.46
红明	红明	4.46	27.31	0.74	2.57	33.14	97.07	10.04	0.66	8.19	9.98	0.21
三江	三江	4.76	21.33	1.09	22.08	61.82	260.04	63.29	0.75	9.21	213.50	1.45

附表 8 海南农垦红明片区不同土属养分情况

土属名称	pH 值	有机质 (g/kg)	全氮 (g/kg)	有效磷 (mg/kg)	速效钾 (mg/kg)	有效钙 (mg/kg)	有效镁 (mg/kg)	有效铜 (mg/kg)	有效锰 (mg/kg)	有效铁 (mg/kg)	有效锌 (mg/kg)
滨海砂质田	5.03	16.90	0.92	18.75	67.00	193.36	35.66	1.27	2.50	109.38	0.72
赤土田	5.05	14.19	0.78	30.91	49.50	259.01	82.52	0.97	1.74	101.65	0.92
砂漏田	5.11	17.26	0.80	25.30	66.25	245.49	83.82	1.05	2.06	151.84	0.69
低青泥田	5.26	18.37	1.03	14.50	47.67	399.84	77.98	1.23	3.47	119.72	0.58
泥肉田	4.91	15.73	0.82	18.89	51.11	221.16	54.41	0.53	3.73	194.16	1.69
炭质黑泥田	4.68	11.45	0.69	44.80	64.50	288.45	52.88	0.68	0.80	135.33	0.61
乌泥底田	4.84	25.59	1.37	22.83	60.88	319.54	79.95	1.12	5.68	181.17	0.78
砂页岩赤土田	4.77	22.27	1.22	22.36	68.12	290.27	73.27	0.83	10.33	242.17	1.46
浅海沉积物赤土田	4.67	11.52	0.61	61.95	20.00	135.69	26.47	0.35	3.31	170.83	1.22
浅脚浅海沉积物赤土田	4.51	13.95	0.82	47.90	59.00	180.05	40.55	0.53	8.75	236.45	1.64
冲积土	4.52	22.10	1.22	10.40	69.00	154.12	51.90	0.57	4.27	221.20	1.28
固定沙土	4.85	24.70	1.26	5.02	57.67	332.47	98.51	1.63	1.07	141.60	0.82
花岗岩黄色砖红壤	4.43	16.91	0.76	19.11	42.67	112.69	18.93	0.55	3.92	55.17	0.46
花岗岩石质土	4.33	18.36	0.86	5.65	41.47	104.48	19.94	0.49	3.96	41.30	0.38
砂页岩黄色砖红壤	4.41	17.03	0.88	35.23	32.84	131.16	17.89	0.65	3.58	90.78	0.52
砂页岩石质土	4.45	18.30	0.92	53.27	32.84	142.47	18.72	0.57	4.37	108.69	0.54
砂页岩砖红壤	4.66	17.13	0.90	24.29	42.63	170.79	32.53	0.62	9.40	175.84	1.55
玄武岩黄色岩砖红壤	4.59	23.78	1.07	1.47	23.50	83.98	12.96	0.76	12.67	14.43	0.38
玄武岩砖红壤	4.47	30.25	0.77	4.66	37.90	139.17	19.79	1.07	11.21	22.19	0.62

附表 9　海南农垦橡胶研究所片区农场土壤养分情况

农场	分场	pH 值	有机质(g/kg)	全氮(g/kg)	有效磷(mg/kg)	速效钾(mg/kg)	有效钙(mg/kg)	有效镁(mg/kg)	有效硼(mg/kg)	有效锌(mg/kg)
东和	东和	4.51	14.62	0.74	18.11	23.59	154.88	22.28	0.36	0.34
东兴	东岭	4.31	16.67	0.92	9.97	30.71	134.63	17.82	0.33	0.70
	东兴	4.34	12.56	0.68	6.59	27.31	139.34	10.70	0.38	0.61
东路	东路	4.45	24.10	1.12	5.85	21.77	65.23	10.28	0.40	0.45
罗豆	罗豆	5.54	14.12	0.72	65.54	41.32	362.76	91.39	0.51	1.60
南阳	南阳	4.51	29.91	0.43	21.50	44.51	164.99	12.94	0.42	0.64
农垦橡胶所	农垦橡胶所	4.52	22.72	1.08	20.72	35.17	118.93	10.71	0.45	0.78
新中	新中	4.36	14.73	0.81	10.33	32.22	197.38	15.67	0.71	0.36
	南林	4.35	12.25	0.67	6.21	26.51	128.31	10.17	0.58	0.36

附表 10　海南农垦橡胶研究所片区不同土属养分情况

土属名称	pH 值	有机质(g/kg)	全氮(g/kg)	有效磷(mg/kg)	速效钾(mg/kg)	有效钙(mg/kg)	有效镁(mg/kg)	有效硼(mg/kg)	有效锌(mg/kg)
花岗岩黄色砖红壤	4.84	15.30	0.77	9.96	58.24	369.80	65.80	0.15	1.83
花岗砂岩石黄色砖红壤	4.80	23.41	0.81	11.22	33.10	253.36	16.50	0.36	0.50
花岗岩石质土	4.90	18.00	1.02	4.68	39.75	1 273.26	81.26	0.46	0.61
玄武岩砖红壤	4.37	25.04	0.12	7.27	34.74	107.06	8.65	0.49	0.33
玄武岩黄色砖红壤	4.44	26.21	0.05	5.63	24.24	77.50	10.53	0.41	0.37
砂页岩砖红壤	4.89	15.44	0.08	33.01	24.15	157.86	11.95	0.38	1.58
砂页岩黄色砖红壤	4.35	20.81	1.22	24.26	65.34	136.38	7.22	0.39	0.44
砂页岩浅海沉积物黄色砖红壤	5.10	7.05	0.06	28.48	19.50	43.20	12.30	0.40	0.92
浅海沉积物黄色砖红壤	5.40	13.86	0.74	46.74	37.59	82.50	12.50	0.23	0.44
古海沉积物黄色砖红壤	4.52	12.38	0.54	27.39	35.44	39.32	8.03	0.24	0.40
滨海林滩黄色砖红壤	6.25	11.55	0.61	75.50	30.50	392.20	57.45	0.42	1.12

（续表）

土属名称	pH 值	有机质 (g/kg)	全氮 (g/kg)	有效磷 (mg/kg)	速效钾 (mg/kg)	有效钙 (mg/kg)	有效镁 (mg/kg)	有效硼 (mg/kg)	有效锌 (mg/kg)
黄赤土田	5.51	14.21	0.73	63.12	44.25	408.71	89.76	0.48	1.90
冲积土	5.72	13.00	0.78	7.20	34.67	704.26	108.68	0.59	2.23

附表 11　海南农垦南海片区农场土壤养分情况

农场	分场	pH 值	有机质 (g/kg)	全氮 (g/kg)	有效磷 (mg/kg)	速效钾 (mg/kg)	有效钙 (mg/kg)	有效镁 (mg/kg)	有效铜 (mg/kg)	有效锰 (mg/kg)	有效铁 (mg/kg)	有效锌 (mg/kg)
金鸡岭	金鸡岭	4.57	21.69	0.97	14.37	17.06	93.7	37.00	0.63	10.08	33.76	0.62
南海	南海	4.50	25.01	0.89	8.44	26.02	190.5	32.90	0.54	23.39	20.86	0.39
中建	广青	4.49	16.59	0.88	9.67	30.60	162.5	35.30	0.56	12.19	49.88	0.77
	南吕	4.64	15.23	0.79	24.28	37.99	208.8	35.91	0.52	10.18	47.39	0.71
	中建	4.82	17.28	0.88	28.62	41.82	197.5	36.62	1.06	12.26	79.18	0.89
中坤	晨星	4.36	17.04	0.99	25.02	38.09	270.9	34.30	1.04	11.49	51.95	0.95
	黄岭	4.54	15.24	0.88	10.95	37.05	193.5	33.94	0.55	10.06	32.19	0.81
	中坤	4.43	15.13	0.77	11.87	43.72	106.5	36.49	0.80	11.50	59.35	0.70
中瑞	中瑞	4.55	17.34	0.96	26.29	41.08	255.5	33.52	0.71	13.53	48.12	0.74

附表 12　海南农垦南海片区不同土属养分情况

土属名称	pH 值	有机质 (g/kg)	全氮 (g/kg)	有效磷 (mg/kg)	速效钾 (mg/kg)	有效钙 (mg/kg)	有效镁 (mg/kg)	有效铜 (mg/kg)	有效锰 (mg/kg)	有效铁 (mg/kg)	有效锌 (mg/kg)
冲积物潮砂泥土	4.68	17.56	0.88	23.99	33.08	125.91	35.84	0.71	12.86	49.15	0.98
花岗岩变质岩粗骨土	4.82	15.32	0.89	10.96	36.23	673.75	35.42	1.51	41.19	161.66	2.08
花岗岩粗骨土	4.46	16.11	0.82	22.36	29.37	104.96	31.18	0.33	4.42	50.17	0.38

（续表）

土属名称	pH 值	有机质 (g/kg)	全氮 (g/kg)	有效磷 (mg/kg)	速效钾 (mg/kg)	有效钙 (mg/kg)	有效镁 (mg/kg)	有效铜 (mg/kg)	有效锰 (mg/kg)	有效铁 (mg/kg)	有效锌 (mg/kg)
砂页岩粗骨土	4.60	21.62	0.68	9.59	25.04	206.95	33.84	0.41	4.95	40.03	0.33
石头地粗骨土	4.55	21.65	0.71	10.08	26.40	152.77	33.43	0.50	7.75	47.34	0.59
云母片岩粗骨土	4.67	17.09	0.89	35.56	38.13	223.36	38.12	0.50	8.29	52.39	0.58
玄武岩粗骨土	4.50	21.77	0.74	9.21	29.86	311.35	33.41	0.54	8.70	23.07	0.29
低青泥田	4.62	19.66	0.87	15.91	35.34	217.66	34.79	0.58	13.48	30.02	0.46
乌泥底田	4.49	24.99	0.94	10.07	29.35	99.69	33.57	0.58	8.70	20.04	0.35
砂漏田	4.66	16.33	0.89	18.71	41.22	183.50	33.64	0.90	2.36	61.32	0.53
浅脚白赤土田	4.50	22.65	0.76	13.13	25.45	216.59	33.68	0.65	8.31	33.61	0.41
浅脚红赤土田	4.50	13.25	0.74	9.50	34.23	224.14	36.85	0.68	8.21	36.24	0.43
生赤土田	4.57	27.42	0.97	5.42	30.86	186.68	30.93	0.70	6.90	37.80	0.43
生泥田	4.57	12.87	0.71	11.23	36.34	197.37	36.50	0.73	6.44	42.24	0.45
烂泋田	4.84	18.81	0.86	20.58	44.23	106.60	35.36	0.35	16.50	50.05	0.62
白赤土田	4.56	17.58	0.81	8.17	31.13	193.66	35.28	1.19	10.43	47.08	0.87
白砂土田	4.63	13.47	0.83	29.83	43.00	192.78	33.85	0.74	10.07	44.29	0.59
潮砂田	4.49	14.80	0.89	31.35	38.84	361.75	32.78	0.47	24.76	121.68	1.10
赤土田	4.50	24.01	0.84	9.48	27.83	207.65	33.03	0.69	15.44	65.77	0.79
河砂泥田	4.75	16.66	0.83	28.53	39.34	199.00	38.35	0.77	15.17	69.71	0.84
红赤土田	4.80	17.05	0.85	22.83	38.04	134.35	36.76	0.61	10.03	48.82	0.79
变质岩黄色砖红壤	4.35	17.77	1.00	22.03	37.00	212.75	35.07	1.05	13.41	73.87	0.92
河流冲积物黄色砖红壤	4.50	20.23	0.71	10.78	28.23	213.16	32.98	0.69	11.70	55.69	0.69
花岗岩变质岩黄色砖红壤	4.52	15.67	0.87	25.75	41.24	188.68	34.27	0.82	11.35	54.69	0.76

（续表）

土属名称	pH 值	有机质 (g/kg)	全氮 (g/kg)	有效磷 (mg/kg)	速效钾 (mg/kg)	有效钙 (mg/kg)	有效镁 (mg/kg)	有效铜 (mg/kg)	有效锰 (mg/kg)	有效铁 (mg/kg)	有效锌 (mg/kg)
花岗岩黄色砖红壤	4.60	16.26	0.85	19.12	40.64	182.42	35.54	0.57	11.40	42.42	0.76
花岗岩中黄色砖红壤	4.80	15.48	0.98	35.01	63.03	542.53	35.81	1.50	33.80	67.99	0.82
砂页岩黄色砖红壤	4.52	17.85	0.84	22.38	40.04	361.00	32.83	0.72	14.27	75.73	0.65
石英岩黄色砖红壤	4.75	17.58	0.88	31.71	39.17	162.09	36.39	0.55	9.91	60.01	0.99
玄武岩黄色砖红壤	5.08	17.87	0.92	28.26	40.73	724.30	43.34	0.58	35.50	36.71	0.82
云母片岩黄色砖红壤	4.67	17.15	0.90	25.60	37.33	172.65	35.37	1.09	12.11	53.25	0.96
变质岩砖红壤	4.51	19.25	0.90	29.46	21.45	154.76	36.47	0.84	7.73	73.96	0.99
河流冲积物砖红壤	4.28	15.02	0.85	18.52	36.17	246.32	32.14	0.78	14.05	60.32	0.82
花岗岩砖红壤	4.57	16.77	0.89	15.62	28.04	95.28	34.47	0.40	4.72	33.86	0.55
砂页岩砖红壤	4.50	21.93	0.80	10.40	25.56	227.06	33.46	0.48	16.03	32.47	0.52
玄武岩水化砖红壤	4.52	27.04	0.97	7.31	29.44	121.87	32.93	0.56	36.00	12.46	0.38
玄武岩砖红壤	4.56	23.24	0.97	36.64	18.89	92.15	35.93	0.58	10.44	21.94	0.49

附表 13　海南农垦乌石片区农场土壤养分情况

农场	分场	pH 值	有机质 (g/kg)	全氮 (g/kg)	有效磷 (mg/kg)	速效钾 (mg/kg)	有效钙 (mg/kg)	有效镁 (mg/kg)	有效铜 (mg/kg)	有效锰 (mg/kg)	有效铁 (mg/kg)	有效锌 (mg/kg)
长征	长征	4.45	16.66	0.77	8.79	37.05	117.16	17.94	0.72	4.61	54.91	0.81
	乘坡	4.11	13.39	0.81	6.86	35.04	130.24	17.04	0.64	5.07	49.77	0.79
	太平	4.32	15.03	0.83	21.86	44.53	306.08	20.15	0.68	5.35	55.34	0.89

（续表）

农场	分场	pH 值	有机质（g/kg）	全氮（g/kg）	有效磷（mg/kg）	速效钾（mg/kg）	有效钙（mg/kg）	有效镁（mg/kg）	有效铜（mg/kg）	有效锰（mg/kg）	有效铁（mg/kg）	有效锌（mg/kg）
加钗	加钗	4.41	14.55	0.73	13.19	41.24	109.42	5.91	0.28	3.94	56.12	0.68
	新伟	4.84	16.33	0.86	28.81	51.04	86.58	11.18	0.73	3.29	49.34	0.71
乌石	岭头	4.44	19.71	0.87	7.72	38.51	88.65	13.84	0.42	1.98	26.49	0.55
	南方	4.41	14.52	0.75	13.86	26.82	124.06	4.59	0.51	4.75	39.29	0.95
	乌石	4.37	16.72	0.77	5.66	35.82	132.72	5.50	0.50	6.03	54.41	0.94
阳江	新进	4.25	16.74	0.79	6.89	29.93	118.85	1.45	0.56	2.85	44.55	0.59
	阳江	4.53	17.79	0.86	6.15	51.86	117.16	17.94	0.72	4.61	54.91	0.81
	大丰	4.23	11.87	0.67	5.70	23.83	61.36	4.20	0.30	4.31	50.32	0.66

附表 14　海南农垦乌石片区不同土属养分情况

土属名称	pH 值	有机质（g/kg）	全氮（g/kg）	有效磷（mg/kg）	速效钾（mg/kg）	有效钙（mg/kg）	有效镁（mg/kg）	有效铜（mg/kg）	有效锰（mg/kg）	有效铁（mg/kg）	有效锌（mg/kg）
花岗岩砖红壤	4.28	16.21	0.79	7.16	31.29	119.14	10.03	0.54	4.97	23.46	0.84
砂页岩砖红壤	4.17	16.53	0.78	5.70	26.44	346.66	5.88	0.67	4.41	15.07	1.04
花岗岩黄色砖红壤	4.39	15.59	0.79	10.81	38.48	176.42	19.18	0.62	4.84	24.11	0.72
砂页岩黄色砖红壤	4.71	13.50	0.75	16.08	38.38	473.43	47.72	0.85	10.32	29.48	1.12
花岗岩赤红壤	4.37	15.86	0.80	14.07	33.41	86.24	19.43	0.51	3.30	20.60	0.53
砂页岩赤红壤	4.71	16.21	0.84	20.01	37.67	136.70	39.03	0.86	8.76	31.01	1.21
花岗岩黄色赤红壤	4.63	17.85	0.90	18.94	48.98	296.61	36.12	0.81	6.55	24.97	1.01
花岗岩黄壤	4.43	20.70	0.92	7.82	37.58	167.17	19.26	0.67	5.27	30.98	0.72
花岗岩石质土	4.43	17.22	0.84	8.44	44.12	51.44	15.73	0.49	1.84	16.45	0.50
潮砂泥土	4.22	16.50	0.74	4.17	24.05	142.30	4.11	0.57	13.69	5.33	1.79

附表 15　海南农垦红华片区农场土壤养分情况

农场	pH 值	有机质（g/kg）	全氮（g/kg）	有效磷（mg/kg）	速效钾（mg/kg）	有效镁（mg/kg）	有效铜（mg/kg）	有效钼（mg/kg）
西达	4.44	13.79	0.76	9.24	30.88	12.19	1.11	0.03
金安	5.07	23.16	1.27	168.72	91.02	74.24	2.23	0.04
加来	5.34	17.22	0.68	119.27	33.14	20.39	1.72	0.03
红华	4.67	11.08	0.61	7.08	20.16	9.68	1.50	0.03
红光	4.53	16.31	0.81	10.63	25.61	17.26	0.97	0.03

附表 16　海南农垦红华片区不同土属养分情况

土属名称	pH 值	有机质（g/kg）	全氮（g/kg）	有效磷（mg/kg）	速效钾（mg/kg）	有效镁（mg/kg）	有效铜（mg/kg）	有效钼（mg/kg）
潮砂泥田	5.09	21.17	1.20	155.81	82.26	76.05	2.13	0.04
赤土田	4.83	14.39	0.74	12.51	32.47	13.30	1.39	0.03
河砂泥田	5.06	24.34	1.25	207.75	98.52	74.65	2.31	0.03
花岗岩石质土	4.75	17.05	0.99	4.38	38.00	11.29	0.96	0.04
花岗岩砖红壤	4.56	14.17	0.69	9.25	28.89	12.33	1.16	0.03
黄赤土田	5.17	15.74	0.65	101.15	30.63	16.29	1.65	0.03
烂湴田	5.02	21.44	1.28	120.88	79.20	100.51	2.52	0.03
泥炭土田	5.21	14.70	0.62	61.55	33.21	15.49	1.70	0.03
浅海沉积物赤土田	4.98	15.21	0.69	53.79	32.38	19.21	1.60	0.03
浅海沉积物黄色砖红壤	4.81	12.13	0.49	7.10	13.79	8.43	1.66	0.03
浅海沉积物砖红壤	4.70	12.01	0.59	10.92	17.60	11.97	1.37	0.03
浅海黄色砖红壤	4.36	14.88	0.64	7.21	15.13	11.33	0.95	0.03
浅脚赤土田	5.39	15.46	0.53	95.87	25.72	15.43	1.46	0.04
浅脚河流冲积物赤土田	5.10	24.19	1.32	194.31	82.43	91.54	2.55	0.04

（续表）

土属名称	pH 值	有机质（g/kg）	全氮（g/kg）	有效磷（mg/kg）	速效钾（mg/kg）	有效镁（mg/kg）	有效铜（mg/kg）	有效钼（mg/kg）
砂页岩赤土田	4.93	16.88	0.72	26.50	25.32	17.21	1.71	0.03
砂页岩砖红壤	4.86	14.85	0.66	18.18	25.45	13.30	1.51	0.03
炭质黑泥田	5.41	15.31	0.58	112.47	34.83	16.17	1.55	0.03
新积土	5.03	20.47	1.08	139.73	62.53	61.46	1.76	0.04
玄武岩石质土	5.06	22.68	1.33	124.15	70.49	105.61	2.48	0.03
玄武岩砖红壤	4.61	16.38	0.87	7.52	25.52	16.73	1.22	0.03

附表 17　海南农垦广坝片区农场土壤养分情况

农场	分场	pH 值	有机质（g/kg）	全氮（g/kg）	有效磷（mg/kg）	速效钾（mg/kg）	有效镁（mg/kg）	有效铜（mg/kg）	有效钼（mg/kg）
保国	保国	4.75	17.15	0.79	4.41	58.33	65.25	0.51	0.03
	保显	5.03	9.38	0.73	7.25	60.65	33.89	0.48	0.04
乐光	抱伦	5.43	10.56	0.58	12.84	51.52	94.13	0.64	0.04
	福报	5.51	7.83	0.58	14.47	47.59	88.52	0.61	0.03
	乐光	5.26	10.42	0.56	7.71	50.49	104.26	0.67	0.03
广坝	公爱	5.43	14.17	0.70	9.58	69.50	114.63	0.76	0.02
	广坝	5.32	11.07	0.70	17.53	49.14	74.03	0.70	0.03
	红泉	5.66	9.90	0.51	11.80	48.19	84.09	0.51	0.02
山荣	乐中	4.98	27.61	0.74	4.06	63.82	35.47	0.45	0.04
	山荣	5.12	13.74	0.60	8.57	38.60	27.38	0.61	0.04

附表 18　海南农垦广坝片区不同土属养分情况

土属名称	pH 值	有机质（g/kg）	全氮（g/kg）	有效磷（mg/kg）	速效钾（mg/kg）	有效镁（mg/kg）	有效铜（mg/kg）	有效钼（mg/kg）
花岗岩砖红壤	5.25	11.30	0.64	10.15	58.03	78.13	0.45	0.04

（续表）

土属名称	pH 值	有机质（g/kg）	全氮（g/kg）	有效磷（mg/kg）	速效钾（mg/kg）	有效镁（mg/kg）	有效铜（mg/kg）	有效钼（mg/kg）
砂页岩砖红壤	5.13	13.88	0.76	9.52	58.38	78.07	0.54	0.03
花岗岩黄色砖红壤	5.25	12.29	0.65	11.23	50.61	76.62	0.57	0.03
砂页岩黄色砖红壤	5.26	12.17	0.68	9.11	50.06	64.44	0.60	0.03
花岗岩褐色砖红壤	5.48	12.85	0.69	11.41	60.65	97.36	0.55	0.03
砂页岩褐色砖红壤	5.23	11.80	0.64	6.37	55.38	84.74	0.69	0.03
花岗岩赤红壤	4.87	26.40	1.33	2.70	61.00	31.90	0.65	0.03
砂页岩赤红壤	4.44	14.88	0.89	5.20	16.00	21.50	0.80	0.02
砂页岩黄色赤红壤	4.86	15.26	0.67	1.80	34.00	64.90	0.68	0.03
花岗岩石质土	5.57	9.57	0.46	5.28	39.92	69.40	0.57	0.02
砂页岩石质土	5.18	12.70	0.80	10.58	48.33	80.86	0.51	0.03
酸性紫色土	4.74	24.52	0.93	7.60	26.00	22.95	0.54	0.04
麻红泥田	5.03	9.31	0.64	28.43	45.00	15.03	0.44	0.04

附表 19　海南农垦保亭所片区农场土壤养分情况

农场	分场	pH 值	有机质（g/kg）	全氮（g/kg）	有效磷（mg/kg）	速效钾（mg/kg）	有效镁（mg/kg）	有效铜（mg/kg）	有效钼（mg/kg）
保亭热作所	保亭热作所	4.75	16.43	0.84	6.76	58.06	37.53	0.36	0.04
畅好	畅好	4.80	17.82	0.98	4.65	67.43	45.77	0.48	0.03
岭门	岭门	5.12	16.68	0.95	7.67	56.63	31.60	0.72	0.03
南平	南平	4.83	17.54	0.80	5.39	44.43	41.55	0.43	0.03
三道	三道	4.53	16.95	0.94	14.88	51.88	24.75	0.49	0.05
新星	新星	4.74	14.50	0.76	10.05	35.35	36.00	0.75	0.03

（续表）

农场	分场	pH 值	有机质（g/kg）	全氮（g/kg）	有效磷（mg/kg）	速效钾（mg/kg）	有效镁（mg/kg）	有效铜（mg/kg）	有效钼（mg/kg）
金江	金江	4.81	12.75	0.76	11.78	43.48	34.28	0.51	0.04
	南茂	4.74	13.19	0.69	5.48	50.18	37.31	0.57	0.02
	五指山茶场	4.66	10.36	0.69	6.03	35.67	16.26	0.53	0.03

附表 20　海南农垦保亭所片区不同土属养分情况

土属名称	pH	有机质（g/kg）	全氮（g/kg）	有效磷（mg/kg）	速效钾（mg/kg）	有效镁（mg/kg）	有效铜（mg/kg）	有效钼（mg/kg）
花岗岩砖红壤	4.71	14.99	0.82	8.47	47.47	36.52	0.73	0.04
安山岩砖红壤	4.69	17.33	1.03	6.00	88.33	67.50	0.36	0.03
花岗岩黄色砖红壤	4.75	15.12	0.80	8.64	46.06	35.25	0.61	0.03
安山岩黄色砖红壤	4.77	10.17	0.84	5.98	55.33	23.08	0.51	0.02
花岗岩赤红壤	4.73	12.65	0.75	6.37	49.91	37.08	0.34	0.04
花岗岩黄色赤红壤	4.92	17.15	0.96	6.72	78.60	41.91	0.43	0.02
花岗岩褐色砖红壤	4.69	14.17	0.83	10.94	41.60	30.49	0.44	0.04
花岗岩黄壤	5.00	11.13	0.61	5.03	63.25	59.66	0.56	0.04
花岗岩红黄泥田	4.86	9.94	0.77	10.22	30.00	29.93	0.33	0.03
白鳝泥田	4.70	12.21	0.73	4.94	49.60	34.32	0.32	0.05
潮砂泥田	4.68	11.91	0.64	3.30	34.33	20.07	0.32	0.03
冷底田	4.73	21.99	1.15	3.75	46.00	17.10	0.32	0.02
泥炭田土	4.78	10.38	0.72	6.40	46.00	31.90	0.32	0.01